Watvögel
Seite 266

Austernfischer 249

Uferschnepfe 261

Sturmmöwe 299

Gryllteiste 313

Taucher, Enten und andere
Seite 332

Haubentaucher 321

Saatgans 329

Kormoran 372

Basstölpel 374

Detlef Singer

Was fliegt denn da?

DER FOTOBAND

Mit Filmen von
Wiltraud Engländer und
Hans-Heiner Bergmann

KOSMOS

Inhalt

So finden Sie sich zurecht

Die **Silhouette** gibt die Familie bzw. Untergruppe an.

Der **Farbbalken** informiert über die Zugehörigkeit zu einer Vogelgruppe.

Deutscher Name

Wissenschaftlicher Name

Deutscher Familienname

Die **Farbzeichnung** stellt in der Regel das Weibchen vor, ggf. auch ein vom männlichen Prachtkleid abweichendes Kleid, meist das Schlicht- oder ein Jugendkleid.

Wissenswertes über Revierverhalten, Balz, Brut und Jungenaufzucht, Nahrungserwerb oder Bemerkenswertes über die Lautäußerungen u. Ä.

Beobachtungstipp/ Schon gewusst? Besondere Tipps und Hintergrundinformationen.

Symbol der **KOSMOS-PLUS-App**

Merkmale zur sicheren Bestimmung von Männchen, Weibchen, Jungen und Farbvarianten sowie Flugbild, Flugweise und typische Stimme. Länge des Vogels in cm, von der Schnabelspitze bis zum Schwanzende.

Singvögel

067 | **Rotkehlchen** | ganzjährig
Erithacus rubecula — Schnäpper

Jungvögel gefleckt

Als Unterlage für das tiefmuldige Napfnest des Rotkehlchens aus Gras, Moos und alten Blättern dient nicht selten ein altes Nest einer anderen Vogelart. Neststandort ist meist eine geschützte Stelle oder Höhlung in dichtem Bodenbewuchs oder ein Mauerloch.

MERKMALE 12,5–14 cm. Gesicht, Kehle und Brust orangerot. Olivbraune Oberseite. Zarte helle Flügelbinde nur von Nahem erkennbar. Jungvögel anfangs hell gefleckt ohne Rot. Ruft scharf „zick", oft in schneller Folge.
VORKOMMEN In ganz verschiedenen Waldtypen bis zur Baumgrenze, in Feldgehölzen, häufig auch in Parks und Friedhöfen sowie in größeren, gebüschreichen Gärten.
BEOBACHTUNGSTIPP Der klare Gesang mit abfallender Tonreihe klingt feierlich und melancholisch. Er wird häufig in der Dämmerung vorgetragen.

068 | **Blaukehlchen** | März–Sept
Luscinia svecica — Schnäpper

Männchen rotsternig

Die Gesangsstrophen des Blaukehlchens beginnen häufig mit grillenartigen Zirplauten, die immer schneller werden und in ein Potpourri aus eilig vorgetragenen, gepressten und scharfen Tönen und hervorragenden Imitationen übergehen.

MERKMALE 13–14 cm. Stets mit weißlichem Überaugenstreif und rostroter Schwanzwurzel. Gestalt recht ähnlich dem Rotkehlchen. Nordeuropäische Blaukehlchen mit rotem Fleck im Blau der Kehle (rotsterniges Blaukelchen). Ruft hart „track" und „hüit".
VORKOMMEN An verschilften Gewässerufern und Gräben, in feuchtem Weidengebüsch und Auwald. In den Alpen (selten) und Nordeuropa oberhalb der Baumgrenze. Der *Blauschwanz*, ein Brutvogel Sibiriens, hat sich nach Westen ausgebreitet, wo er derzeit sporadisch bis nach Ostfinnland und Nordschweden vorkommt.

100

Farbige Verbreitungskarten grün = ganzjähriges Vorkommen, rot = Brutgebiet, hellblau = Winterareal, gelb = Durchzugsgebiet, gelbe Linien = Hauptzugrouten. Die Grenzen unterliegen Verschiebungen.

In diesen **Monaten** kommt der Vogel bei uns in Mitteleuropa vor. Lebt der Vogel nicht in Mitteleuropa, bezieht sich die Angabe auf das Verbreitungsareal im übrigen Europa (s. Karte).

Das **Vorkommen** gibt den typischen Lebensraum an, in dem die Vogelart zur Brutzeit und in der übrigen Zeit des Jahres anzutreffen ist.

Typisches Flugbild. Ist das Flugbild sehr aussagestark, tauscht es seinen Platz mit dem großen Foto.

Das **große Foto** stellt meist das Männchen im Prachtkleid dar. Wichtige und typische Merkmale sind deutlich gekennzeichnet.

Der **Text zum Foto** nennt Bestimmungsmerkmale, die als erstes auffallen.

Bei manchen Arten stehen hier **Flugsequenzbilder,** die einen Teil des Flugbildes simulieren.

Dieser Naturführer stellt 346 Vogelarten dar und damit alle wichtigen Brut- und Gastvogelarten, die regelmäßig in Mittel- Nordwest- und Nordeuropa auftreten: Deutschland, Beneluxländer, Schweiz, Österreich, Ungarn, Tschechien, Slowakei und Polen, Teile Frankreichs, Britische Inseln, Island, Dänemark, Skandinavien, Finnland, Baltikum und Nordwestrussland.

Erkennen leicht gemacht

DER KOSMOS-FARBCODE
Mithilfe des Kosmos-Farbcodes finden Sie sich in den Vogelgruppen schnell zurecht.

Singvögel

Die große Gruppe der **Singvögel** ist in Europa mit 30 Familien vertreten. Dazu gehören die ursprünglicheren Singvögel, wie Pirole, Würger und Krähen, und die übrigen Singvögel. Typisch sind: Leben an Land (Ausnahme z. B. Wasseramsel); geringe Größe: von wenigen Gramm (Goldhähnchen) bis max. 1000 g (Kolkrabe); ein kurzer Fuß, bei dem drei Zehen nach vorne und eine nach hinten gerichtet sind (Klammerfuß); außerordentliche Gesangsleistungen dank des hoch entwickelten Stimmorgans.

Tauben, Spechte und andere

Zu dieser Gruppe zählen neben den **Tauben** die **Kuckucke**, die rasanten **Segler**, die vor allem in südlichen Ländern verbreiteten **Racken**, **Spinte** und **Eisvögel**, aber auch die **Wiedehopfe**.

Die **Spechte** besitzen, bis auf den Wendehals, alle kräftige Meißelschnäbel, mit denen sie Rinde und Holz bearbeiten. Sie haben kräftige Füße, zwei Zehen nach vorne und zwei nach hinten gerichtet sowie einen steifen Stützschwanz, der ihnen das Klettern an senkrechten Stämmen ermöglicht.

Eulen und Greifvögel

Die **Eulen** sind großköpfige Jäger der Nacht mit großen, nach vorne gerichteten Augen. Sie lokalisieren ihre Beutetiere meist nach dem Gehör. Viele Arten haben einen Gesichtsschleier, der die Schallwellen reflektiert und die Ortung erleichtert. Einen herzförmigen Schleier besitzen die **Schleiereulen**, die eine eigene Familie bilden.

Die **Greifvögel**, die man in **Fischadler** und **Habichtverwandte** unterteilt, haben einen Hakenschnabel und kräftige, spitze Krallen. Zu letzterer Gruppe gehören auch **Weihen**, **Milane**, **Bussarde**, **Adler** und **Geier**. Die **Falken** hingegen bilden eine eigene Ordnung.

Hühner, Schreitvögel und Rallen

Fasanenverwandte sind kompakte Laufvögel mit kräftigen Beinen, deren Flugvermögen durch kurze, runde Flügel eingeschränkt ist (Ausnahme Wachtel). Aufgrund der Fußbefiederung unterteilt man sie auch in Raufußhühner, die vorwiegend in Wäldern und Gebirgen leben, und Glattfußhühner, die eher in offener Landschaft vorkommen.

Die **Schreitvögel** umfassen ganz unterschiedliche Großvögel wie **Reiher**, **Löffler**, **Flamingos**, **Störche** und **Kraniche** mit langen Beinen und langem Hals, die meist in offener Landschaft und in flachen Gewässern Nahrung suchen.

Die eher kleinen **Rallen**, eine Familie der Kranichvögel, leben häufig versteckt in dichter, feuchter Vegetation. Eine Art, das Blässhuhn, ist dagegen ein weniger scheuer Wasservogel.

Watvögel

Hier findet man ganz unterschiedliche Anpassungen – hauptsächlich in der Schnabellänge und -form – an feuchte Lebensräume wie Meere und Küsten, Binnengewässer, Moore und Feuchtwiesen sowie Uferbereiche. Die eigentlichen Watvögel, die man auch Limikolen nennt, sind **Triele**, **Säbelschnäbler**, **Austernfischer**, **Regenpfeifer** und **Schnepfen**. Viele von ihnen erscheinen bei uns zu den Zugzeiten auf Schlammflächen, vor allem am Meer.

Die dunklen **Raubmöwen**, die überwiegend weißen **Möwen** und die zierlichen **Seeschwalben** bilden eine Gruppe von kleinen bis bussardgroßen Seevögeln. Und die kräftig gebauten und oft aufrecht sitzenden **Alken** erinnern stark an Pinguine.

Taucher, Enten und andere

Diese Farbgruppe umfasst drei recht unterschiedliche Vogelordnungen, die stark an das Leben auf dem Wasser bzw. auf und über dem Meer angepasst sind.

Die **Seetaucher** sind schlanke Fischjäger, die an nordischen Binnengewässern brüten und auf dem Meer überwintern. Die **Lappentaucher** erinnern etwas an Enten. Auch bei ihnen setzen die Beine am Hinterende an, ihre Zehen sind aber nicht durch Schwimmhäute verbunden wie bei Seetauchern, sondern tragen Schwimmlappen.

Bei der Ordnung der **Entenvögel** handelt es sich um Wasservögel mit breitem Körper, kurzen Beinen und Schwimmhäuten zwischen den Vorderzehen. **Schwäne** sind die größten und langhalsigsten Entenvögel. **Gänse** besitzen einen langen, dicken Hals und einen kräftigen Schnabel, mit dem sie an Land Pflanzenteile rupfen. **Halbgänse** (Brand-, Rost- und Nilgans) weisen Merkmale von Enten und Gänsen auf. **Enten** besitzen einen breiten, flachen, vorn abgerundeten Schnabel. **Gründel- oder Schwimmenten** gründeln bei der Nahrungssuche häufig in senkrechter Haltung im Wasser. **Tauchenten** benötigen zum Starten von der Wasseroberfläche Anlauf. Ihre Nahrung suchen sie hauptsächlich tauchend.

Bei der Ordnung der **Röhrennasen** handelt es sich um Meeresvögel, die röhrenförmige Schnabelaufsätze besitzen, die der Ausscheidung von Salz dienen. **Sturmvögel** (und **Sturmtaucher**) sind möwenähnliche Meeresvögel. Sie gleiten meist mit steif gehaltenen Schwingen über den Wellen. **Sturmschwalben** und **Wellenläufer** erinnern an große Schwalben und flattern über dem Meer.

Vögel beobachten

Die großen und auffälligen Kraniche bereiten kaum Bestimmungsprobleme.

VÖGEL ERLEBEN UND BESTIMMEN

Die Lust am Beobachten und Bestimmen von frei lebenden Vögeln ist mittlerweile in vielen Ländern Europas weit verbreitet und hat sich zu einem Hobby entwickelt, das die unterschiedlichsten Menschen in seinen Bann zieht. Der Feld-Ornithologie nachzugehen heißt, seine Freizeit in der Natur zu verbringen und der Vogelwelt nachzuspüren. Das bringt viel Freude und Entspannung. Vögelbeobachten ist ein schönes Hobby, das keiner jahreszeitlichen Einschränkung unterliegt und an jedem Ort stattfinden kann – im eigenen Garten oder im Park der Heimatstadt genauso wie in fremden Ländern während des Urlaubs. Die Beschäftigung mit der Vogelbestimmung, ob lediglich zum eigenen Privatvergnügen oder mit wissenschaftlichem Hintergrund, erfordert Kenntnisse, Erfahrung und natürlich viel Geduld.

GEWUSST WIE

Vogelbestimmung ist keine Hexerei. Jeder kann mit etwas Ausdauer eine Vielzahl von wild lebenden Vögeln bestimmen lernen. Dabei sollte man sich in der oft kurzen Zeit, in der ein Vogel gut sichtbar ist, möglichst viele Details über Aussehen und Verhalten einprägen. Besondere Beachtung verdienen folgende Merkmale: Größe und Gestalt des Vogels, im Flug auch Flügelform und -länge, Größe und Form des Schnabels und Länge der Beine, Länge und Form des Schwanzes, auffällige Gefiedermerkmale wie besondere

Kontraste und Färbungen, z. B. Augenstreifen oder Flügelbinden. Wichtig sind aber auch besondere Bewegungen und Verhaltensweisen, im Flug auch Flügelschlagfrequenz und Flugbahn. Schließlich spielt der Lebensraum, in dem man den Vogel antrifft, sowie die Jahreszeit des Auftretens eine entscheidende Rolle.
Da den Lautäußerungen bei der Vogelbestimmung große Bedeutung zukommt, können Sie über dieses Thema ausführlicher ab Seite 12 lesen.

Der Stieglitz ist an seiner außergewöhnlichen Farbenpracht eindeutig zu bestimmen.

GUT KOMBINIERT – SICHER BESTIMMT

Die Gewichtung der einzelnen Feldkennzeichen kann je nach Art des gesehenen Vogels sehr verschieden sein: So erkennt man den Zilpzalp vorwiegend an seinem Reviergesang, den Stieglitz an seiner Farbenpracht oder die Schwanzmeise an ihrer Gestalt (kleiner Vogel mit sehr langem Schwanz).
Sind diese typischen Merkmale jedoch nicht wahrzunehmen, so können andere Kennzeichen an Bedeutung gewinnen und zum Ziel führen. Häufig hilft nur eine Kombination aus mehreren Merkmalen weiter. Doch selbst Menschen mit jahrelanger Erfahrung und gediegenen Kenntnissen in der Feldbestimmung, die vielfach auch als „Birder" bezeichnet werden, haben nicht immer sofort eine Antwort parat, wenn ihnen ein unbekannter Vogel begegnet.

BEOBACHTUNGSTIPP

Zu den Hochzeiten des Vogelzugs in Frühjahr und Herbst ist das Beobachten besonders spannend. Der NABU veranstaltet daher jedes Jahr ein „Wochenende des Vogelzugs" am ersten Oktober-Wochenende. Dann greifen Vogelfreunde zeitgleich rund um den Globus zu den Ferngläsern und spähen gemeinsam in den Himmel. Wer mitmachen möchte, sollte seine Beobachtungen beim NABU zentral melden. Hier werden alle Beobachtungen aus Deutschland gesammelt, ausgewertet und anschließend auch BirdLife International, einer weltweit tätigen Vogelschutzorganisation, zur Verfügung gestellt (www.NABU.de).

Der Drosselrohrsänger sitzt oft hoch auf einer Schilfspitze.

GENAU HINGEHÖRT

Verständigung untereinander und mit anderen Arten findet bei vielen Vögeln hauptsächlich mithilfe der Lautäußerungen statt. Besonders die Singvögel haben ein sehr reichhaltiges Repertoire an Stimmen entwickelt, das im täglichen Leben bei ganz unterschiedlichen Anlässen zum Einsatz kommt.

Da die Lautäußerungen meist artspezifisch sind, also jeweils nur von den Mitgliedern einer Art geäußert werden, eignen sie sich sehr gut für Vogelbeobachter, um die einzelnen Arten voneinander unterscheiden zu können.

Ohne die Kenntnis ihrer Stimmen würden wir von der Anwesenheit vieler Vögel gar nichts merken, denn sie halten sich häufig in Gebüsch oder dichten Baumkronen auf, wo wir sie kaum entdecken können.

WER SINGT DENN DA?

Will man feststellen, wie viele verschiedene Vogelarten in einem bestimmten Waldgebiet leben, gelingt dies nur, wenn

man ihre Stimmen kennt. Mit rein optischen Methoden lässt sich nur ein Bruchteil der anwesenden Arten erfassen. Diese Vogelkartierungen werden oft mit dem Gehör durchgeführt.
Die genaue Kenntnis der Stimmen macht es dem Vogelkundigen nicht nur möglich, die Zusammensetzung der Vogelarten eines Gebietes anzugeben, sondern erlaubt auch Schätzungen zur Bestandsdichte der einzelnen Arten und zur Situation, in der sich ein Vogel gerade befindet. Beispielsweise verrät heftiges Gezeter die Anwesenheit einer Katze oder eines Wiesels (Bodenfeind). Ein hohes, gedehntes „Zieh" bedeutet, dass die Gefahr diesmal aus der Luft droht, z. B. wenn ein Sperber mit seinem typischen Flugbild erscheint. Lang anhaltender Gesang lässt auf einen unverpaarten Junggesellen schließen. Bettelrufe von Jungvögeln erlauben die Schlussfolgerung, dass in der Nähe eine erfolgreiche Brut stattgefunden hat.

VON KURZEN RUFEN …

Die unterschiedlichen Funktionen der Vogellaute lassen sich grob in Rufe und Gesänge einteilen. Rufe sind in der Regel kurze Laute, die nicht gelernt werden müssen, sondern zum angeborenen Stimminventar gehören. Meist hört man die Rufe das ganze Jahr über. Je nach Funktion lassen sich Lockrufe, Stimmfühlungsrufe, Warnrufe, Drohrufe oder auch Bettelrufe unterscheiden.

… UND LANGEN GESÄNGEN

Im Gegensatz zu den Rufen ist der Gesang auf bestimmte Jahreszeiten beschränkt. Die Männchen der meisten Singvögel singen im Frühjahr, bei einigen Arten gibt es auch einen ausgeprägten Herbstgesang. Der Gesang ist in der Regel komplizierter aufgebaut als die Rufe. Er ist entweder in Strophen unterteilt oder er plätschert ohne kontinuierliche Gliederung dahin. Gesangstalent in der Vogelwelt beschränkt sich nicht auf die Singvögel, auch die Balzgesänge einiger Arten aus anderen Vogelgruppen sind wohlklingend.
Es gibt Vogelarten mit nur einem Strophentyp, der ständig wieder holt wird. Andere wie der Buchfink wechseln jeweils nach einer mehr oder weniger großen Anzahl von gleichen Strophen zu einem anderen Strophentyp, den sie

SCHON GEWUSST?

Es gibt nah verwandte Arten, die einander so ähnlich sind, dass man sie nach äußeren Merkmalen draußen oft nicht sicher voneinander unterscheiden kann. Glücklicherweise sind die Stimmen dieser „Zwillingsarten" meist so verschieden, dass wir sie anhand ihrer Rufe und Gesänge eindeutig der einen oder der anderen Art zuordnen können. Die unscheinbaren Laubsänger Fitis (Foto) und Zilpzalp sind passende Beispiele für solche „Zwillingsarten". Ihre Rufe sind sehr ähnlich, der des Fitis' ist jedoch zweisilbig.

wiederum eine Zeit lang vortragen. Meistersänger beherrschen sehr viele verschiedene Strophen, die Nachtigall über 200; die Heidelerche kommt auf etwa 100 Strophen, die immer in einer festgelegten Reihenfolge vorgetragen werden. Die Funktion des Gesangs ist vor allem die akustische Abgrenzung und Verteidigung des Brutreviers. Ist der Revierinhaber noch ledig, so dient sein Gesang auch dem Anlocken eines Weibchens. Bei Trauerschnäppern beispielsweise konzentriert sich die Gesangsaktivität vor allem auf die Weibchen; nach erfolgreicher Verpaarung stellt das Männchen seinen Gesang ein.
Da die Männchen vieler Vogelarten auch nach der Verpaarung noch weiterhin singen, liegt es nahe, dass der Gesang auch eine Rolle bei der Synchronisation des Paares während der Balz spielt. Eine weitere Funktion des Gesangs, die des Paarzusammenhalts, wurde nur bei wenigen Singvögeln gefunden: Bei den Tannenmeisen singen Männchen und Weibchen das ganze Jahr über, um akustisch miteinander in Kontakt zu bleiben und den Partner nicht aus den Augen zu verlieren.

MEISTENS MÄNNERSACHE

Ein weit tragender Gesang stammt in der Regel von einem Männchen.
Früher definierte man Vogelgesang insgesamt als eine Lautäußerung, die im Frühjahr von einem Vogelmännchen hervorgebracht wird. Die Gesangsaktivität der Vögel wird von den Keimdrüsen gesteuert. Der Frühjahrsgesang dient der Revierverteidigung gegenüber fremden Vögeln des gleichen Geschlechts und der Darstellung der eigenen Qualität gegenüber Vögeln des anderen Geschlechts, um dadurch zu einem Partner für die Brut zu kommen. Bei den meisten unserer Vögel versuchen die Männchen ein Revier zu verteidigen und eine Partnerin zu gewinnen. Der männlichen Revierbehauptung dienen auch Instrumentallaute wie das „Meckern" der Bekassine (S. 284). Folglich sind es auch die Männchen, die den Frühjahrsgesang vortragen, z. B. bei Buchfinken oder Amseln. Die wenigen Male, bei denen man einen Vogel im Weibchenkleid singen sieht, handelt es sich meist um junge Männchen, die sich im Gefieder kaum von Weibchen unterscheiden, z. B. bei Zwergschnäpper und Karmingimpel.

SCHON GEWUSST?

Nicht nur im Frühjahr werden bei einigen Singvogelarten die Reviere behauptet. So verteidigen Rotkehlchen während des Herbstzuges und im Winterquartier Territorien, die der Sicherung von Nahrung dienen. Männchen und Weibchen verhalten sich hierbei in gleicher Weise territorial und bringen einfache und ziemlich leise Herbstgesänge hervor, die der Reviermarkierung dienen. Im Gegensatz zum Vollgesang im Frühjahr ist dieser Gesang leiser, kontinuierlicher, variabler und enthält oft Imitationen anderer Vogelstimmen.

Bei den Tannenmeisen singen Männchen und Weibchen das ganze Jahr.

DIE WEIBCHEN SINGEN AUCH

Bei einigen Singvogelarten wie dem Rotkehlchen bringen auch die Weibchen einen Vollgesang hervor, wenn auch weniger häufig als ihre männlichen Artgenossen. Beim Gimpel singen die Weibchen nur verhalten. Allerdings klingt selbst der Frühjahrsgesang der Gimpel-Männchen schon recht gedämpft.
Während der Brutzeit und der Mauser singen die Weibchen mancher Arten leise vor sich hin, beispielsweise beim Zaunkönig. Möglicherweise enthält dieser Weibchengesang, ähnlich einem Lockruf, Informationen für die Jungen. Eine Form des weiblichen Gesangs dient dem Paarzusammenhalt. Sie wurde nur bei wenigen Singvögeln gefunden, z. B. bei der Tannenmeise.
Viele Jungvögel tragen nach dem Flüggewerden leise, kontinuierliche Gesänge vor, die bei Weitem noch nicht den arttypischen Gesängen entsprechen, sondern aus wenig differenzierten, oft geräuschähnlichen Lauten bestehen. Im Gegensatz zum Vollgesang im Frühjahr ist dieser leiser, kontinuierlicher, variabler und enthält oft Imitationen anderer Vogelstimmen. Er ist angeboren, bei der Amsel beginnt er beispielsweise im Alter von knapp drei Wochen. Er entwickelt sich aus Bettel- und Kontaktrufen.

Auch beim Buchfink sind verschiedene Dialekte bekannt.

MANCHE VÖGEL SINGEN DIALEKTE

Wie auch bei anderen Merkmalen zeigen Vögel bei ihren Lautäußerungen eine gewisse geografische Variabilität. So hört man je nach Herkunft des Sängers bei einigen Singvögel oft mehr oder weniger deutliche Unterschiede heraus, was mit den menschlichen Dialekten durchaus vergleichbar ist. Bereits innerhalb Deutschlands singen Vögel, die derselben Art angehören, in den verschiedenen Landesteilen unterschiedlich. Manche dieser Unterschiede sind recht leicht erkennbar, andere lassen sich nur mit einem Gerät zum Aufzeichnen von Schallereignissen (Sonagraf) nachweisen. Dialekte können innerhalb einer sonst recht einheitlichen Population vorkommen oder sind so weit ausgeprägt, dass sie als Argument für die Aufteilung von Unterarten verwendet werden.

Es gibt aber auch Dialektformen, die die Rufe betreffen, beispielsweise die spezielle Ausprägung des Regenrufs beim Buchfinken. Versuche mit Klangattrappen haben gezeigt, dass Weibchen, die ja bei

Jedes Männchen der Heckenbraunelle kann mehrere Strophentypen singen.

Der Gesang des Zaunkönigs ist sehr laut schmetternd und trillernd.

den meisten Vogelarten nicht singen, stark auf den eigenen Dialekt reagieren, fremde Dialekte beachten sie dagegen weniger oder ignorieren sie.

GESANG GEPAART MIT FLUGMANÖVERN

Viele Vogelarten vollführen zur Reviermarkierung auffällige Singflüge. Dabei fliegt der Vogel eine arttypische Bahn und singt dabei auf eine charakteristische Weise. Ausgangspunkt des Singflugs ist oft die Spitze eines Baumes oder Busches, viele Vögel starten aber auch vom Boden aus. Die Singflüge der jeweiligen Vogelart wiederholen sich unterschiedlich oft. Sie sind abhängig von der Jahreszeit, der vorherrschenden Witterung und von der Gesangsaktivität der Reviernachbarn. So singt die Dorngrasmücke zu Beginn der Balzzeit besonders häufig im Flug. Dazu steigt das Männchen von der Singwarte aus in wellenförmiger Flugbahn und singend steil auf, um dann stumm wieder abzusteigen und in Deckung zu fliegen. Besonders lang anhaltende Singflüge unternehmen die Feldlerchen. Manche Männchen schaffen bis zu einer halben Stunde in ununterbrochenem Singflug (siehe S. 44).

SCHON GEWUSST?

Bei der Goldammer lassen sich Gesangsdialekte großflächig in Europa nachweisen. Auffällig sind die Dialekte besonders in den ausgedehnten Schlusselementen und Endsilben.
In Mitteleuropa bleiben sie auf gleicher Tonhöhe, in Dänemark und in der Schweiz fallen sie sirenenartig ab, und in Südosteuropa sind sie leicht ansteigend.

Der Seeadler fliegt mit tiefen, schwerfälligen Flügelschlägen.

BEFIEDERTE FLUGMASCHINEN

Die Fähigkeit zu aktivem Flug teilen sich die Vögel mit anderen warmblütigen Wirbeltieren, den Fledermäusen. Die meisten Insekten können ebenfalls fliegen. Trotzdem denken wir beim Fliegen vor allem an die Vögel. Im Laufe der Evolution hat sich ihr Körper zu einer einzigartigen Flugmaschine entwickelt. Voraussetzung dafür war neben aerodynamischer Optimierung eine radikale Gewichtsreduktion, was vor allem durch hohle Knochen möglich wurde. Aber erst das Federkleid verhilft den Vögeln zu ihren überragenden Flugleistungen. Die Feder, eine komplexe Hornbildung, ist eine exklusive Erfindung der Vögel, deren Entstehung bis in die Dinosaurier-Zeit zurückreicht.

Die Feder ist sehr leicht, elastisch und dazu erstaunlich stabil und verschleißfest. Die langen und steifen Schwungfedern bilden die Tragflächen, sie setzen an den zu Flügeln umgewandelten Vordergliedmaßen an und befähigen den Vogel zum aktiven Flug.

DIE TECHNIK

Beschreibt man den Vogelflug, so lassen sich folgende vier Hauptflugarten unterscheiden: Ruderflug und Rüttelflug sowie Gleitflug und Segelflug. Bei den meisten Vögeln beobachtet man eine Kombination aus diesen vier Flugtechniken. Die klassische Flugweise ist der **Ruderflug**, wobei die auf und ab schlagenden Flügel den Vogel in der Luft halten und antreiben. Diese Flugweise benötigt naturgemäß viel Energie in Form von Muskelkraft.

Beim horizontalen **Gleiten** bremst die Reibung den Flug immer mehr ab, ohne Gegenmaßnahmen wäre ein Absturz wie bei einem Papierflieger unvermeidlich. Um das zu verhindern, nutzt der Vogel die Schwerkraft und gleitet auf einer leicht geneigten Flugbahn abwärts. Damit er weite Strecken ohne Flügelschlag zurücklegen kann, ist der Vogel auf die Energie von aufwärts strömender Luft angewiesen, beispielsweise durch Aufheizung des Bodens (Thermik). Meist

Den Mäusebussard sieht man häufig über dem Brutrevier kreisen.

Der Schwarzstorch ist ein sehr großer und ausdauernder Segelflieger.

schrauben sich die Vögel beim **Segeln** spiralförmig in der Thermik aufwärts und versuchen, durch geschickte Flügel- und Schwanzbewegungen im Bereich der stärksten Aufwärtsströmungen zu bleiben. Besonders die großen Segelflieger wie Störche, Adler und Geier können diese Aufwinde auf dem Zug sehr geschickt nutzen.

Eine Spezialform des Segelns ist der **dynamische Segelflug** der Sturmvögel, die in großen Bögen über die Wellen gleiten. Wenn sie wiederholt Luftschichten mit unterschiedlichen Windgeschwindigkeiten durchfliegen, nehmen sie dabei Energie auf und können so weite Strecken über dem Meer zurücklegen.

SCHON GEWUSST?

Der Rüttelflug stellt eine ganz besonders spezialisierte Form des Fluges dar. Dabei fliegt der rüttelnde Vogel so schnell in den Wind, dass die Fluggeschwindigkeit genauso hoch ist wie die Windgeschwindigkeit. Diese Technik haben die Kolibris zur Perfektion entwickelt. Aber auch heimische Vogelarten beherrschen den Rüttelflug, z. B. der Turmfalke, der oft sehr ausdauernd über Feldern und Wiesen „in der Luft steht" und auf Mäuse lauert.

Im Herbst ziehen die Kraniche in ihre südspanischen Winterquartiere.

WELTEBUMMLER

Die Mobilität über große Strecken und die enormen Zugleistungen der Vögel über Ländergrenzen, Kontinente und Ozeane hinweg haben die Menschen seit jeher fasziniert. Alljährlich überwinden unzählige Zugvögel riesige Entfernungen, um im Herbst in ihre Winterquartiere und im Frühjahr von dort zurück in ihre Brutgebiete zu gelangen.

Eine Blässgans aus Sibirien hat bei ihrer Ankunft im niederrheinischen Winterquartier bereits 5000 km zurückgelegt. Das ist aber noch lange nicht rekordverdächtig: Eine mit einem Satellitensender ausgestattete Pfuhlschnepfe, die in Alaska brütet und in Neuseeland überwintert, hat bei ihrer Heimreise im Frühjahr 2007 einen 8 Tage dauernder Nonstop-Flug über den Stillen Ozean mit 11.600 km Länge absolviert, welch eine Leistung!

ERFOLGSREZEPT

Schätzungen haben ergeben, dass etwa 5 Milliarden Vögel alljährlich den Zug von Europa und Asien nach Afrika und zurück unternehmen. Die Zahlen beziehen sich auf über 200 Arten, die ganz verschiedenen Vogelgruppen angehören, z. B. Schwalben, Grasmücken, Strandläufer und Seeschwalben. Allein diese riesigen Mengen lassen darauf schließen, dass Vogelzug eine sehr erfolgreiche Strategie der Evolution ist.

Schrittmacher für den Vogelzug ist vor allem das Nahrungsangebot, so ist der Insektenreichtum während der Sommermonate auf der Nordhalbkugel riesig. Außerdem scheint im Norden die Sonne in der warmen Jahreszeit viel länger, sodass die Vögel den Insektenreichtum effektiver nutzen können, da ihnen mehr Zeit für die Nahrungssuche bleibt. So können sie viele Junge aufziehen.

Viele Mönchsgrasmücken ziehen inzwischen auf die Britischen Inseln.

Der Sumpfrohrsänger zieht alljährlich im September ins tropische Afrika.

URSPRUNG

Das Zugverhalten ist ein sehr ursprüngliches Verhalten und vermutlich in den Tropen und Subtropen entstanden. In diesen Teilen der Erde spielen saisonale Änderungen in Temperatur und Nahrungsangebot nur eine geringe Rolle und Zugverhalten ist eigentlich nicht überlebenswichtig. Trotzdem entstanden schon sehr früh Kurzstreckenzieher, die saisonale Nahrungsangebote nutzten. Diese Vögel wurden allmählich zu Teilziehern und schließlich zogen jeweils alle Angehörige einer Art in ein Winterquartier.

Einen Beleg für die Fähigkeit, das genetisch fixierte Zugverhalten rasch an neue Umweltbedingungen anzupassen, lieferten mitteleuropäische Mönchsgrasmücken. Seit wenigen Jahrzehnten ziehen immer mehr Angehörige dieser Art zu den Britischen Inseln, obwohl ihre ursprünglichen Winterquartiere im Mittelmeerraum und in Afrika liegen.

Die Pfuhlschnepfe kann über 10.000 km im Nonstop-Flug zurücklegen.

Das Auerhuhn: ein typischer Taigavogel.

NORDISCHER NADELWALD – DIE TAIGA

In den Taigawäldern herrscht mindestens 6 Monate Winter mit oft strengem Frost und großen Schneemengen. In Anpassung an diese ungünstigen Bedingungen haben die Fichten eine schlanke, kerzenförmige Gestalt entwickelt. Ihre widerstandsfähigen Nadeln tragen eine dicke, schützende Wachsschicht, die vor Austrocknung durch winterliche Kälte und Hitze im kurzen Sommer schützt. Die weiten Nadelwälder werden durch Flüsse, Seen und große Moore (siehe S. 26) aufgelockert, was ein Mosaik aus unterschiedlichen, mehr oder weniger vom Nadelwald geprägten Lebensräumen ergibt. Typische Taigavögel sind Unglückshäher, Lapplandmeise, Hakengimpel, Dreizehenspecht und Raufußkauz.

Das Auerhuhn, ursprünglich ein Einwanderer aus den aufgelockerten sibirischen Taigawäldern, ist besonders gut an die harten Winter angepasst, denn es trägt im Winter „Schneeschuhe" aus Fußbefiederung und ernährt sich in der kalten Jahreszeit hauptsächlich von Kiefernnadeln.

Leider wurden in Mitteleuropa die riesigen Laubwälder vielerorts abgeholzt und in Felder, Wiesen und Siedlungen umgewandelt. Seit etwa 200 Jahren wird in Mitteleuropa intensive Forstwirtschaft betrieben – mit den beiden wichtigsten Baumarten der Taiga, der Fichte und der Kiefer. Infolgedessen sind einige typische Taigavögel wie Raufuß- und Sperlingskauz in die Tieflandforste eingewandert.

MITTELEUROPA IST WALDLAND

Noch vor wenigen Hundert Jahren war Mitteleuropa fast vollständig mit Wald bedeckt. Im Flachland und in den Mittelgebirgen bis zum Alpenrand wuchsen Laubmischwälder mit Buchen und Eichen sowie anderen Laubbäumen wie Linden- und Ahornarten. Typische Standvögel dieser Wälder sind noch heute Kohl- und Blaumeise, Kleiber, Buchfink sowie Bunt- und Mittelspecht. Nur im Sommer trifft man hier Zugvögel wie Waldlaubsänger, Halsbandschnäpper oder den Wespenbussard an. Manche Vogelarten besuchen die mitteleuropäischen Laubwälder auch nur im Winter, beispielsweise der Bergfink.

Der Waldkauz ist ein typischer Vogel des Laubwaldes.

DIE WALDKIEFER ALS VORREITER

Ursprünglich kam als einziger Nadelbaum die Waldkiefer in den sandigen Gebieten Nord- und Ostdeutschlands vor. Nur die mittleren Lagen der süddeutschen Gebirge waren mit Bergmischwäldern aus Buche, Fichte und Weißtanne bestanden. Richtung Norden geht der Laubwald allmählich in die Mischwaldzone aus Laub- und Nadelwald über und diese wiederum in die nördliche Nadelwaldzone, deren wichtigste Baumarten Fichte, Kiefer und Birke sind. Die auch als Taiga (russ. Tajga = Urwald) bezeichnete Waldform zieht sich in einem breiten Gürtel von Nordskandinavien und Finnland bis in den fernen Osten Russlands.
Die Wälder der Alpen und höheren Lagen der Mittelgebirge weisen ein ähnliches Klima auf wie die Taiga (siehe S. 31).

BEOBACHTUNGSTIPP

Der Buntspecht, den man in fast allen Waldtypen antrifft, ernährt sich im Winter großenteils von den Samen der Fichten und Kiefern, die in den Zapfen enthalten sind. Nicht selten trifft man im Winterwald auf die Reste seiner „Arbeit": beträchtliche Mengen entleerter Zapfen und zerhackte Schuppen. Um einen Zapfen bearbeiten zu können, hackt der Specht ein Loch in die Baumrinde, in die er das „Werkstück" einpasst, sodass es fest sitzt (Spechtschmiede).

Der Jagdfasan, heute ein häufiger Vogel der Feldflur, stammt aus Asien.

LEBENSRAUM FELDFLUR

In Mitteleuropa betreiben die Menschen seit über 6.000 Jahren Ackerbau. Da das Land früher mit riesigen Laubwäldern bedeckt war, musste man Felder und Äcker dem Wald abringen. Heute bedecken Bereiche mit landwirtschaftlicher Nutzung über die Hälfte der mitteleuropäischen Landfläche.

Noch vor wenigen Jahrzehnten war das Kulturland sehr abwechslungsreich und bestand aus Wiesen, Weiden, Feldrainen, Brachflächen, kleinen Feuchtgebieten, Feldgehölzen, Buschgruppen und Hecken, die zusammen an ein vernetztes Mosaik erinnerten. Die Landschaft war harmonisch und ästhetisch ansprechend und bot den damals lebenden Menschen Auskommen und Heimat. Sie war auch ökologisch wertvoll, unzählige Pflanzen und Tiere belebten die Kulturlandschaft. Hier fanden verschiedene Vogelarten wie beispielsweise Rebhuhn, Neuntöter, Dorngrasmücke und Bluthänfling geeignete Lebensräume.

Der Brachvogel ist ein typischer Vogel auf extensivem Grünland.

Der Kiebitz gehört zu den bedrohten Wiesenbrütern.

VON DER FELDFLUR ZUR KULTURSTEPPE

Doch dieses Idyll änderte sich, als die Städte wuchsen und immer mehr Nahrung aus dem umliegenden Kulturland benötigten. So entstanden allmählich intensive Landwirtschaft und maschinengerechte Felder, auf denen zwar deutlich mehr Nahrungsmittel produziert wurden, die aber den Tieren und vor allem auch der Vogelwelt kaum noch geeignete Lebensräume boten.

Mit etwas Glück kann man in Gegenden mit weniger intensiver Landwirtschaft noch einige typische Vögel der Feldflur beobachten: Bereits im zeitigen Frühjahr kommen die Feldlerchen aus ihrem Winterquartier zurück. Die Männchen „stehen" hoch am Himmel über den Feldern und singen ununterbrochen wirbelnd und trillernd. Im Hochsommer, wenn die meisten Vögel bereits verstummt sind, hört man immer noch das eintönige Lied der Goldammer.

BEDROHTE WIESENBRÜTER

Einige besonders bedrohte Vogelarten sind auf Wiesenflächen angewiesen, beispielsweise Brachvogel, Rotschenkel, Wachtel und Braunkehlchen. Diese Arten haben es schwer, unter den aktuellen Bewirtschaftungsformen zu überleben, oft können sie ihre Jungen nicht mehr erfolgreich aufziehen. Vielfach sind Entwässerungen schuld an der negativen Entwicklung, denn dadurch sinkt das Nahrungsangebot, und Raubtieren wie Füchsen und Mardern wird es leicht gemacht, Eier und flugunfähige Junge der Wiesenbrüter zu erbeuten. Zusätzlich führen die allgegenwärtige Überdüngung und möglicherweise der Klimawandel dazu, dass die Kulturpflanzen im Frühjahr viel schneller in die Höhe wachsen und so den Wiesenvögeln Brut und Aufzucht der Jungen erschweren. Das gilt auch für den Kiebitz, einen unserer bekanntesten Watvögel. Er brütet auf Wiesen und Feldern, wo sein Bruterfolg leider oft sehr gering ist. Im Frühling vollführen die Männchen Schauflüge mit taumelndem Horizontalflug und halsbrecherischen „Abstürzen". Diese Flugakrobatik gehört zu den besonders sehenswerten Naturereignissen der offenen Landschaft.

Andere Wiesenbrüter dagegen, wie der stark bedrohte Wachtelkönig, laufen fast „unsichtbar" durch hohes Gras. Wie die Wachtel zieht auch er im Herbst nach Afrika.

Der Graureiher steht an Gewässerufern und macht Jagd auf Wassertiere.

GEWÄSSER ZIEHEN VÖGEL AN

Süßwasserflächen, besonders Seen und Stauseen, bieten ganz unterschiedlichen Vögeln Lebensraum und eignen sich daher das ganze Jahr über als lohnende Exkursionsziele. Nicht nur auf der Wasserfläche sieht man Vögel wie Enten, Gänse, Blässhühner oder Möwen, auch an den oft wenig naturnahen Randbereichen können wir Singvögel wie Stelzen, verschiedene Pieper oder Ammern beobachten. Selbst an verbauten Ufern ohne Vegetation treffen wir Bachstelzen und Flussuferläufer.

An den wenigen naturnahen Flüssen und Bächen, die noch unverbaut sind und frei mäandrieren dürfen, brüten viele spezialisierte Vogelarten wie Wasseramsel, Eisvogel, Gebirgsstelze und Flussuferläufer. Auf Kiesbänken und steinigen Inseln ziehen Flussregenpfeifer und Flussseeschwalben ihre Jungen auf.

DER UFERBEREICH

Ebenfalls reiches Vogelleben versprechen die weichen, schlammigen Uferzonen von Seen und Teichen, die auf Vögel eine große Anziehungskraft ausüben, denn

dort verbergen sich viele Kleintiere. Eine Reihe von Vogelarten haben sich auf die Nahrungssuche in dieser Zone spezialisiert: Die Bekassine stochert mit ihrem langen, dünnen Schnabel nach Würmern; im seichten Wasser watet der Graureiher, um nach Fischen und Fröschen Ausschau zu halten.
Mit Röhricht bestandene Uferzonen bieten einer Reihe von Vogelarten Brut- und Nahrungsraum. In schmalen Schilfstreifen singen im Frühjahr Teichrohrsänger. Wie die größeren und viel selteneren Drosselrohrsänger fertigen sie tiefmuldige Nester, die sie geschickt zwischen Schilfhalmen befestigen. Ausgesprochen seltene Schilfbewohner sind die zu den Reihern zählenden Rohr- und Zwergdommeln.

Die Graugans brütet gern an schilfbestandenen Seen und Teichen, häufig auch in Parks.

FEUCHTWIESEN UND MOORE

Landeinwärts schließen sich natürlicherweise an Seen und Flüsse ausgedehnte Feuchtgebiete an. In den hochgrasigen Wiesen leben bedrohte Arten wie Uferschnepfe und Wachtelkönig. Die in Mitteleuropa noch verbliebenen Moor- und Heidegebiete zählen zu den letzten naturnah gebliebenen Lebensräumen. Hier leben einige vom Aussterben bedrohte Arten wie Birkhuhn, Sumpfohreule, Raubwürger und Heidelerche. Die vor allem im nördlichen Mitteleuropa und Südskandinavien wachsenden Hochmoore sind Heimat für den Brachvogel, das Birkhuhn und den Goldregenpfeifer. Die weiten Moore im Norden Skandinaviens und Finnlands sind meist Regenmoore, die deutlich nasser sind als Hochmoore und häufig in sanft ansteigender Landschaft vorkommen. Auf flachen, begehbaren Wällen, die das Moor durchziehen, kommt man trockenen Fußes voran; häufig trifft man hier auf Regenbrachvogel, Zwergschnepfe, Grünschenkel, Bruchwasserläufer und Moorschneehuhn, deren Stimmen im Frühjahr das weite Moorland prägen.

BEOBACHTUNGSTIPP

Der jagende Graureiher schleicht mit langsamen Schritten und möglichst niedrig gehaltenem Hals durch das Seichtwasser, das etwa 20 cm tief sein sollte. Hat er ein geeignetes Beutetier erspäht, beugt er sich langsam vor, um dann den Kopf rasch vorzuschnellen und das Tier zu packen.

Der schwarz-weiße Austernfischer ist ein auffälliger Küstenvogel.

DREHSCHEIBE DES VOGELZUGS

An der Meeresküste, wo Wasser und Festland aufeinandertreffen, bietet sich häufig die Gelegenheit zu spannenden Vogelbeobachtungen. Die Küsten Europas sind speziell für diejenigen Wasser- und Watvögel von Bedeutung, die aus großen Teilen der Nordhalbkugel stammen. Manche Wattgebiete an der Nordsee bilden im Herbst und Frühjahr Lebensraum für oft riesige Scharen von Alpenstrandläufern und Knutts. Brachvögel und Pfuhlschnepfen dagegen erscheinen meist in kleineren Trupps, während sich die weniger geselligen Kiebitzregenpfeifer über größere Wattflächen verteilen. Auch verschiedene Gründelenten wie die Pfeifente, aber auch die zu den Meeresenten zählenden Samt-, Trauer- und Eisenten sowie Ringel- und Weißwangengänse können zu den Zugzeiten in großer Zahl an flachen Küsten auftreten.

VOGELLEBEN AUF VOGELFELSEN

Wenn man im Frühjahr und Frühsommer das Vogelleben an der Steilküste kennenlernen will, bieten sich die nordischen Vogelfelsen an, die verschiedenen Alken wie Trottellumme, Tordalk und Gryllteiste, aber auch Basstölpeln, Krähenscharben und Dreizehenmöwen geeignete Brutplätze bieten. Beobachtungen ganz anderer Art bieten küstennahe Salzwiesen.

Die Trottellumme ist ein typischer Vogel der nordischen Vogelfelsen.

Die nordische Weißwangengans brütet bereits in Teilen Schleswig-Holsteins.

Im Sommer trifft man hier vor allem auf Rotschenkel, Kiebitz und Austernfischer, aber auch einige Singvögel wie Schafstelzen, Wiesen- und Strandpieper und Feldlerchen lassen sich beobachten.

KLEINVÖGEL DER SALZWIESEN

Im Winter, wenn die Salzwiesen dürr und lebensfeindlich wirken, trifft man hier auf einige Kleinvogelarten, die sich vor allem von den winzigen Früchten des Quellers ernähren, etwa die aus dem Norden Skandinaviens und Russlands stammenden Ohrenlerchen. Auch die ansprechenden Schneeammern, die ebenfalls aus der Tundra und Bergtundra Nordeuropas stammen, fallen im Spätherbst in den Salzwiesen ein, um hier den Winter zu verbringen. Ein weiterer Gast der winterlichen Salzwiese ist der Berghänfling, der in kargen nordischen Gebirgsgegenden lebt und in dichten Trupps auftritt.

Sie alle müssen auf der Hut sein vor dem Merlin, einem kleinen, wendigen und sehr rasanten Falken, der sich auf Singvögel als Beute spezialisiert hat; er schlägt die Kleinvögel genauso in der Luft wie der Sperber, indem er sie in niedrigem Suchflug überrumpelt. Auch die Kornweihe erbeutet Kleinvögel, wenn sich die Gelegenheit dazu bietet. Sie sucht ihre Beutetiere in gaukelndem Flug.

BEOBACHTUNGSTIPP

Auf der Nordseeinsel Helgoland erhält der mitteleuropäische Vogelbeobachter die einzigartige Möglichkeit, ohne große Reiseanstrengungen den Zauber nordischer Vogelfelsen mit einigen der typischen Klippenbrüter zu erleben. Dazu gehören neben den Trottellummen vor allem die hier im Bild gezeigten Dreizehenmöwen.

An vielen Liftstationen und Berghotels lassen sich Alpendohlen füttern.

HOCH HINAUF

Gebirgsgegenden weisen oft ein reiches Vogelleben auf, denn dort findet man in unterschiedlichen Höhenlagen auf engem Raum eine Vielzahl von unterschiedlichen Lebensräumen. Andererseits sind Berge oft nicht so leicht zugänglich, sodass die Tierwelt in den Steillagen vor menschlichen Eingriffen und Störungen gut geschützt ist. Beispielsweise hat der Steinadler in Mitteleuropa nach Jahrhunderten menschlicher Verfolgung im Gebirge einen Zufluchtsort gefunden.
Die Bergwälder der höheren Lagen haben viel Ähnlichkeit mit den nordischen Taigawäldern aus Fichte und Kiefer. Noch weiter oben wachsen Lärche und Zirbelkiefer, die ursprünglich aus der sibirischen Taiga stammen und zu uns eingewandert sind. Die Samen der Zirbelkiefer (oder Arve) werden durch Tannenhäher verbreitet.

BEOBACHTUNGSTIPP

Die Partner eines Steinadlerpaares fliegen oft an Berghängen ihres Reviers entlang und halten nach Beutetieren Ausschau. Ab Januar unternehmen sie eindrucksvolle Balzflüge, indem sie mit angelegten Flügeln abwärtssausen und wieder steil aufsteigen („Girlandenflug").

GEBIRGSWÄLDER

In den mitteleuropäischen Gebirgswäldern hat sich nach der Eiszeit eine Vogelwelt erhalten, deren Hauptverbreitung in der Taiga liegt, was beispielsweise auf Raufußkauz, Dreizehenspecht, Fichtenkreuzschnabel und Auerhuhn zutrifft.
Die oft hohen Felswände bieten geeignete Brutplätze für Greifvögel wie den Steinadler. In kleineren Nischen und Höhlungen bauen Alpendohlen ihre Nester, aber auch die prächtigen Mauerläufer und die recht unscheinbaren Felsenschwalben sind für die Jungenaufzucht auf den Schutz der senkrechten Wände angewiesen.
Einige Spezialisten unter den heimischen Vogelarten sind an das Leben oberhalb der Baumgrenze angepasst, wo die Vegetationsperiode sehr kurz, die Luft recht dünn und das Klima ausgesprochen hart und lebensfeindlich ist.

VON HOCHGEBIRGE BIS TUNDRA

Die Hochgebirgsvögel haben einige Anpassungen gegen die Kälte entwickelt, wie sie bei arktischen Vögeln vorkommen. Beispielsweise besitzt das Alpenschneehuhn, das vor allem in der arktischen Tundra verbreitet ist, ein dickes Federkleid und „Schneeschuhe" aus Federn. Einige Bergvögel sind besonders groß, was auf die Alpenbraunelle im Vergleich zur deutlich kleineren Heckenbraunelle zutrifft.
In Hinsicht auf Kargheit und kurze, kältebedingte Vegetationsperiode sind die Bedingungen oberhalb der Baumgrenze vergleichbar mit der arktischen Tundra, die sich als schmaler Streifen nördlich der Taigazone erstreckt. In dieser Zone bleibt es auch im Sommer recht kühl, ein zusätzliches Problem für die Pflanzenwelt ist der Dauerfrostboden, der im Sommer lediglich an der Oberfläche auftaut und vor allem Moose, Flechten, Gräser und Zwergsträucher gedeihen lässt. Entsprechend artenarm ist auch die Tierwelt, wobei Schnee- und Spornammer, Ohrenlerche, Mornellregenpfeifer und Falkenraubmöwe besonders auffallen. Ganz besonders eindrucksvoll ist jedoch die weiße Schneeeule.

Der Raufußkauz (im Foto Jungvögel) ist eine typische Kleineule in Gebirgswäldern.

Das Rotkehlchen ist in vielen Parks, aber auch in größeren Gärten zu Hause.

GEFIEDERTE NACHBARN

Viele Vogelarten, die uns als Garten- und Parkvögel vertraut sind, haben bereits in den nacheiszeitlichen Urwäldern gelebt, aber nicht immer so, wie wir es heute gewohnt sind: Der Mauersegler brütete in hoch gelegenen Höhlen von großen Urwaldbäumen. Turm- und Wanderfalken, die heute an hohen Gebäuden nisten, bezogen in den ursprünglichen Wäldern alte Krähen- und Greifvogelhorste, Rauch- und Mehlschwalben nutzten für die Brut Felswände, die aus dem Baummeer herausragten.
Die Amsel, früher ein reiner Waldvogel, hat in Mitteleuropa erst im 19. Jahrhundert die Siedlungen als Lebensraum entdeckt und ist heute einer der häufigsten Siedlungsvögel.

ZUFLUCHT FÜR WALDVÖGEL

Während der Sprung vom Wald in die Großstadt einer Vogelart sehr viel Anpassungsvermögen abverlangt, bedeutet der Umzug aus dem Wald in einen Stadtpark deutlich weniger Veränderung, denn dort findet der Vogel einen Lebensraum, der seinem ursprünglichen Waldhabitat weitgehend ähnelt. Nadelwaldvögel wie Tannen- und Haubenmeisen suchen auch in Parks ihre Nahrung auf Nadelbäumen und brüten dort erfolgreich. Die Mönchsgrasmücke, die in vielen Arten von Wäldern zuhause ist, zählt inzwischen zu den häufigsten Park- und Gartenvögeln. Ein „Allerweltsvogel", der Buchfink, kommt in sehr unterschiedlichen Wäldern, aber auch in nahezu allen Parks und in vielen Gärten zurecht. Einige Arten wie Girlitz, Wacholderdrossel oder Türkentaube stammen aus Brutgebieten außerhalb Mitteleuropas; sie sind bei uns eingewandert und haben in der Folgezeit unsere Dörfer, Gärten und Parks besiedelt.

STADTVÖGEL IM SCHLARAFFENLAND?

Parks und größere Gärten, die oft einen großen Teil der Stadtfläche ausmachen, bieten den frei lebenden Tieren oft viel bessere Lebensmöglichkeiten als das Umland. Nistkästen schaffen Brutmöglichkeiten, Massen an absichtlich oder unabsichtlich bereitgestelltem Futter fördern ebenfalls das Vogelleben. Im Park lässt man wenigstens einen Teil der Bäume alt werden und sichert damit ein abwechslungsreiches Angebot an Nistplätzen für Vögel wie Gartenrotschwanz und Trauerschnäpper. In den weitläufigen Parks mancher Großstädte haben sich sogar Greifvögel wie Mäusebussard, Sperber und lokal sogar der scheue Habicht angesiedelt. So brüten in der Stadt Berlin etwa 100 Paare in den weitläufigen Forsten und in Parks und Friedhöfen. Manche Paare beziehen sogar die Innenhöfe von Wohnanlagen. Auf der anderen Seite steht der Haussperling, der Vogel, der sich besonders stark an den Menschen angepasst hat. Er gehört heute zu den Verlierern; seine Bestände sind in vielen Städten dramatisch geschrumpft. Zum Teil hängt das sicher mit mangelnder Insektennahrung in der Zeit der Jungenaufzucht zusammen, aber auch die zunehmende Strahlenbelastung durch Mobilfunk mag sich für diesen Dachbewohner und viele andere Stadtvögel fatal auswirken.

An Sommerabenden fegen Mauersegler in Trupps schrill rufend um Häuserecken.

ARTENFÜLLE AM STADTRAND

Vor ein paar Jahren hat eine internationale Forschergruppe die Artenzusammensetzung der Vogelwelt in 19 italienischen, französischen und finnischen Städten untersucht. So fand man in den Stadtzentren im Durchschnitt 25 Arten, in den Stadtrandgebieten 43 Arten und in den Vororten 90 Arten. In den Stadtzentren waren die vier häufigsten Arten Stieglitz, Straßentaube, Kohlmeise und Mauersegler – unabhängig vom Breitengrad oder der Einwohnerzahl der Stadt. Es stellte sich heraus, dass die geografischen Unterschiede in der Artenzusammensetzung der Stadtzentren viel geringer waren als in den beiden anderen Lebensraumtypen. Mit anderen Worten: Mitten in Neapel, Paris oder Helsinki trifft man überwiegend die gleichen, wenigen Vogelarten an, während die Artenzusammensetzung der Stadtränder und Dörfer europäischer Städte deutliche Unterschiede aufweisen.

Die Blaumeise ist ein häufiger und gern gesehener Gast am Futterhaus.

WINTERFÜTTERUNG IST SINNVOLL

Da unsere Vögel heute meist nicht mehr in naturnahen Lebensräumen, sondern in einer vom Menschen mehr oder weniger stark beeinträchtigten Umgebung leben, ist die sachgerechte Winterfütterung durchaus sinnvoll.

Darüber hinaus erfüllt die Winterfütterung auch einen wichtigen Zweck, der uns Menschen zugute kommt: An den Futterstellen lassen sich frei lebende Vögel meist problemlos aus der Nähe beobachten. Gerade für Kinder ist das ungeheuer erlebnisreich, darüber hinaus wird ihr Interesse für die Bedürfnisse der Vögel und die Notwendigkeit des Vogelschutzes geweckt.

Am besten beginnt man mit kleinen Futtergaben möglichst schon im Herbst, damit sich die Vögel an die Fütterung ge-

FUTTERTIPP

Baumläufer, Schwanzmeisen (Foto) und Goldhähnchen suchen gerne im Gezweig und an der Baumrinde nach Futter. Sie locken diese Arten daher am besten an, indem Sie die noch zähflüssige Körner-Fett-Mischung an die Rinde oder an Zweige von Bäumen und Sträuchern streichen. Sie können die Masse auch in einen Pappring oder eine Kokosnusshälfte füllen.

wöhnen können und bei Kälte, Eis und Schnee bereits wissen, wo es etwas zu holen gibt. Bei milder Witterung sollten Sie weniger füttern, denn dann können sich Krankheitserreger leichter vermehren. Vermeiden sollte man auch, größere Mengen auf einmal zu füttern. Besser ist auf jeden Fall eine maßvolle und regelmäßige Fütterung.

WAS MÖGEN DIE VÖGEL?

Als Standardmischung sind Sonnenblumenkerne, Hanfsamen und gehackte Nüsse empfehlenswert. Kleinere Finkenarten nehmen lieber kleinere Sämereien, die beispielsweise in handelsüblichem Kanarien- oder Waldvogelfutter enthalten sind. Für die schlankeren Schnäbel der „Weichfresser" wie Rotkehlchen und Drosseln eignen sich vor allem kurz in Pflanzenöl eingetauchte Haferflocken und getrocknete Beeren, vor allem Ebereschenbeeren. Drosseln nehmen gerne Rosinen und verschiedene Obstarten, besonders ganze Äpfel und Birnen.

VOGELFUTTER SELBST GEMACHT

Wenn Sie das Vogelfutter selbst herstellen, sparen Sie einiges an Geld. Ein billiges Futter, das von vielen Arten gerne verzehrt wird, ist eine Mischung aus Fett und Kleie, die Sie wie folgt ansetzen: Sie nehmen Rindertalg und Weizenkleie zu gleichen Teilen, erwärmen den Talg auf dem Herd (aber nicht kochen!) und rühren die Kleie hinein. Ein Esslöffel voll Salatöl verhindert, dass die Masse bei starkem Frost zu hart wird. In die Mischung können Sie noch Sonnenblumenkerne und Hanfsamen hineingeben. Vor dem Erkalten füllen Sie das Fettfutter in einen Blumentopf und stecken vor dem Erstarren ein Stöckchen als Anflug für die Vögel hinein. Für Baumläufer und Schwanzmeisen streichen Sie die Mischung einfach direkt auf die Baumrinde.

Die Amsel lockt man im Winter mit Rosinen und Obst in den Garten.

Blaumeisen bevorzugen Nistkästen mit einer Fluglochweite von 26–28 mm.

HECKEN BIETEN SCHUTZ

Schon bei der Planung eines naturnahen Gartens sollten Sie auch die Bedürfnisse der Vögel berücksichtigen. Vor allem Hecken aus heimischen Sträuchern und Bäumen bieten Brut- und Versteckmöglichkeiten für dickichtschlüpfende Arten und liefern zusätzlich in den Wintermonaten Nahrung in Form von Beeren. Bewährte Gehölzarten sind Vogelbeere, Weiß- und Schwarzdorn, Hundsrose, Schneeball, Hasel und Holunder.

Eine Ecke im Garten sollten Sie sich selbst überlassen – dort könnte eine kleine Wildnis entstehen, mit hohem Gras, das mit Brennnesseln, Him- und Brombeere durchsetzt ist. Hier finden Grasmücken, Laubsänger und der Zaunkönig geeignete Brutplätze. Dort lebt auch eine Vielzahl von Insektenarten, die ein reiches Vogelleben erst möglich machen.

Gerade ausgeflogenen Jungen der bodennah brütenden Vögel bietet ein

Reisighaufen sichere Verstecke vor Greifvögeln, Mardern und Katzen.

KRÄUTERWIESE UND VOGELTRÄNKE

Als Nahrungslieferant für unsere Kleinvögel ist eine Wiese voller Blumen und Wildkräuter überaus wertvoll, denn darin leben eine Unmenge von Insekten. Wichtig ist der Verzicht auf chemische Düngung und Pflanzenschutzgifte, denn diese Stoffe schädigen nicht nur unsere Vögel und andere Tiere, sondern vernichten gleichzeitig auch deren Nahrungsgrundlage.
Eine flache Vogeltränke mit frischem Wasser ist besonders an heißen Tagen sehr beliebt und bietet gute Gelegenheit zum Studium der gefiederten Badegäste.

Der Gimpel braucht einheimische Gehölze.

NISTKÄSTEN GEGEN WOHNUNGSNOT

Für höhlenbrütende Vögel lässt sich die allgemeine Wohnungsnot durch das Anbringen von Nistkästen im Garten lindern. Als Standard-Nistkasten dient ein Meisenkasten aus Holz oder Holzbeton (keinesfalls Plastik!) mit einer Fluglochweite von 32 mm und einer Mindest-Grundfläche von 15 × 15 cm. Den kleinen Meisenarten wie Blau- und Tannenmeise bietet man einen Kasten mit 26–28 mm Flugloch-Durchmesser an, der Gartenrotschwanz schlüpft am liebsten in einen Nistkasten mit hochovalem Flugloch (45 mm hoch, 30 mm breit). Der Einschlupf für den Star sollte 50 mm im Durchmesser betragen; natürlich sollte der Kasten entsprechend größer sein als ein Meisenkasten. Den Kasten hängen Sie am besten in 2–5 m Höhe katzensicher auf. Das Flugloch sollte nach Osten, also nicht zur Schlechtwetterseite weisen, damit der Kasten möglichst wenig Regen abbekommt. Die Frage nach der Anzahl der Nistkästen ist leicht zu beantworten: Sind alle Kästen besetzt, reicht es.

GARTENTIPP

Schon ein alter Teller oder eine mit Folie ausgelegte Erdmulde reicht aus, um durstige und badefreudige Vögel anzulocken. Ein Abstand von mindestens 3 m zu höherem Pflanzenwuchs schützt vor Überraschungsangriffen durch Katzen. Natürlich muss das Vogelbad regelmäßig gesäubert und frisch befüllt werden, vor allem in der Sommerhitze, denn dann verdunstet das Wasser recht schnell.

Die Vogelarten

001

Mehlschwalbe
Delichon urbicum — Schwalben

April–Okt

Bürzel weiß

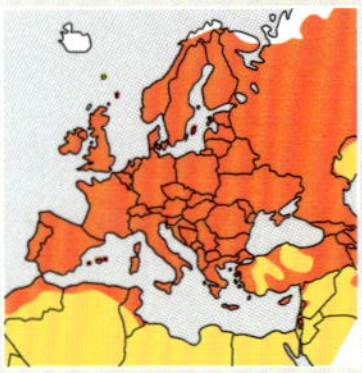

Mehlschwalben fliegen weniger rasant und wendig als Rauchschwalben. An nahegelegenen Gewässern jagen sie Insekten, vor allem Blattläuse, Mücken, Fliegen und Eintagsfliegen. Sie brüten gewöhnlich außen an Gebäuden, meist zu mehreren Paaren. Die Nester sind aus Lehmkügelchen zusammengefügt und werden meist unter der Dachrinne befestigt.

MERKMALE 13,5–15 cm. Unterseite und Bürzel reinweiß, Füße weiß befiedert, keine Schwanzspieße. Jungvögel sind oberseits braunschwarz, kaum glänzend. Singt weich zwitschernd mit einigen härteren Tönen. Ruft häufig hart „prrrt" oder „pripit", Warnruf durchdringend, hoch „zier zier".
VORKOMMEN Brütet ursprünglich an steilen Felsen im Gebirge und an Klippen der Küste, heute aber fast gänzlich in Dörfern und Städten.

002

Rauchschwalbe
Hirundo rustica — Schwalben

April–Okt

Jungvogel
Stirn und Kehle rostbeige

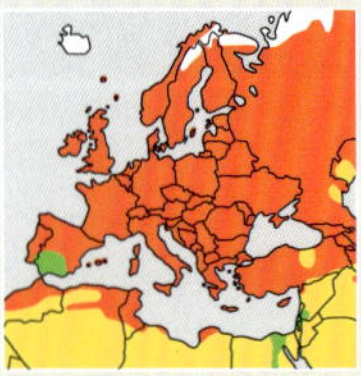

Rauchschwalben nisten fast ausschließlich im Inneren von Gebäuden. Das schalenförmige Nest besteht aus Lehm mit etwas Speichel vermischt und eingebackenen Halmen, die oft lang heraushängen. Die Nestmulde wird mit Federn oder Tierhaaren ausgepolstert.

MERKMALE 17–21 cm. Unsere häufigste Schwalbe. Oberseite glänzend blauschwarz, ohne Brustband oder hellen Bürzel. Lange, sehr dünne Schwanzspieße, helle „Fenster" auf den Steuerfedern.
VORKOMMEN In offener Landschaft mit Dörfern und Gehöften, brütet meist in Ställen; auch an Stadträndern, meidet aber die Innenstadt.
BEOBACHTUNGSTIPP Der Flug der Rauchschwalbe wirkt sehr elegant, aber etwas ruckartig. Sie singt etwas rau, aber melodisch zwitschernd, häufig im Flug. Ruft fast ständig „witt" oder „witt-itt".

Die Füße der Mehlschwalbe sind weiß befiedert, sie hat keine Schwanzspieße.

Rauchschwalben haben lange Schwanzspieße und wirken im Flug sehr elegant.

003

Uferschwalbe
Riparia riparia — Schwalben

April–Sept

braunes Brustband

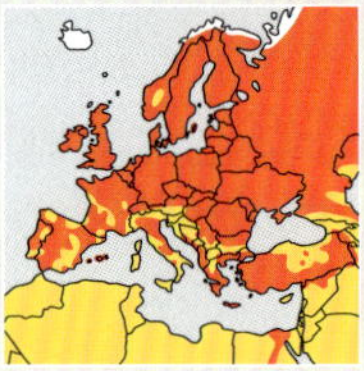

Uferschwalben sind sehr gesellig, sie schließen sich auch abseits der Brutgebiete gerne zu Trupps und Schwärmen zusammen und jagen Insekten und Spinnen. Ihr Flug ist weniger zielgerichtet als bei anderen Schwalben und wirkt flatternd. Männchen und Weibchen graben gemeinsam eine waagerechte Brutröhre mit quer ovalem Einflugloch.

MERKMALE 12–13 cm. Die kleinste Schwalbe Europas. Oberseite ist bei Altvögeln einheitlich braun, Unterseite weiß bis auf das markante braune Brustband. Singt rau zwitschernd. Ruft häufig „brrrt", bei Gefahr durchdringend „ziiiir".
VORKOMMEN Brütet ursprünglich an sandigen Steilufern von Fließgewässern sowie an der steilen Meeresküste, heute meist in Sand- und Kiesgruben. Mitteleuropäische Brutvögel ziehen im Herbst nach Afrika.

004

Felsenschwalbe
Ptyonoprogne rupestris — Schwalben

März–Okt

kein Brustband

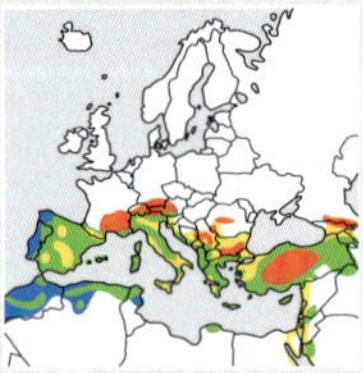

Der Flug der Felsenschwalbe ist weniger flatternd, sondern rasant und kraftvoll, ähnlich Seglern. Oft fliegen sie recht nah an der Felswand und folgen dabei den Felsstrukturen. Sie brüten meist in kleinen Kolonien an reich strukturierten Felswänden, wobei ihnen windgeschützte Stellen unter Überhängen, Felsnischen und kleine Höhlen geeignete Nistplätze bieten.

MERKMALE 14–15 cm. Oberseite braun; weiße Flecken auf den Steuerfedern, die nur bei gespreiztem Schwanz im Flug zu sehen sind. Stimme leise, selten zu hören. Gesang hastig, rau zwitschernd. Ruft hart „prrit" oder „pritprit".
VORKOMMEN In steilen Felsen der Alpen oder an der Steilküste, mitunter auch in Steinbrüchen. Brutvögel Süddeutschlands wandern ins Mittelmeergebiet und ins nördliche Afrika.

Uferschwalben wirken im Flug unstet und flatternd.

Felsenschwalben fliegen meist nah an senkrechten Wänden.

005 Feldlerche

Alauda arvensis — Lerchen

Febr–Nov

Jungvogel
Gefieder geschuppt

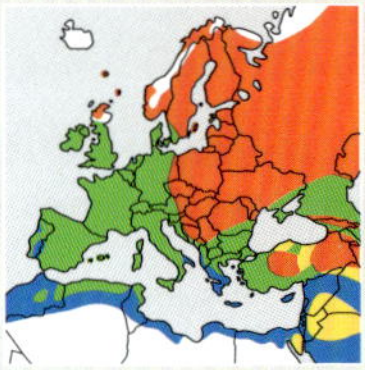

Die Feldlerchen-Männchen „hängen" beim Singflug mit flachen Flügelschlägen oft mehrere Minuten lang ununterbrochen singend hoch in der Luft. Nach der Darbietung lassen sie sich wie ein Stein zu Boden fallen.

MERKMALE 16–18 cm. Oberseite tarnfarben graubraun; häufig kleine Haube durch gesträubte Scheitelfedern. Flügel breit mit schmalem weißem Hinterrand. Gesang lang anhaltend. Ruft „tschirrip".
VORKOMMEN Ursprünglicher Steppenvogel in offenen Landschaften, heute vor allem in reich strukturierter Feldflur. Überwintert in Süd- und Westeuropa.
SCHON GEWUSST? Feldlerchen flechten immer wieder Imitationen anderer Vögel wie Bachstelze, Rauchschwalbe und Turmfalke in ihren rollenden, flötenden und trillernden Gesang ein. Dabei folgen die einzelnen Abschnitte ohne erkennbare Pausen aufeinander.

006 Heidelerche

Lullula arborea — Lerchen

März–Okt

lange, helle Überaugenstreifen

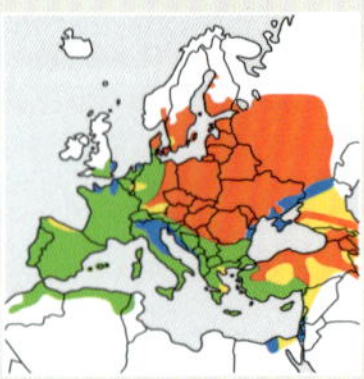

Ein wichtiger Hinweis auf die Anwesenheit von Heidelerchen sind umgebogene Spitzen kleiner Kiefern, die den Männchen als Singwarten dienen und durch das Gewicht der Vögel umgebogen werden. Das zwischen Heidekraut oder unter einem Grasbüschel versteckte, fein säuberlich gebaute Nest ist nur schwer zu entdecken, denn die Lerchen sind sehr diskret.

MERKMALE 13,5–15 cm. Deutlich kleiner und kurzschwänziger als Feldlerche. Schwarz-weißes Flügelabzeichen, heller Überaugenstreif bis zum Nacken. Gesang melodisch, oft sehr ausdauernd und mit sehr vielen verschiedenen, meist weichen, abfallenden Strophen. Ruft „didloi".
VORKOMMEN In halboffener Landschaft, meist auf sandigen Heideflächen am Rand von Kiefernwald, oft Jungwald. Winterquartiere in Südwesteuropa.

Feldlerchen „hängen“ oft minutenlang hoch am Himmel.

Die Heidelerche hat rundliche Flügel und einen kurzen Schwanz.

007

Haubenlerche
Galerida cristata — Lerchen

ganzjährig

Flügel breit und rund
Unterflügel mit Rostton

Das Männchen der Haubenlerche singt oft auf dem Boden, einem kleinen Baum oder im kreisenden Singflug. Die unterschiedlich langen, melodischen Gesangsstrophen sind klarer und weniger schnell als die der Feldlerche und enthalten weniger Wiederholungen. Nicht selten sind Imitationen anderer Vogelstimmen eingeflochten und sogar menschliche Stimmen wie Schäferpfiffe.

MERKMALE 17–19 cm. Auffällige spitze Haube, gedrungener als Feldlerche, Schnabel länger und kräftiger. Singt klarer und langsamer, mit vielen Imitationen. Ruft melodisch „swie-ti-tu" oder „wüie". Die deutlich kleinere *Kurzehenlerche* ist Brutvogel in Ungarn.
VORKOMMEN In warmen, spärlich und niedrig bewachsenen Steppen- und Kulturlandschaften, in Weingärten, auf Ödland und in Siedlungen.

008

Ohrenlerche
Eremophila alpestris — Lerchen

Okt–April

Schlichtkleid
Federohren nur im Prachtkleid

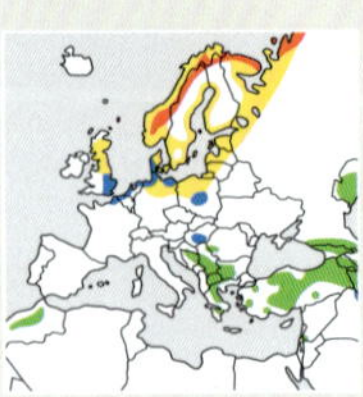

Ohrenlerchen bewegen sich im Winter bei der Nahrungssuche oft in geduckter Haltung und langsam vorwärts, oft sind sie hinter Steinen oder Pflanzen verborgen. Das Nest aus trockenem Gras ist innen mit Pflanzenwolle und wenigen Federn oder Rentierhaaren ausgelegt. Meist wird es in eine Bodenmulde gebaut.

MERKMALE 16–19 cm. Typisches schwarz-gelbes Kopfmuster; im Prachtkleid schwarze Federohren, bei Weibchen kürzer, fehlen im Schlichtkleid. Singt oft von einem Felsblock aus, gelegentlich auch im Singflug. Melodisch zwitschernde, etwas stotternd wirkende Strophen. Ruft oft dünn „zieh".
VORKOMMEN In steinigen Lebensräumen wie kargen, flechtenreichen Berggegenden und der Tundra Nordeuropas. Im Winter gelegentlich an der Nord- und Ostseeküste auf Strand- und Salzwiesen.

Die Haubenlerche ist gedrungen und breitflügelig.

Die Ohrenlerche zeigt ein auffälliges schwarz-gelbes Kopfmuster.

009

Wiesenpieper
Anthus pratensis — Stelzenverwandte

März–Nov

Brust und Flanken sind gleichmäßig gestrichelt

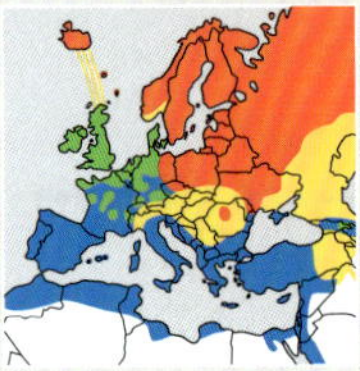

Wiesenpieper stehen nur selten auf Bäumen und kaum in den Kronen größerer Bäume, oft aber auf Zäunen, Telefondrähten oder niedrigen Büschen und kleinen Bäumen. Der Gesang wird eingeleitet durch eine sich beschleunigende „tsip"-Folge.

MERKMALE 14–15,5 cm. Oberseite graubraun bis grünbraun, kräftig längs gestreift, Brust und Flanken gleichmäßig gestrichelt. Wirkt im Flug etwas zaghaft. Ruft dünn „ist" oder „ist ist ist".

VORKOMMEN In weiten, offenen, oft feuchten Wiesen-, Heide- und Moorflächen, häufig auch an der Küste sowie im Gebirge bis 2000 m Höhe. Im Norden vielfach in Fjäll- und Tundragebieten.

BEOBACHTUNGSTIPP Zum Singflug startet der Wiesenpieper meist von einer erhöhten Stelle am Boden.

010

Baumpieper
Anthus trivialis — Stelzenverwandte

April–Okt

deutliche Kopfzeichnung

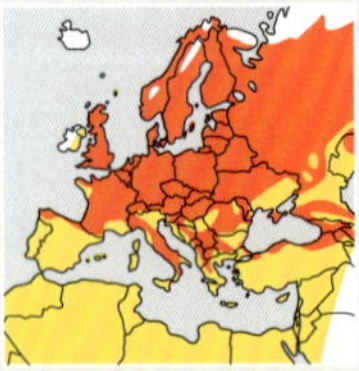

Baumpieper stehen häufig auf der Spitze von Bäumen oder Büschen. Das Männchen startet von dort zu einem Singflug und gleitet danach mit fallschirmartig ausgebreiteten Flügeln und nach oben gehaltenem, gespreiztem Schwanz zur Baumspitze abwärts. Der trillernde, an Kanarienvogel erinnernde Gesang klingt meist mit einem gedehnten „Zia zia zia" aus.

MERKMALE 14–16 cm. Recht kräftige, dunkle Bruststreifung, die an den Flanken in feine Strichel übergeht, markantere Kopfzeichnung und Gefieder mehr gelblich braun als Wiesenpieper, Oberseite weniger kräftig gestreift. Ruft im Flug rau „pssi".

VORKOMMEN Waldrandbereiche, Moor- und Heideflächen mit einzelnen höheren Bäumen und Büschen; daneben auch Kahlschläge und Parks. Überwintern meist im Savannengürtel Afrikas.

Der im Flug etwas zaghaft wirkende Wiesenpieper lebt in offener Landschaft.

Der Baumpieper unternimmt häufig Singflüge über den Baumspitzen.

011

Rotkehlpieper
Anthus cervinus — Stelzenverwandte

April–Mai
Sept–Okt

Jungvogel kein Rot

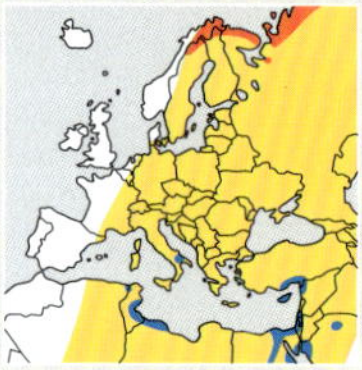

Rotkehlpieper verraten sich oft durch ihre hohen durchdringenden Rufe, die im Vergleich zu den Wiesenpieperrufen kräftiger klingen. Die Pieper rasten gerne an Gewässerufern und auf feuchten, baumfreien Wiesen und Weiden. Dort suchen sie nach Insekten, Spinnen und kleinen Schnecken sowie feinen Samen.

MERKMALE In Größe und Gestalt ähnlich dem Wiesenpieper. Bei Altvögeln Gesicht, Kehle und oft ganze Brust ziegelrot. Jungvögel oberseits mit hellen Hosenträgern. Singt lang anhaltende pfeifende, trillernde und ratternde Folgen, auch im Singflug. Ruft gedehnt, scharf „tsiieh".
VORKOMMEN Brütet im nördlichsten Nordeuropa – in der feuchten Strauchtundra oder auf Freiflächen in der Fjällbirkenzone. Zieht regelmäßig, aber in geringen Zahlen, durch Mitteleuropa.

012

Bergpieper
Anthus spinoletta — Stelzenverwandte

ganzjährig

deutliche, weiße Schwanzkanten

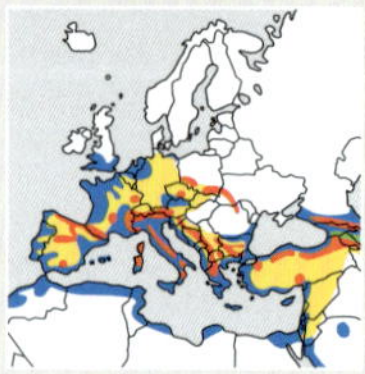

Bergpieper brüten oft in Hanglage, das Nest liegt verborgen unter einem Stein oder einem Alpenrosenbusch, wodurch Gelege und Junge bei Wintereinbruch vor Neuschnee geschützt sind. Das Männchen singt von einem Felsen aus oder im Singflug. Die Strophen erinnern an Wiesenpieper, sind aber kräftiger und melodischer, die einzelnen Touren sind länger.

MERKMALE 15,5–17 cm. Ein kräftiger Pieper mit schwarzbraunen Beinen. Unterseite im Prachtkleid rosafarben und überwiegend ungezeichnet; sonst mit dunkel gestreifter Brust und weißlichem, ungestricheltem Bauch. Ruft oft laut und scharf „fist".
VORKOMMEN Oberhalb der Baumgrenze auf alpinen Wiesen mit vielen Felsen, meist in Wassernähe. Ab Spätherbst im Tiefland, dort nicht selten an Fluss- und Seeufern Mitteleuropas.

Rotkehlpieper trifft man zur Zugzeit oft auf feuchten Wiesen und Weiden an.

Den Bergpieper trifft man im Sommer meist oberhalb der Baumgrenze an.

013

Strandpieper

Anthus petrosus — Stelzenverwandte

Sept–März

Schwanzkanten unauffällig grau

Das Strandpieper-Männchen singt von einem Felsen oder im Singflug. Der Gesang klingt kräftiger und voller als der des Wiesenpiepers und enthält mehr Triller. Ruft ähnlich, jedoch gedehnter und weniger explosiv „piest".

MERKMALE 15,5–17 cm. Beine schwärzlich bis braunviolett. Färbung düstergrau, Schwanzkanten grau.

VORKOMMEN An der Felsküste mit Steinen, Tanghaufen, Gras und krautigem Bewuchs. Im Winter an der mitteleuropäischen Küste, besonders an steinigen, felsigen Bereichen der Nordsee.

BEOBACHTUNGSTIPP Strandpieper sind weniger scheu als Bergpieper und lassen einen Beobachter viel näher herankommen. Sie laufen oft erst ein Stück vor dem Beobachter her, bevor sie auffliegen, um nach recht kurzer Strecke wieder zu landen.

014

Brachpieper

Anthus campestris — Stelzenverwandte

April–Sept

Jungvogel gestreifter Mantel, gestrichelte Brust

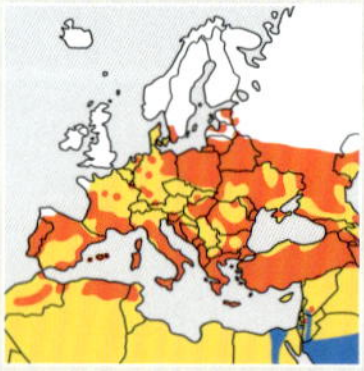

Die Bewegungen des Brachpiepers während der Nahrungssuche erinnern an Regenpfeifer, die waagerechte Haltung an Stelzen. Der Gesang ist bescheiden – ein mehrmals wiederholtes „zirluih" –, den das Männchen meist im wellenförmigen Singflug vorträgt. Am Ende gleitet es mit vibrierenden Flügeln abwärts.

MERKMALE 15,5–18 cm. Großer Pieper mit langem Schwanz, Aussehen und Schwanzwippen ähnlich Stelzen. Gefieder bei Altvögeln bis auf einige feine Strichel auf den Brustseiten sandfarben und nahezu ungestreift, Ruft sperlingsartig „tschilp".

VORKOMMEN In warmer und offener, überwiegend spärlich bewachsener Landschaft, wichtig sind Stellen mit höherem Gras und niedrigen Büschen für die Anlage des Nestes sowie kleine, als Singwarten genutzte Bäume. Meist in Heidegebieten.

Der Strandpieper ist kräftig gebaut und verwaschen gezeichnet.

Der elegante, langschwänzige Brachpieper erinnert ein wenig an Stelzen.

015 Bachstelze

Motacilla alba — Stelzenverwandte

März–Nov

Trauerbachstelze Männchen im Prachtkleid

Bachstelzen laufen mit schnell trippelnden Schritten und rhythmischen, etwas ruckartigen Kopfbewegungen, dabei wippen sie meist auffällig mit dem Schwanz. Bei der Balz vollführt das Männchen unter tschilpenden Rufen einen tänzelnden Rüttelflug über dem Weibchen.

MERKMALE 16,5–19 cm. Unsere häufigste Stelze. Gefieder schwarz-weiß und grau, Weibchen sind weniger kontrastreich. Gesang eine zwitschernde Ruffolge. Ruft häufig „zlipp", „zi-ze-lipp" oder scharf „tzissik". Die Trauerbachstelze brütet auf den Britischen Inseln, manchmal auch an der Nordseeküste Mitteleuropas.

VORKOMMEN Häufig an Gewässerufern, jedoch auch fern von Wasser in Dörfern und Städten, an Einzelgehöften und gerne in Parks, Gärten und Ödland. Überwintert im Mittelmeerraum.

017 Gebirgsstelze

Motacilla cinerea — Stelzenverwandte

ganzjährig

Jungvogel helle Kehle

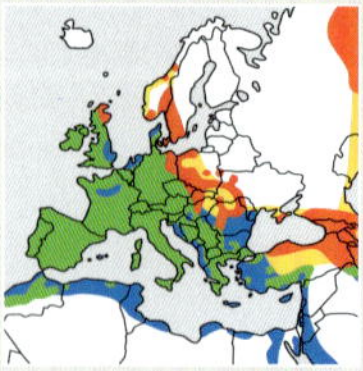

Die Männchen singen auf einem Fels oder einem Ast am Wasser, häufig auch in flatterndem Singflug über dem Wasser. Die Strophen klingen dünn und schrill zwitschernd und sind aus rufähnlichen Lauten zusammengesetzt. Die Nistplätze liegen stets in Wassernähe, oft in Nischen und Höhlungen an senkrechten Ufern.

MERKMALE 17–20 cm. Wippt ständig mit dem „überlangen" Schwanz und dem Hinterkörper. Bürzelbereich und Unterschwanzdecken gelb, Mantel grau. Männchen im Prachtkleid an Kinn und Kehle schwarz. Ruft im Flug oft hart „tsip".

VORKOMMEN Zur Brutzeit an Fließgewässern, gerne an schattigen Wildbächen und -flüssen in Waldlandschaften, aber auch im Siedlungsbereich an Wehren und Kanälen, vor allem im Bergland. In den Alpen gebietsweise bis in 2000 m Höhe.

Die Bachstelze wippt ständig mit dem langen Schwanz.

Die Gebirgsstelze ist die langschwänzigste unserer Stelzen.

018

Wiesenschafstelze

Motacilla flava — Stelzenverwandte

April–Sept

Jungvogel blass, gelber Unterschwanz

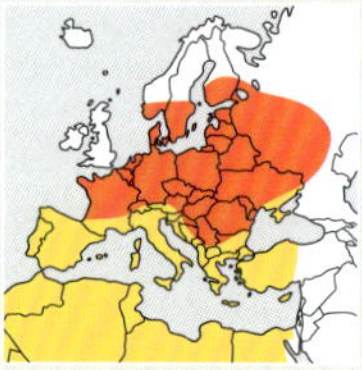

Schafstelzen sind häufig inmitten von Weidetieren anzutreffen, wo sie Insekten erbeuten, die von den Großtieren aufgescheucht werden. Die Männchen tragen den einfachen, aus rufähnlichen und zwitschernden Lauten bestehenden Gesang im tänzelnden Singflug vor.

MERKMALE 15–16 cm. Im Vergleich zu anderen Stelzen weniger langschwänzig und zierlich. Oberseite grünlich, Kopf blaugrau mit weißem Überaugenstreif, Unterseite gelb. Weibchen weniger kräftig und insgesamt heller gefärbt. Ruft häufig weit hörbar, aber dünn „psieh".
VORKOMMEN Im Flachland, meist in offenem, gerne feuchtem Gelände wie Sumpfgebieten, Mooren und Heidelandschaften, aber auch auf Wiesen- und Weideflächen sowie Getreide- und Kartoffelfeldern. Überwintert südlich der Sahara.

Thunberg-Schafstelze

Motacilla flava thunbergi — Stelzenverwandte

Mai

kein Überaugenstreif

Die Thunberg-Schafstelze ist Durchzügler an der Nordseeküste. An der Südgrenze des Areals in Nord- und Osteuropa vermischt sie sich mit der Wiesenschafstelze. In Gebieten mit Vorkommen beider Stelzen brütet die südliche im Kulturland, die nördliche im Moor.

MERKMALE Ähnlich der Wiesenschafstelze, aber Kopf dunkelgrau, Vorderscheitel und Ohrdecken schwärzlich, kein Überaugenstreif. Bei der *Gelbkopf-Schafstelze* Scheitel und Ohrdecken grünlich, Überaugenstreif gelb.
VORKOMMEN In unterschiedlichen Moorgebieten, Seggensümpfen, gerne in der Verlandungszone von Taigaseen. In Mitteleuropa zur Zugzeit meist auf feuchten Wiesen und Weiden. *Gelbkopf-Schafstelze*: Brutvogel der Britischen Inseln und der benachbarten Festlandsküsten.

Die Wiesenschafstelze ist kurzschwänziger als Bach- und Gebirgsstelze.

Die Thunberg-Schafstelze wirkt aus der Ferne sehr dunkelköpfig.

Zitronenstelze
Motacilla citreola — Stelzenverwandte

April–Okt

im Flug recht deutliche helle Flügelbinden

Im Jahr 1996 hat die Zitronenstelze das erste Mal in Deutschland gebrütet – in Mecklenburg-Vorpommern. Die seltenen Durchzügler trifft man im Vergleich zu Schafstelzen eher an Gewässerufern und in sumpfigen Bereichen an als auf Wiesen. Die Nähe zu Weidevieh suchen Zitronenstelzen nicht.

MERKMALE Beine und Schwanz im Vergleich zur Wiesenschafstelze etwas länger, Flügelbinden breiter; Unterschwanzdecken stets weiß (bei Schafstelzen gelb). Singt ähnlich Bachstelze. Ruft im Vergleich zu Schafstelzen härter und rauer.

VORKOMMEN In weiten, offenen Feuchtgebieten und in der Strauchtundra, meist in nasseren Lebensräumen als Schafstelze. Eine östliche Art, die sich nach Westen ausbreitet und bereits in Ostpolen und im Baltikum brütet.

022

Seidenschwanz
Bombycilla garrulus — Seidenschwänze

Okt–April

Jungvogel Flügelmuster ohne weiße Querlinien

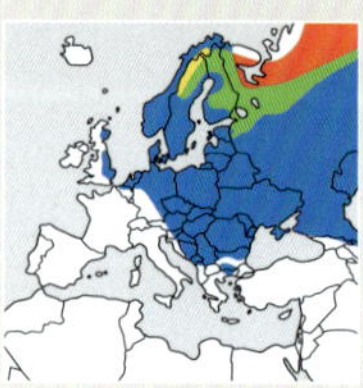

Im Winterhalbjahr wandern Seidenschwänze in Abständen von mehreren Jahren weit nach Süden und erscheinen dann in Scharen in Mitteleuropa, wo sie vor allem in Ebereschen zu sehen sind.

MERKMALE 18–21 cm. Kräftiger Körperbau, seidiges Gefieder und aufrichtbare Federhaube sind typisch. Markante Musterung von Flügeln und Schwanz. Alte Männchen auf den Flügeln mit langen roten Hornplättchen. Flugbild ähnlich Staren, aber schlanker, Flügel noch ausgeprägter dreieckig. Ruft fast ständig klingelnd „sirrr“.

VORKOMMEN In aufgelockerten Fichten- und Birkenwäldern der Taiga. Im Winter in Wäldern, Parks und Gärten mit Beerensträuchern.

SCHON GEWUSST? Seidenschwänze fressen das ganze Jahr über Beeren, im Brutgebiet vorwiegend Insekten.

Die Zitronenstelze hat wie die Gebirgsstelze einen grauen Mantel.

Der Seidenschwanz erinnert mit seinen dreieckigen Flügeln an den Star.

023 Wasseramsel

Cinclus cinclus — Wasseramseln

ganzjährig

Jungvogel vor allem unterseits deutlich gebändert

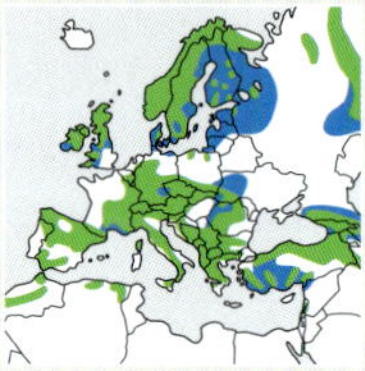

Bei der Nahrungssuche „fliegt" die Wasseramsel unter Wasser. Am Gewässergrund dreht sie Steine um oder schiebt sie beiseite, um Insektenlarven hervorzuholen. Männchen und Weibchen singen. Die lang anhaltenden Strophen klingen rau zwitschernd und sind nicht selten auch im Winter zu hören.

MERKMALE 17–20 cm. Der einzige Singvogel, der schwimmen und tauchen kann. Kurzer, häufig gestelzter Schwanz und die gedrungene Gestalt erinnern an den Zaunkönig. Großer weißer Brustlatz. Ruft häufig scharf „zritz" oder „srit".

VORKOMMEN Stets in Wassernähe, vor allem an klaren, schnell fließenden Bächen der Mittelgebirge und Alpen, gebietsweise in Dörfern und Städten. Im Winterhalbjahr auch an langsam fließenden Flüssen und an See- und Teichufern.

024 Zaunkönig

Troglodytes troglodytes — Zaunkönige

ganzjährig

Schwanz meist gestelzt

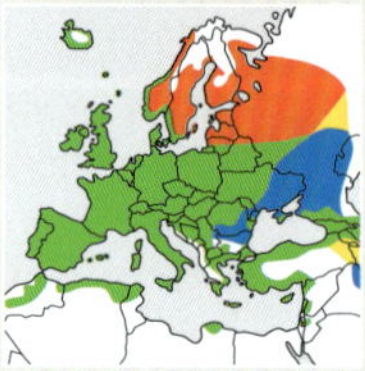

Der Zaunkönig ist rastlos unterwegs. Er schlüpft wie eine Maus durch niedriges Gestrüpp und verschwindet nicht selten in der höhlenreichen Uferböschung oder in einem Reisighaufen, um an anderer Stelle wieder zu erscheinen. Im Frühjahr baut das Männchen mehrere kugelförmige Nester halbfertig, von denen sich das Weibchen eines aussucht und mit Federn, Haaren und Wolle auspolstert.

MERKMALE 9–10,5 cm. Sehr klein, rundlich und mit kurzem, oft steil aufgerichtetem Schwanz. Flug meist niedrig und geradlinig, mit schwirrenden Flügelschlägen. Gesang aus schmetternden und trillernden Touren, oft weit hörbar. Ruft häufig hart „teck-teck-teck..." oder tief schnurrend „tserrrr".

VORKOMMEN In unterholzreichen Wäldern, vor allem in Wassernähe; häufig in Parks und größeren Gärten mit bodennaher Deckung.

Die Wasseramsel ist der einzige heimische Singvogel, der schwimmen und tauchen kann.

Der Zaunkönig wirkt kompakt – dank kurzem Hals und häufig gestelztem Schwanz.

025

Alpenbraunelle
Prunella collaris — Braunellen

ganzjährig

Flanken rostbraun gestreift

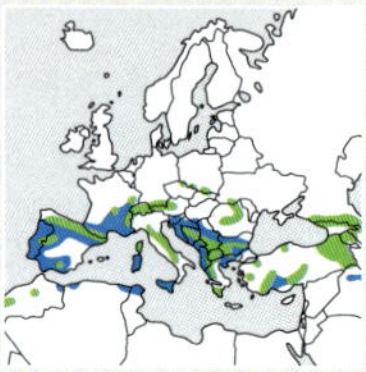

Das Weibchen der Alpenbraunelle baut ein recht umfangreiches Nest aus Gras und Halmen mit einem Unterbau aus Moos. Für die Innenauskleidung verwendet es Federn und Haare. Beide Partner füttern die Jungen. Die anhaltend schwätzenden und melodisch trillernden Gesangsstrophen erinnern an Feldlerchen.

MERKMALE 15–17,5 cm. Größer und weniger zierlich gebaut als Heckenbraunelle, wirkt lerchenartig. Flug wellenförmig, wirkt kraftvoll und erinnert an Lerchen und Finken. Ruft rollend „tschirrüp" oder lerchenartig „drü drü".
VORKOMMEN Meist oberhalb der Baumgrenze auf niedrig bewachsenen alpinen Matten, Steinhalden und Felsabbrüchen. Im Winterhalbjahr meist in tieferen Lagen, nicht selten in der Nähe von bewirtschafteten Berghütten oder Liftanlagen. Im Winter meist in tieferen Lagen.

026

Heckenbraunelle
Prunella modularis — Braunellen

ganzjährig

Jungvogel

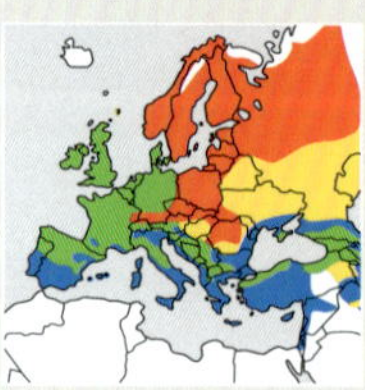

Heckenbraunellen bewegen sich am Boden in geduckter Haltung und ruckartig hüpfend, was etwas an eine Maus erinnert. Manchmal sieht man die Vögel hektisch mit den Flügeln zucken. Die Männchen singen lang anhaltende, leicht an- und absteigende Zwitscherstrophen, die sie in eiligem Tempo und oft von einer Busch- oder Baumspitze aus vortragen.

MERKMALE 13–14,5 cm. Insgesamt düster gefärbt. Verhalten unauffällig, Brust und Kopf blaugrau, Schnabel schlank. Wirkt im Flug oft huschend. Ruft laut und scharf „sieh" und vibrierend „tihihi".
VORKOMMEN In unterwuchsreichen Nadel- und Mischwäldern, häufig in Waldrandlage, besonders in jüngeren Nadelwaldpflanzungen, Feldgehölzen und Heckenlandschaften sowie in buschreichen Parks, Friedhöfen und naturnahen Gärten.

Die kräftig gebaute Alpenbraunelle erinnert im Flug an Lerchen und Finken.

Die Heckenbraunelle läuft oft mit ruckartigen Bewegungen am Boden.

027

Amsel

Turdus merula — Drosseln

ganzjährig

Weibchen

Amseln packen einen Regenwurm mit dem Schnabel, stemmen sich mit beiden Beinen gegen den Boden und ziehen ihn ruckweise aus der Erde. Die Männchen singen auf Baumwipfeln oder Antennen. Die meisten der oft sehr unterschiedlichen Strophen bestehen aus melodisch flötenden und orgelnden Lautfolgen, die häufig mit einem gepressten Zwitschern enden.

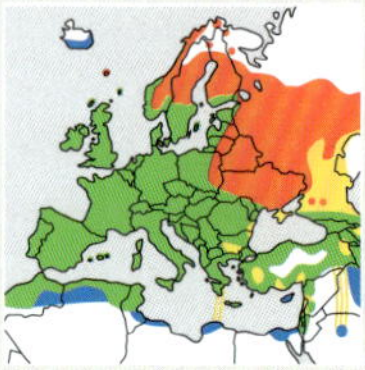

MERKMALE 23,5–29 cm. Männchen mit einheitlich schwarzem Gefieder, Schnabel und Lidring gelb. Weibchen überwiegend dunkelbraun mit hellerer Kehle und schwach gefleckter Brust. Ruft häufig schnelle „tix-tix-tix"- oder „duk-duk-duk"-Folgen.

VORKOMMEN Sehr häufig in verschiedenen Wäldern, in Heckenlandschaften, Feldgehölzen und Buschland, besonders aber in Parks und Gärten, selbst mitten in der Großstadt. In Mitteleuropa meist Jahresvogel.

028

Ringdrossel

Turdus torquatus — Drosseln

April–Okt

Weibchen

Ringdrosseln sind viel scheuer als Amseln – einmal aufgeschreckt landen sie erst in größerer Entfernung wieder. Sie stehen oft auf Felsen. Zu den Zugzeiten, vor allem im Herbst, trifft man bei uns gelegentlich nordische Durchzügler im Flachland. Die Gesangsstrophen der Männchen erinnern an Singdrosseln, klingen aber viel monotoner und melancholischer.

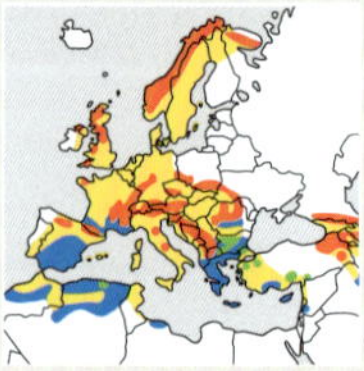

MERKMALE 24–27 cm. Stets mit hellem Brustband. Mitteleuropäische Männchen unterseits mit weißlichem, nordische, schwarze Männchen mit weißem Brustband. Wirkt im Flug hell durch helle Federränder. Ruft tief und hart „tok" oder „tjock".

VORKOMMEN In den Alpen in felsigen Hängen und alpinem Nadelwald mit Freiflächen, oft auf Blockhalden oder feuchten Almen. In Nordeuropa steile Fjällgebiete, in Schottland Heideflächen.

Die Amsel erkennt man an ihrer typischen Gestalt mit oft angehobenem Schwanz.

Die Ringdrossel erkennt man von Weitem an ihren hellen Partien auf Brust und Flügeln.

029

Singdrossel
Turdus philomelos — Drosseln

März–Okt

Die lauten, abwechslungsreichen Gesangsstrophen der Singdrossel-Männchen gehören zu den schönsten heimischen Vogelstimmen. Sie bestehen aus 2- bis 3-mal wiederholten, flötenden und zwitschernden Motiven.

Jungvogel oberseits beige gefleckt

MERKMALE 20–22 cm. Recht klein und kompakt, mit großen dunklen Augen. Oberseite braun, Unterseite weißlich und dicht schwärzlich gefleckt. Der Flug wirkt ruckartig, die orangegelbliche Färbung der Unterflügeldecken ist manchmal sichtbar. Typischer Ruf ist ein scharfes „zipp", meist im Flug oder beim Abflug zu hören.
VORKOMMEN In Wäldern aller Art, gerne Mischwald mit viel Unterholz, auch Feldgehölze, Parks, Friedhöfe, Gärten.
SCHON GEWUSST? Singdrosseln schlagen häufig Gehäuseschnecken auf harten Unterlagen auf, den sogenannten Drosselschmieden, um den Inhalt zu verzehren.

030

Misteldrossel
Turdus viscivorus — Drosseln

ganzjährig

Im Flug legt die Misteldrossel nach jeder Schlagphase ihre Flügel an, wodurch die stark wellenförmige Flugweise zustande kommt. Die melancholisch flötenden, weit tragenden Gesangsstrophen erinnern an Amselgesang. Sie werden in fast gleicher Tonhöhe vorgetragen.

rundliche Flecken

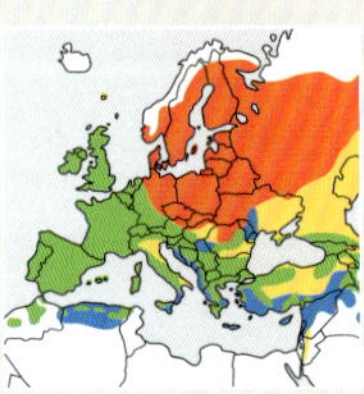

MERKMALE 26–29 cm. Unsere größte Drossel, steht oft sehr aufrecht. Oberseite braungrau, Flecken der Unterseite rundlich, nicht pfeilförmig. Ruft hart „tzerrrr".
VORKOMMEN In hochstämmigen Wäldern, vor allem in lichtem Nadelwald mit angrenzenden Wiesen und Weiden für die Nahrungssuche, auch in Parks und Gärten.
BEOBACHTUNGSTIPP Die melancholischen, weittragenden Strophen der Misteldrossel sind kürzer und eintöniger als die der Amsel, gepresste Lautfolgen fehlen. Misteldrosseln singen oft auch in der Mittagszeit.

Die Singdrossel fliegt etwas ruckartig, oft sieht man das Orangegelb der Unterflügel.

Die Misteldrossel steht am Boden aufrecht, im Flug wirkt sie langschwänzig.

031

Rotdrossel
Turdus iliacus — Drosseln

Okt–April

Flanken und Unterflügel rostrot

Nicht selten fliegen Rotdrosseln in den Schwärmen der Wacholderdrosseln mit und landen gemeinsam auf Wiesenflächen, um dort Nahrung zu suchen. Häufig sieht man sie in Beerensträuchern. Der Gesang besteht aus zwei Teilen: einer schnellen, melancholisch flötenden, meist abfallenden Lautfolge, auf die ein leises, hastiges und gepresstes Zwitschern folgt.

MERKMALE 19–23 cm. Die kleinste europäische Drossel, recht gedrungen und kurzschwänzig. Breiter Überaugenstreif, rostrote Flanken. Unterflügeldecken rostrot, oft beim Auffliegen zu sehen. Der Flugruf ist hoch und etwas rau „zjieh".
VORKOMMEN In lichten nordischen Nadel- und Birkenwäldern, auch in vielen Stadtparks. In Mitteleuropa nur in Polen und Teilen Tschechiens Brutvogel, sonst häufiger Durchzügler.

032

Wacholderdrossel
Turdus pilaris — Drosseln

ganzjährig

Flanken dicht gefleckt

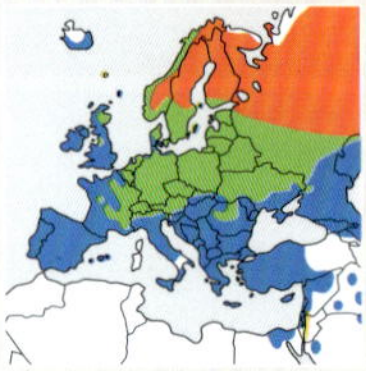

Im Winter sieht man Wacholderdrosseln bei uns oft in großen Schwärmen, die aus nördlichen und östlichen Brutgebieten stammen und auf Wiesenflächen oder auf beerentragenden Gehölzen Nahrung suchen. Die Drosseln brüten in Kolonien auf hohen Bäumen.

MERKMALE 22–27 cm. Große bunte Drossel mit rotbraunen Oberflügeln, an Kopf und Bürzel grau. Im Flug weiße Unterflügeldecken zu sehen. Gesang schwätzend und gepresst zwitschernd, wird häufig im Flug vorgetragen. Ruft schackernd „schak-schak-schak…", im Flug häufig heiser „gieh".
VORKOMMEN Ursprünglich aus der sibirischen Taiga, brütet erst seit etwa 150 Jahren in Mitteleuropa. In aufgelockerten Wäldern, Auwäldern und Feldgehölzen, heute in vielen Parks und Friedhöfen, selbst in Beeren tragenden Gehölzen mitten in Großstädten.

Die kleine, gedrungene und kurzschwänzige Rotdrossel ist auf Wiesen zu beobachten.

Die bunten Wacholderdrosseln sieht man im Winter oft in beerentragenden Büschen.

033

Zistensänger
Cisticola juncidis — Halmsänger

ganzjährig

auffälliges schwarzweißes Schwanzende

Zistensänger sind nicht leicht zu beobachten, da sie meist flink wie Mäuse durch dichten Bewuchs schlüpfen. Das schwarz-weiße Schwanzmuster wird erst während des tänzelnden Singfluges erkennbar. Wie *Seidensänger* 034 unternehmen auch Zistensänger seit den 1970er-Jahren Brutvorstöße nach Mitteleuropa, die aber durch Kältewinter bedroht sind.

MERKMALE 10–11 cm. Klein, Flügel und Schwanz kurz. Oberseits gelbbräunlich und kräftig gestreift, vor allem auf Schultern und Mantel. Gesang typisch, meist im Flug vorgetragen, ein harter „tsip"-Laut, der ständig im Abstand von rund einer Sekunde wiederholt wird. Ruft kräftig „tschip".
VORKOMMEN In dichten Grasbeständen, oft Seggen oder Binsen im Uferbereich, auch in vergrasten Gärten und extensivem Wiesengelände.

035

Feldschwirl
Locustella naevia — Schwirlverwandte

April–Sept

Oberseite gestreift

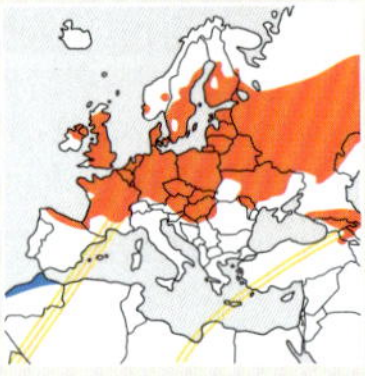

Feldschwirle sind schwer zu beobachten, denn sie laufen und kriechen meist „unsichtbar" in dichtem Bewuchs. Mitunter klettern sie an Zweigen hoch und stelzen dabei – anders als Rohrsänger – den Schwanz.

MERKMALE 12,5–13,5 cm. Oberseite olivbraun, dunkel gestreift, Brust verwaschen gefleckt. Singt grillenartig monoton schwirrend, oft minutenlang ohne Unterbrechung. Ruft häufig scharf „tzeck".
VORKOMMEN In Feuchtgebieten mit Hochstauden und Kräutern und in dichtem, feuchtem Gebüsch an Gewässern, daneben auch auf trockenen, vergrasten Waldlichtungen und Kahlschlägen.
SCHON GEWUSST? Die 2–3 Silben des schwirrenden Gesangs wiederholt der Vogel monoton über 1000-mal in der Minute. Durch Drehen des Kopfes schwillt dabei die Lautstärke an und ab.

Der scheue Zistensänger schlüpft wie eine Maus durch dichtes Gestrüpp.

Der olivbraune Feldschwirl ist schwer zu beobachten, meist singt er aus der Deckung.

036

Schlagschwirl
Locustella fluviatilis — Schwirlverwandte

Mai–Aug

breite weiße Federspitzen am Unterschwanz

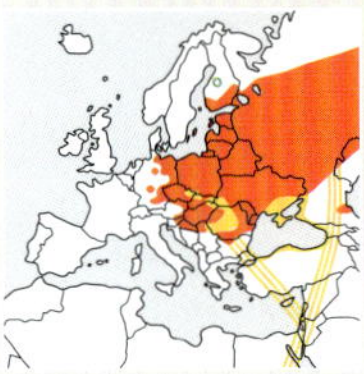

Die Vögel laufen geduckt mit tief eingeknickten Beinen auf dem Boden oder auf waagrechten Ästen und Halmen. Das Nest steht meist in 30–40 cm Höhe gut versteckt und an einen dickeren Ast angelehnt.

MERKMALE 14,5–16 cm. Oberseite graubraun mit olivfarbenem Anflug. Kehle und Brust diffus gefleckt. Schwanz lang, stark gerundet, unterseits helles Fleckenmuster. Singt ausdauernd wetzend „dze-dze-dze…"; ruft „tsr".
VORKOMMEN In Auwäldern und hohem Gebüsch an Gewässern, auch auf feuchten Waldlichtungen, gebietsweise auch in Parks. Östliche Art.
BEOBACHTUNGSTIPP Mitunter singen Schlagschwirle bis zu einer Stunde nahezu pausenlos. Währenddessen klettern sie im Busch langsam nach oben, bis sie mehrere Meter höher sitzen.

037

Rohrschwirl
Locustella luscinioides — Schwirlverwandte

April–Sept

Unterschwanz ungefleckt

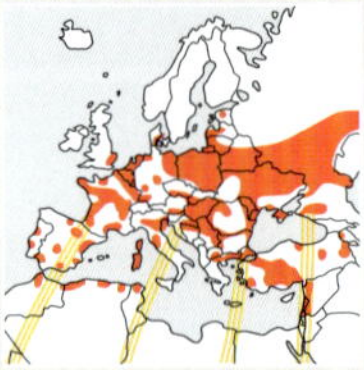

Rohrschwirle halten sich beim Singen oft mit gegrätschten Beinen an zwei Halmen fest. Bei der Nahrungssuche laufen sie über schwimmende Pflanzenstängel oder schlüpfen durch dichtes Pflanzengewirr. Sie fischen ihre Nahrung – Insekten und Spinnen – auch aus dem Wasser. Das kegelförmige Nest ist locker aus Schilfblättern und Halmen gefertigt und steht knapp über dem Wasser.

MERKMALE 13,5–15 cm. Ähnlich Teichrohrsänger, aber mit breiterem, mehr abgerundeten Schwanz und langen, nicht spitzen Unterschwanzfedern. Singt minutenlang schwirrend, tiefer als Feldschwirl, klingt eher surrend. Ruft „tsching".
VORKOMMEN In ausgedehnten Beständen von Schilf, Rohrkolben und Binsen an Gewässerrändern. Überwintert meist südlich der Sahara.

Der Schlagschwirl klettert beim Singen im Busch langsam nach oben.

Der Rohrschwirl ist ein typischer Kleinvogel ausgedehnter Schilfwälder.

038

Schilfrohrsänger

Acrocephalus schoenobaenus — Rohrsängerv. | April–Sept

langer heller Überaugenstreif

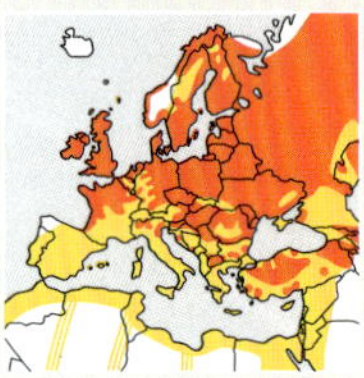

Die lauten, kräftigen Gesangsstrophen des Schilfrohrsängers klingen im Vergleich zu denen des Teichrohrsängers munterer. Sie werden etwas hektisch vorgetragen und enthalten auch Tonsprünge, pfeifende und trillernde Abschnitte sowie Imitationen von anderen Vögeln wie Hausrotschwanz, Bachstelze und Rauchschwalbe. Der ähnliche *Seggenrohrsänger (A. paludicola)* brütet in mit Seggen oder Schneidried bestandenen und 10–20 cm unter Wasser stehenden Sumpfgebieten Ostpolens.

MERKMALE 11,5–13 cm. Oberseite schwach oder undeutlich gestreift. Langer, weißlicher Überaugenstreif kontrastiert mit dunklen Scheitelseiten und dunklem Augenstreif. Ruft „tjeck", bei Störung rollend „errr".
VORKOMMEN In Schilf- und Rohrkolbenbeständen mit Büschen, aber auch in feuchten Hochstaudenfluren an Gräben oder kleinen Tümpeln.

040

Mariskenrohrsänger

Acrocephalus melanopogon — Rohrsängerv. | März–Okt

reinweißer Überaugenstreif
weiße Kehle

Der Mariskenrohrsänger verhält sich im Gegensatz zu anderen Rohrsängern oft wie ein Schwirl. Er steht in der Grätsche auf zwei Halmen, zuckt mit den Flügeln oder stelzt den Schwanz. Die lauten, abwechslungsreichen Gesangsstrophen erinnern etwas an Teichrohrsänger, enthalten aber keine harten oder schnarrenden Tonfolgen, dafür ansteigende Pfeiftöne, die an eine Nachtigall oder einen Brachvogel erinnern.

MERKMALE 12–13,5 cm. Ähnlich Schilfrohrsänger, aber oberseits rotbraun, Kopf kontrastreicher durch dunkleren Scheitel und breiten, reinweißen Überaugenstreif. Ruft hart und kehlig „krrrk".
VORKOMMEN An Rändern von großflächigen, im Wasser stehenden Schilfbeständen, die durch Rohrkolben und Binsen aufgelockert sind, kaum in reinem Schilfröhricht. Brütet am Neusiedler See.

Der Schilfrohrsänger startet häufig von einem Halm aus zu einem Singflug.

Der Mariskenrohrsänger schlüpft gerne durch liegendes Schilf und stelzt oft den Schwanz.

041

Teichrohrsänger

Acrocephalus scirpaceus — Rohrsängerv. | Mai–Sept

Bürzel rostbraun
flacher Kopf

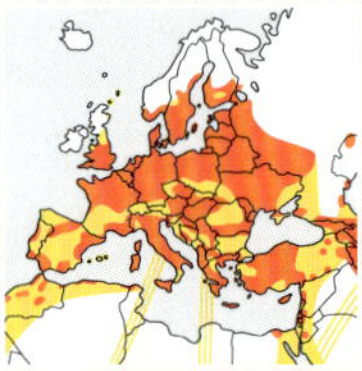

Teichrohrsänger trifft man bei der Nahrungssuche häufig in Bäumen und Büschen in Wassernähe an, Sumpf- und Buschrohrsänger dagegen eher im dichten Kräutergewirr. Der Gesang wird in bedächtigem Tempo und nicht besonders laut vorgetragen. Er imitiert viel weniger als die Schwesterarten. Es dominieren knarrende und mechanisch klingende Tonfolgen, aber auch wohlklingende Passagen kommen vor. Häufiger Wirtsvogel des Kuckucks.

MERKMALE 12,5–14 cm. Häufigster Rohrsänger im Schilf. Im Vergleich zum Sumpfrohrsänger Schnabel länger und Stirn flacher, Bürzelbereich warm rostbraun. Ruft „tscherr" oder „tschörr".

VORKOMMEN In Schilfflächen an Teichen, Seen und langsam fließenden Flüssen. Manchmal auch in kleinen Schilfstreifen. Singt zur Zugzeit mitunter in Gärten. Überwintert in den Savannen Afrikas.

042

Sumpfrohrsänger

Acrocephalus palustris — Rohrsängerverwandte | Mai–Sept

Bürzelbereich wie
Oberseite gefärbt

Der sehr abwechslungsreiche, wohlklingende Gesang aus quirlenden und gequetscht klingenden, arteigenen Tonfolgen besteht fast ausschließlich aus brillanten Imitationen sehr vieler europäischer Vögel, aber auch einiger afrikanischer Vogelarten, die auf dem Zug erfasst werden. Der sehr ähnliche, nordöstliche *Buschrohrsänger* singt meist in über drei Metern Höhe. Seine Gesangsdarbietungen sind langsamer und häufiger von Pausen unterbrochen. Typisch ist die mehrfache Wiederholung vieler Motive.

MERKMALE 13–15 cm. Wirkt durch den kürzeren Schnabel und den runderen Kopf etwas freundlicher als der sehr ähnliche Teichrohrsänger.

VORKOMMEN In feuchtem Gebüsch in Gewässernähe, oft an üppig mit Hochstauden und Schilf bewachsenen Gräben; früher häufig in Getreidefeldern. Überwintert im südöstlichen Afrika.

Der Teichrohrsänger singt sehr ausdauernd im Röhricht, auch in schmalen Streifen.

Der Sumpfrohrsänger fällt durch seinen extrem abwechslungsreichen Gesang auf.

044

Drosselrohrsänger

Acrocephalus arundinaceus — Rohrsängerv.

Mai–Sept

groß, mit kräftigem Schnabel

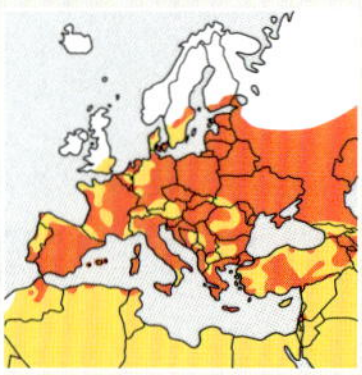

Gewöhnlich fliegt der Drosselrohrsänger am Schilfrand entlang und spreizt dabei die Steuerfedern. Die Männchen tragen ihren sehr lauten und weittragenden Gesang meist hoch auf einem Schilfhalm stehend vor. Die deutlich voneinander abgesetzten Strophen sind überwiegend kurz und enthalten meist raue und knarzende Tonfolgen, aber auch wohltönende Passagen: „karre-karre-karre-kiet-kiet-kiet drü-drü-drü-drü dore dore dore tsiep-tsiep-tsiep…".

MERKMALE 16–20 cm. Fast drosselgroßer, kräftig gebauter Rohrsänger. Schnabel drosselartig. Ruft hart „karr" oder „kerr", in Nestnähe „zäck zäck".
VORKOMMEN In ausgedehnten Flächen von Altschilf an Seen, Teichen und Flüssen, meist am Rand von Gewässern. Überwintert im mittleren und südlichen Afrika. In Deutschland inzwischen sehr selten.

045

Blassspötter

Iduna pallida — Rohrsängerverwandte

April–Aug

Oberseite grau mit olivgrünem Anflug

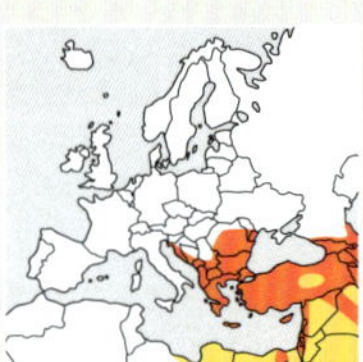

Blassspötter halten sich während der Nahrungssuche vor allem in hohem Gebüsch auf. Ihr Gesang erinnert mit seinen Motiv-Wiederholungen und dem Fehlen von Imitationen an den des Teichrohrsängers, allerdings ist das Tempo weniger gemächlich, der Vortrag ist abwechslungsreicher und der Klangeindruck weniger rau.

MERKMALE 12–13 cm. Ähnlich Teichrohrsänger mit langem Schnabel und flachem Kopf, jedoch mit breiter Schnabelbasis. Schlägt oft den Schwanz nach unten. Ruft fast ständig „tschek".
VORKOMMEN In halb offener, buschreicher Landschaft mit einzelnen Bäumen, gerne Obstplantagen, Tamariskengebüsch oder Weidenbestände an Flussufern. In Ungarn leben etwa 200 Brutpaare. Überwintert südlich der Sahara.

Der große Drosselrohrsänger unternimmt häufig Flüge knapp über dem Schilf.

Der Blassspötter schlägt den Schwanz oft nach unten.

046

Gelbspötter

Hippolais icterina — Rohrsängerverwandte | Mai–Aug

helles Flügelfeld

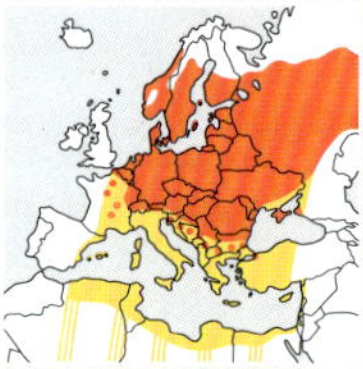

Das Gelbspötter-Männchen und das Weibchen bauen gemeinsam ein hübsches Napfnest, das sie um eine Astgabel flechten. Die lauten, lebhaft und hastig vorgetragenen Gesangsstrophen sind sehr abwechslungsreich und enthalten eine Fülle von guten Imitationen anderer Vögel. Typisch ist ein gequetschtes „giäää" sowie der in den Gesang eingeflochtene „dideroid"-Ruf.

MERKMALE 12–13,5 cm. Rohrsängerähnliche Gestalt und kräftiger, heller Schnabel. Unterseite bei Altvögeln im frischen Gefieder hellgelb, im abgetragenen Kleid und bei Jungvögeln viel blasser. Ruft oft „dederoid" oder „tetedwi".
VORKOMMEN Aufgelockerte, unterholzreiche Laubwälder, häufig in Auwäldern; auch in Feldgehölzen, Parks und Friedhöfen mit alten Laubbäumen. Überwintert im tropischen Afrika.

047

Orpheusspötter

Hippolais polyglotta — Rohrsängerverwandte | Mai–Aug

kurze runde Flügel

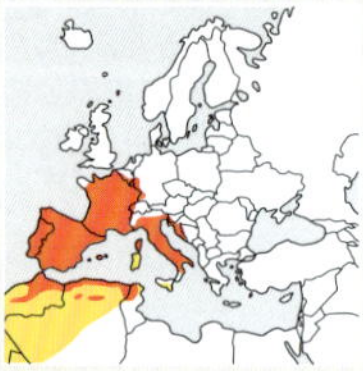

Orpheusspötter stehen im Gegensatz zu Gelbspöttern während der Gesangsdarbietung häufig auf Zweigen in der Sonne und lassen sich gut beobachten. Ihre Strophen erinnern an den Sumpfrohrsänger.

MERKMALE Sehr ähnlich dem Gelbspötter, aber ohne helles Flügelfeld und mit deutlich kürzeren Flügeln. Wirkt im Flug mehr flatternd als Gelbspötter. Ruft „tschret" und sperlingsartig „trrrt".
VORKOMMEN In Jungwald, dichtem, dornigem Gebüsch am Waldrand, in Tamariskengestrüpp, gerne in Kiesgruben. Brutvogel und Einwanderer in warmen Gegenden Südwestdeutschlands sowie der Süd- und Westschweiz.
BEOBACHTUNGSTIPP Orpheusspötter singen hastig und flechten in ihren Gesang tschilpende Rufe ein.

Der Gelbspötter erinnert an Laubsänger, bewegt sich im Gezweig aber weniger hektisch.

Orpheusspötter stehen beim Singen anders als Gelbspötter auf Zweigen in der Sonne.

048

Mönchsgrasmücke

Sylvia atricapilla — Grasmückenverwandte | April–Okt

Weibchen
braune Kopfplatte

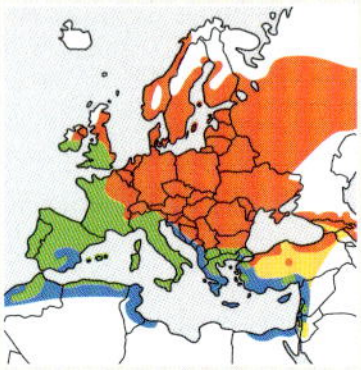

Der Gesang der Mönchsgrasmücke zählt zu den klangvollsten heimischen Vogelstimmen. Er beginnt mit einem leisen, zwitschernden Vorgesang, der in den Überschlag aus kräftigen Flötentönen übergeht.

MERKMALE 13,5–15 cm. Die weitaus häufigste und bekannteste Grasmücke. Gefieder überwiegend grau. Männchen mit schwarzer, Weibchen (Foto oben rechts) und Jungvögel mit brauner Kopfplatte. Ruft häufig hart und laut „täck", oft mehrfach wiederholend.
VORKOMMEN In unterholzreichen Wäldern, Feldgehölzen und höheren Hecken sowie in Parks und auf Friedhöfen.
SCHON GEWUSST? Die meisten europäischen Mönchsgrasmücken überwintern im Mittelmeerraum und Nordafrika. Seit einigen Jahren zieht ein Teil von ihnen nach England, wo die Bedingungen recht gut sind.

049

Gartengrasmücke

Sylvia borin — Grasmückenverwandte | Mai–Sept

rundlicher Kopf

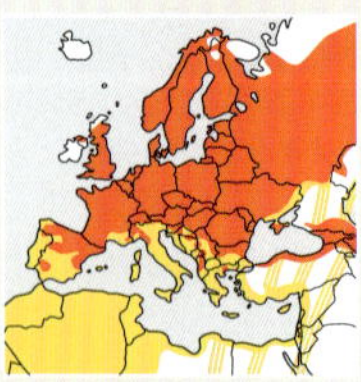

Die Gartengrasmücke lebt sehr versteckt in dichtem Gebüsch und lässt sich nur selten beobachten. Die laut vorgetragenen, recht tiefen Gesangsstrophen klingen sehr angenehm plaudernd und volltönend, enthalten aber auch rauere Lautfolgen. Sie sind weniger flötend als die Strophen der Mönchsgrasmücke und erinnern im Klangeindruck eher an Drosselgesang.

MERKMALE 13–14 cm. Kaum typische äußere Kennzeichen. Robuster Körperbau mit recht kurzem, kräftigem Schnabel. Gefieder oberseits graubraun, an den Halsseiten verwaschener Grauton. Ruft häufig scharf „tschek-tschek".
VORKOMMEN Weniger in Gärten, sondern in dichtem, hohem Gebüsch an Waldrändern, gerne auch in üppig bewachsenem Uferdickicht. In alpinen Grünerlenbeständen bis in 2000 m Höhe.

Die Mönchsgrasmücke ist die häufigste Grasmücke in unseren Gärten und Parks.

Die sehr versteckt lebende Gartengrasmücke ist kein typischer Gartenvogel.

050

Klappergrasmücke
Sylvia curruca — Grasmückenverwandte

April–Sept

kein Rostbraun im Gefieder
dunkle Beine

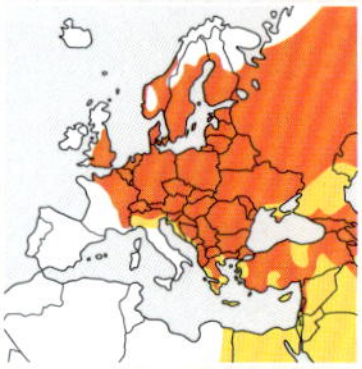

Im Vergleich zu anderen Grasmücken zeigen sich Klappergrasmücken häufiger dem Beobachter und singen oft in Bäumen. Der Gesang besteht aus zwei Teilen: Auf einen leisen, eilig schwätzenden Vorgesang, der hoch einsetzt, folgt ein lautes und eintöniges, etwas hölzernes Klappern auf gleicher Tonhöhe.

MERKMALE 11,5–13,5 cm. Unsere kleinste Grasmücke. Kurzschwänziger als Dorngrasmücke und ohne Rostton in den Flügeln. Die weiße Kehle und die dunklen Wangen wirken maskenhaft. Ruft „tjäck“, bei Gefahr unregelmäßig wiederholt „tack“.
VORKOMMEN In halb offener Landschaft mit Gebüsch, gerne Waldränder, Feldgehölze, Hecken, auch Parks, Obstgärten und Friedhöfe sowie Moor- und Heidelandschaften. Im Gebirge häufig bis in die Latschenzone.

051

Dorngrasmücke
Sylvia communis — Grasmückenverwandte

Mai–Sept

unternimmt häufig Singflüge

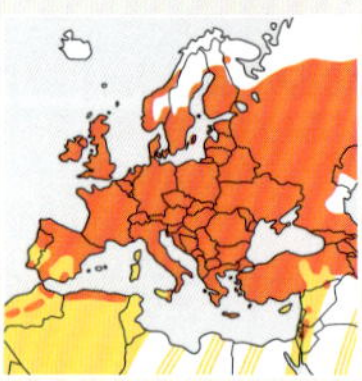

Die rauen, kratzigen Gesangsstrophen der Dorngrasmücke klingen angenehm. Sie enthalten oft Imitationen anderer Vögel. Während der häufigen wellenförmigen Singflüge singen die Männchen längere Strophen und tragen ein reichhaltigeres Repertoire vor.

MERKMALE 13–15 cm. Recht langschwänzige Grasmücke mit rostbraunen, schwarz gemusterten Oberflügeln, weißer Kehle sowie hellen Beinen. Männchen mit grauem Kopf. Ruft bei Gefahr rau „tschärrr“ oder nasal „woid-woid…“.
VORKOMMEN In offener, dornbuschreicher Landschaft, vor allem an Waldrändern und in Feldgehölzen sowie in Heckenlandschaften. Die ähnliche *Orpheusgrasmücke* 052 ist seltener Brutvogel der Südschweiz.
BEOBACHTUNGSTIPP Als Singwarten dienen den Männchen meist Buschspitzen oder Zaunpfähle.

Die Klappergrasmücke sieht man im Frühjahr oft in blühenden Obstbäumen.

Die Dorngrasmücke trifft man in offener Landschaft mit vielen Dornbüschen an.

053

Provencegrasmücke

Sylvia undata — Grasmückenverwandte

ganzjährig

Weibchen oberseits bräunlicher Anflug

Die meisten Provencegrasmücken sind Standvögel. Allerdings erleiden die Vögel in den nördlichen Arealteilen in kalten Wintern oft große Verluste. Die Männchen singen gerne von Buschspitzen. Häufig starten sie zu tänzelnden und hüpfenden Singflügen. Die kurzen Gesangsstrophen klingen tief zwitschernd und enthalten viele ratternde und kratzende Abschnitte.

MERKMALE 13–14 cm. Wirkt meist recht dunkel mit langem, schlankem, oft gestelztem Schwanz. Oberseite grau, Unterseite überwiegend weinrot. Kehle weiß gepunktet, Weibchen oberseits mit bräunlichem Anflug. Ruft nasal und metallisch „tschörr".
VORKOMMEN In Südengland und Nordfrankreich meist in Heidegebieten mit Ginster. In Südeuropa in der Macchia und niedriger Garrigue sowie in aufgelockerten, gebüschreichen Eichenwäldern.

054

Sperbergrasmücke

Sylvia nisoria — Grasmückenverwandte

Mai–Sept

Jungvogel Unterseite kaum gebändert

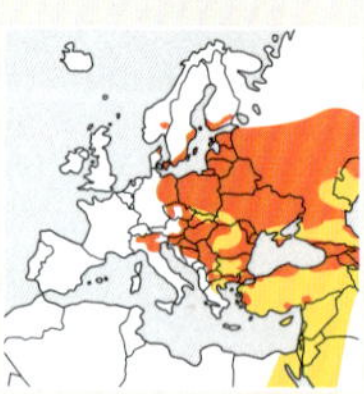

Die kräftigen Gesangsstrophen der Sperbergrasmücke erinnern an die der Gartengrasmücke, sind aber kürzer und haben meistens den typisch ratternden Ruf.

MERKMALE 15,5–17 cm. Groß, langschwänzig und robust gebaut. Alte Männchen mit kräftig gebänderter Unterseite. Iris orangegelb, bei Weibchen und den meisten jüngeren Vögeln eher gelblich und im Jugendkleid dunkel. Ruft ratternd „trrrrrt-t-t-t-t".
VORKOMMEN In Dornengebüsch aus Schlehe, Wildrose oder Weißdorn in offener Landschaft oder an Waldrändern, daneben auch in Parks, Wacholderheide und Mooren mit Dornbüschen. Überwintert im tropischen Ostafrika.
BEOBACHTUNGSTIPP Sperbergrasmücken wirken oft plump und langsam. Immer wieder stelzen sie den langen Schwanz.

Die Provencegrasmücke lebt sehr versteckt in dichtem Gestrüpp und zeigt sich nur selten.

Das Sperbergrasmücken-Männchen unternimmt häufig Singflüge.

055

Fitis

Phylloscopus trochilus — Laubsänger

April–Sept

helle Beine

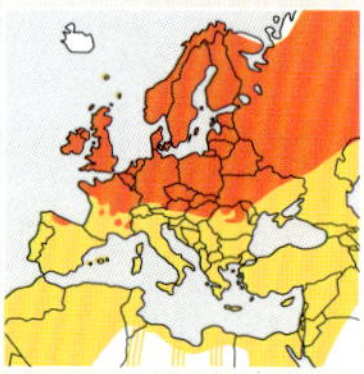

Im Gegensatz zu anderen Laubsängern singt der Fitis oft ganz frei auf einer Baumspitze. Nicht selten fliegt das Männchen zur Verteidigung seines Reviers mit schmetterlingsartig verlangsamten Flügelschlägen zwischen den Bäumen. Das rundliche Backöfchennest ist in bodennahem Bewuchs gut versteckt.

MERKMALE 11–12,5 cm. Im Vergleich zum Zilpzalp hellere Beine, längere Flügel und schwache Gelbfärbung von Kehle, Brust und Überaugenstreif. Singt abfallende, melancholische Strophen, leiser und viel weicher als der Buchfinkenschlag. Ruft fragend und meist deutlich zweisilbig „hü-it".
VORKOMMEN In unterholzreichen, lichten Laub- und Mischwäldern, nicht selten an Gewässerufern, in Mooren, aber auch in vielen Parks und Gärten. Überwintert im tropischen West- und Südafrika.

056

Zilpzalp

Phylloscopus collybita — Laubsänger

März–Okt

Jungvogel
Flügel relativ kurz

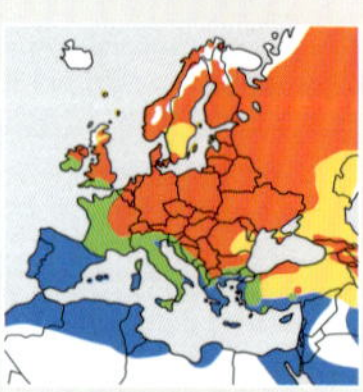

Das Zilpzalpnest ähnelt dem Fitisnest, ist aber lockerer zusammengefügt und steht meist etwas höher im Bewuchs zwischen Kräutern, Hochstauden und niedrig in Sträuchern. Im Winter trinken Zilpzalpe oft Nektar.

MERKMALE 10–12 cm. Im Gegensatz zum Fitis stets mit dunklen Beinen. Schlägt den Schwanz bei der Nahrungssuche im Gezweig nach unten. Jungvögel brauner als Altvögel. Singt ständig seinen Namen: „zilp zalp zelp zilp zalp". Ruft einsilbig und recht hart „huit".
VORKOMMEN Häufig in strukturreichen Misch- und Laubwäldern sowie Feldgehölzen, oft in höherem Gebüsch, in Friedhöfen, Parks und vielen Gärten. Überwintert hauptsächlich im Mittelmeerraum.
BEOBACHTUNGSTIPP Der Zilpzalp singt ständig seinen eigenen Namen: „zilp zalp zelp zilp zalp".

Der Fitis bewegt sich bei der Nahrungssuche rastlos und agil im Gezweig.

Der Zilpzalp schlägt bei der Nahrungssuche den Schwanz ständig nach unten.

057

Waldlaubsänger
Phylloscopus sibilatrix — Laubsänger

April–Aug

Brust und Kehle gelb

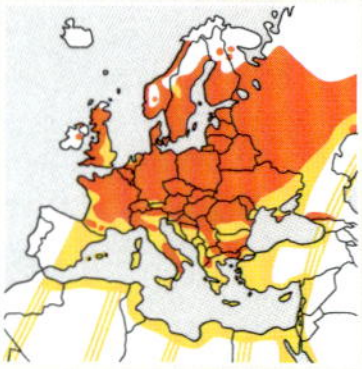

Das Weibchen des Waldlaubsängers wählt den Neststandort aus und fertigt ein rundliches Bodennest mit seitlichem Eingang. Es besteht vorwiegend aus Gras und Halmen. Es enthält keine Federn.

MERKMALE 11–12,5 cm. Brust, Kehle und Überaugenstreif meist gelb. Bauch reinweiß. Singt eine Schwirrstrophe mit einigen „sib"-Tönen eingeleitet und eine Serie von melancholischen „djü"-Lauten. Ruft häufig sanft und traurig „düh".
VORKOMMEN In Laub- und Mischwäldern mit nur geringem Unterwuchs, vor allem hochstämmige Buchenwälder. In Nordeuropa auch im Nadelwald.
BEOBACHTUNGSTIPP Das Männchen singt meist auf einem horizontalen Ast im unteren Kronenbereich und unternimmt häufig horizontale Singflüge.

058

Berglaubsänger
Phylloscopus bonelli — Laubsänger

April–Aug

Unterseite einheitlich weißlich

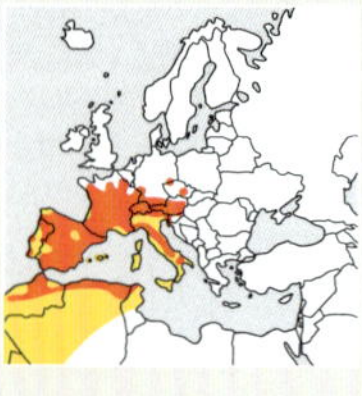

Berglaubsänger unternehmen, anders als Waldlaubsänger, keine Singflüge. Sie bauen aber ebenfalls ovale, geschlossene Backöfchennester oft in eine Bodenmulde an einer trockenen Stelle. Typisch ist eine sonnige Hanglage mit viel altem Gras oder dichtem Gewirr aus Zwergsträuchern. Nur das Weibchen baut, aber die Fütterung der Jungen ist Elternpflicht.

MERKMALE 10,5–11,5 cm. Flügelfedern mit grünlichen Rändern. Oberseite blassolivgrau, Bürzel grüngelb, Unterseite einheitlich weißlich. Kurze, schwirrende Gesangsstrophen, erinnern an Waldlaubsänger, aber ohne die einleitenden Einzellaute. Ruft „hü-if" oder „dü-ie".
VORKOMMEN In lichten, trockenen Kiefern- und Laubwäldern, häufig an Südhängen, aber auch in Hochmooren. Überwintert südlich der Sahara.

Der Waldlaubsänger singt meist im unteren Kronenbereich von Buchen.

Der Berglaubsänger erinnert an den Fitis, wirkt aber unterseits oft auffällig weiß.

059

Grünlaubsänger
Phylloscopus trochiloides — Laubsänger

Mai–Sept

kurze, helle Flügelbinde

Grünlaubsänger sind Langstreckenzieher, deren Winterquartiere vorwiegend in Indien liegen. Sie breiten sich allmählich nach Westen aus. In Mitteleuropa brütet die Art bisher nur im Nordosten. In Deutschland gelang 1990 ein Brutnachweis auf Helgoland, seitdem breitet sich die Art langsam aus, vor allem in Mecklenburg-Vorpommern. Hat auch schon im Bayerischen Wald gebrütet..

MERKMALE 9,5–10,5 cm. Meist deutliche, kurze Flügelbinde. Dunkle Beine und weißlicher, breiter Überaugenstreif. Singt eilig, laut, schwirrend und wirkt etwas stotternd. Ruft bachstelzenartig „zi-litt" oder tschilpend.

VORKOMMEN Brütet in alten, unterwuchsreichen Laub- und Mischwäldern sowie in älteren, urwaldartigen Nadelwaldbeständen und lokal auch in Parks.

BEOBACHTUNGSTIPP Bei der Nahrungssuche im Gezweig zucken die Grünlaubsänger häufig mit Flügeln und Schwanz.

060

Wanderlaubsänger
Phylloscopus borealis — Laubsänger

Juni–Aug

langer, weißer Überaugenstreif und dunkler Augenstreif

Wanderlaubsänger ziehen von ihren Brutgebieten am Nordrand der Taiga nach Südosten, um in den Tropen Südostasiens zu überwintern. Da ein sehr geringer Teil der Brutvögel in Südwestrichtung wandert, erscheint dieser Laubsänger mitunter auf den Britischen Inseln, aber dennoch nur ausnahmsweise in Mitteleuropa.

MERKMALE 9,5–10,5 cm. Größer, robuster und langflügeliger als Grünlaubsänger. Oberseits grün mit grauem oder braunem Anflug. Eine helle Flügelbinde, mitunter Andeutung einer zweiten. Ruft „tzret" oder wasseramselartig „zsrri zsrri", auf dem Zug heiser „tswi-wip". Singt eintönig schwirrend.

VORKOMMEN Seltener Brutvogel in den nördlichsten Taigawäldern Skandinaviens, Finnlands und Russlands. Meist an Hängen mit Fjällbirken und üppigem Unterwuchs, aber auch in Kiefernwald.

Der Grünlaubsänger zuckt bei der Nahrungssuche häufig mit Flügeln und Schwanz.

Der Wanderlaubsänger ist ein seltener Brutvogel in nordischen Birken- und Kiefernwäldern.

061

Wintergoldhähnchen

Regulus regulus — Goldhähnchen

ganzjährig

Weibchen
Scheitel ohne Orange

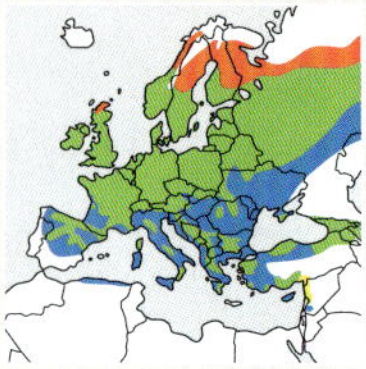

Nicht selten ziehen Wintergoldhähnchen im Winterhalbjahr zusammen mit Meisen und Baumläufern in Trupps umher. Mitunter sind sie dann auch an Futterhäusern zu beobachten. Ihre Gesangsstrophen klingen hoch und dünn, aber scharf: Sie singen ein auf- und absteigendes „sisisisisi" mit betontem Schlussteil.

MERKMALE 8,5–9,5 cm. Kleinster Vogel Europas. Färbung überwiegend graugrün. Gesicht kontrastlos. Auffälliger gelber, schwarz eingerahmter Scheitelstreif, fehlt bei Jungvögeln. Beim Männchen sind einige innere Scheitelfedern kräftig orangefarben. Ruft sehr hoch „si-si-si" oder „sit-sit-sit".

VORKOMMEN Meist in älterem Fichtenwald, aber auch in Kiefernwald, im Gebirge in Beständen von Zirbelkiefern bis rund 2000 m Höhe. In Irland (keine Fichten) in Laubwald aus Eichen und Erlen.

062

Sommergoldhähnchen

Regulus ignicapilla — Goldhähnchen

März–Okt

Männchen
Scheitel gelborange

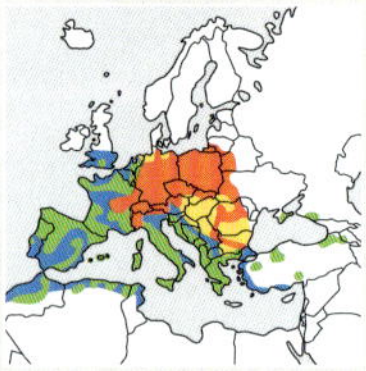

Sommergoldhähnchen turnen bei der Nahrungssuche meist im Gezweig von Bäumen und Büschen und erbeuten Insekten vorwiegend von der Oberseite der Zweige. Die Gesangsstrophen sind kürzer als die der Zwillingsart, steigen in der Frequenz oft etwas an und haben keinen betonten Schlussteil. Die Jungen schlüpfen in einem dickwandigen Moosnest.

MERKMALE 9–10 cm. Ähnlich Wintergoldhähnchen, aber kontrastreicher gefärbt: Oberseite kräftiger gelbgrün mit markantem Kopfmuster durch breiten weißen Überaugenstreif und schwarzen Augenstreif. Ruft meisenartig „siesie-sip".

VORKOMMEN Weniger an Fichtenwald gebunden als die Zwillingsart, auch in offenem Misch- und Laubwald sowie in Parks und größeren Gärten. Überwintert vorwiegend im Mittelmeerraum.

Das Wintergoldhähnchen schließt sich im Winter gerne umherziehenden Meisentrupps an.

Das Sommergoldhähnchen ist auffälliger gefärbt als das Wintergoldhähnchen (Weibchen).

063

Grauschnäpper

Muscicapa striata — Schnäpperverwandte

Mai–Sept

kein Weiß auf Flügeln und Schwanz

Der Grauschnäpper sitzt häufig in aufrechter Haltung auf freien Warten und zuckt mit Flügeln und Schwanz. Er unternimmt kurze wendige Jagdflüge, um ein Insekt zu schnappen, und kehrt anschließend meist zur selben Warte zurück. Grauschnäpper brüten in Halbhöhlen, oft hinter abstehender Rinde oder unter einem Dach.

MERKMALE 13,5–15 cm. Unscheinbar. Oberseite einförmig und graubraun. Unterseite weißlich. Kehle, Brust und Vorderscheitel fein gestrichelt. Ruft häufig scharf „tzieht", bei Gefahr „zie-zk-zk". Gesang unauffällig aus hohen Zirplauten.

VORKOMMEN In offenem Laub- und Nadelwald mit Lichtungen, aber auch in Feldgehölzen und Obstgärten. Häufig in Parks und Friedhöfen sowie in Gärten mit alten Bäumen. Im Gebirge bis in über 2000 m Höhe. Überwintert im südlichen Afrika.

064

Zwergschnäpper

Ficedula parva — Schnäpperverwandte

Mai–Sept

im Flug auffallend schwarz-weißer Schwanz

Zwergschnäpper halten sich vorwiegend in Baumkronen auf. Sie sind Halbhöhlenbrüter. Das Weibchen baut ein schalenförmiges Moosnest, meist recht exponiert in einer ausgefaulten Baumhöhlung. Der nicht sehr auffällige Gesang erinnert an den Fitis: eine reintonige, silberhelle, etwas schwermütige Tonfolge.

MERKMALE 11–12 cm. Alte Männchen mit grauem Kopf und orangeroter Kehle. Sie erinnern auch wegen des häufigen Schwanzstelzens an Rotkehlchen, jedoch deutlich kleiner und mit viel Weiß außen an der Schwanzbasis. Ruft trillernd „zerrt", scharf „tzit" oder „tck", bei Gefahr wehmütig „ilü".

VORKOMMEN In feuchten Buchenwäldern und anderen Laubwäldern mit viel Totholz, gerne auch in Wassernähe. Im östlichen Mittel- und Nordeuropa auch im Nadelwald. Überwintert meist in Indien.

Der Grauschnäpper sitzt oft aufrecht auf freien Warten und zuckt mit den Flügeln.

Weibchen und junge Männchen des Zwergschnäppers zeigen keine Rotfärbung.

065

Trauerschnäpper

Ficedula hypoleuca — Schnäpperverwandte

April–Sept

Männchen
viel Weiß in Flügeln und Schwanz

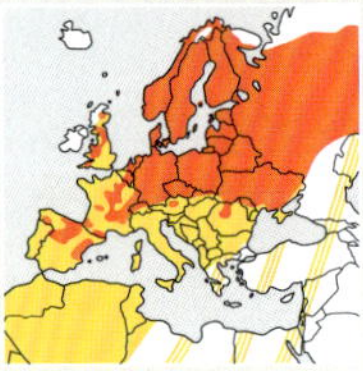

Trauerschnäpper stehen nur selten auf freien Warten wie Grauschnäpper. Für die Insektenjagd wählen sie meistens einen etwas gedeckten Ansitz in der Baumkrone. Nach einem Jagdflug landet der Vogel meist nicht auf der Warte, von der er gestartet ist. Der wohltönende Gesang besteht aus kurzen Strophen von rhythmisch auf- und absteigenden Tonfolgen.

MERKMALE 12–13,5 cm. Männchen im Prachtkleid je nach geografischer Herkunft sehr variabel gefärbt: kontrastreich schwarz-weiß oder aber nur oberseits braungrau und unterseits weißlich. Weibliche (kleines Foto) Jungvögel gefleckt. Ruft kurz „bit" oder „tzek".
VORKOMMEN In Laub- und Mischwäldern mit gutem Nisthöhlenangebot, in Parks, Friedhöfen und Obstgärten. Fehlt in Süddeutschland lokal völlig. Überwintert im tropischen Westafrika.

066

Halsbandschnäpper

Ficedula albicollis — Schnäpperverwandte

April–Aug

Männchen
mehr Weiß im Flügel, Schwanz ganz schwarz

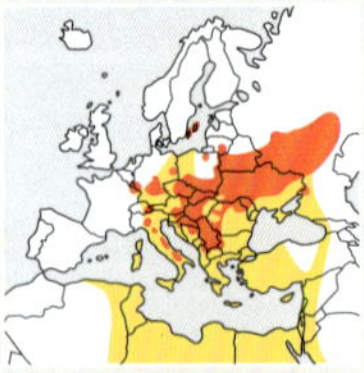

Die Gesangsstrophen des Halsbandschnäppers ähneln denen des Trauerschnäppers, sind aber etwas höher und langsamer, enthalten größere Tonsprünge und wirken durch die gepresste Klangqualität angestrengt. Halsbandschnäpper sind Höhlenbrüter.

MERKMALE 12–13,5 cm. Alte Männchen kontrastreich schwarz-weiß mit weißem Halsband. Weibchen oberseits überwiegend braungrau mit hellem Nackenband. Ruft durchdringend, hoch und saugend „sieb".
VORKOMMEN In lichten, schattigen Laubwäldern mit altem Baumbestand. Daneben auch in Parks und Obstgärten sowie Friedhöfen und Gärten mit alten Bäumen. Überwintert in Südostafrika.
BEOBACHTUNGSTIPP Achten Sie auf den durchdringenden hohen und saugenden Ruf „sieb".

Der Trauerschnäpper wählt bei der Insektenjagd eher einen gedeckten Ansitz.

Der Halsbandschnäpper ist ein Vogel des alten, höhlenreichen Laubwaldes.

067

Rotkehlchen
Erithacus rubecula — Schnäpperverwandte

ganzjährig

Jungvogel gefleckt

Als Unterlage für das tiefmuldige Napfnest des Rotkehlchens aus Gras, Moos und alten Blättern dient nicht selten ein altes Nest einer anderen Vogelart. Neststandort ist meist eine geschützte Stelle oder Höhlung in dichtem Bodenbewuchs oder ein Mauerloch.

MERKMALE 12,5–14 cm. Gesicht, Kehle und Brust orangerot. Olivbraune Oberseite. Zarte helle Flügelbinde nur von Nahem erkennbar. Jungvögel anfangs hell gefleckt ohne Rot. Ruft scharf „zick", oft in schneller Folge.
VORKOMMEN In ganz verschiedenen Waldtypen bis zur Baumgrenze, in Feldgehölzen, häufig auch in Parks und Friedhöfen sowie in größeren, gebüschreichen Gärten.
BEOBACHTUNGSTIPP Der klare Gesang mit abfallender Tonreihe klingt feierlich und melancholisch. Er wird häufig in der Dämmerung vorgetragen.

068

Blaukehlchen
Luscinia svecica — Schnäpperverwandte

März–Sept

Männchen rotsternig

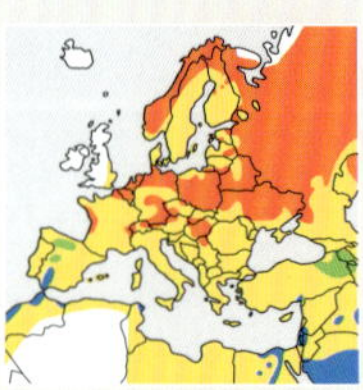

Die Gesangsstrophen des Blaukehlchens beginnen häufig mit grillenartigen Zirplauten, die immer schneller werden und in ein Potpourri aus eilig vorgetragenen, gepressten und scharfen Tönen und hervorragenden Imitationen übergehen.

MERKMALE 13–14 cm. Stets mit weißlichem Überaugenstreif und rostroter Schwanzwurzel. Gestalt recht ähnlich dem Rotkehlchen. Nordeuropäische Blaukehlchen mit rotem Fleck im Blau der Kehle (rotsterniges Blaukelchen). Ruft hart „track" und „hüit".
VORKOMMEN An verschilften Gewässerufern und Gräben, in feuchtem Weidengebüsch und Auwald. In den Alpen (selten) und Nordeuropa oberhalb der Baumgrenze. Der *Blauschwanz*, ein Brutvogel Sibiriens, hat sich nach Westen ausgebreitet, wo er derzeit sporadisch bis nach Ostfinnland und Nordschweden vorkommt.

Das Rotkehlchen sucht oft am Boden Nahrung, dabei knickst es immer wieder.

Das Blaukehlchen startet im Frühjahr häufig zu kurzen Singflügen über dem Brutrevier.

070

Nachtigall

Luscinia megarhynchos — Schnäpperverwandte | April–Sept

Bürzel rostbraun

Nachtigallen leben versteckt und unauffällig. Ihr oft nächtlicher Gesang ist überaus abwechslungsreich, erstaunlich kräftig und wohlklingend. Die zu immer wiederkehrenden Blöcken zusammengefassten Strophen sind relativ kurz und enthalten neben dem typischen ansteigenden Schluchzen monoton schmetternde Touren, klare Flötentöne und zirpende Tonfolgen.

MERKMALE 15–16,5 cm. Bis auf das Rostbraun von Schwanz und Bürzel ist die Oberseite einfarbig warmbraun. Jungvögel gefleckt. Ruft wie Fitis, aber durchdringender, „hu-it" und tief knarrend „arrr".
VORKOMMEN In feuchtem Gebüsch von Laubwäldern, Parks und großen, naturnahen Gärten.
BEOBACHTUNGSTIPP Nachtigallen stelzen bei der Nahrungssuche am Boden häufig den Schwanz.

071

Sprosser

Luscinia luscinia — Schnäpperverwandte | April–Sept

Bürzel graubraun

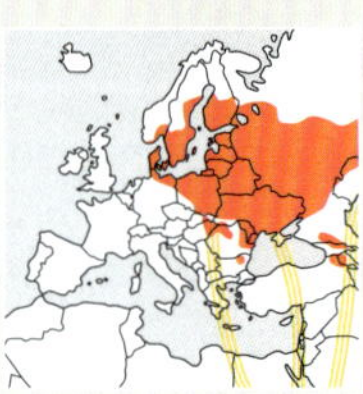

Bei Erregung vollführen Sprosser drehende Schwanzbewegungen. Nachtigallen dagegen stelzen den Schwanz vertikal. Der Gesang ähnelt dem der Nachtigall, ist aber noch lauter und kräftiger. Die Strophen sind länger, tiefer, weniger abwechslungsreich und enthalten ratternde Lautfolgen. Das Schluchzen der Nachtigall fehlt.

MERKMALE 15–17 cm. Sehr ähnlich der Nachtigall, aber oberseits eher graubraun. Kehle und Brust meist zartdunkel gewölkt. Schwanz überwiegend dunkelbraun und mit rötlichem Anflug. Ruft rollend „errr", bei Gefahr durchdringend „hied".
VORKOMMEN In ähnlichen Lebensräumen wie Nachtigall, jedoch eher in feuchteren und schattigeren Bereichen wie feuchtem Laubwald oder Gebüsch an Flüssen und Seen. Überwintert in Ostafrika.

Die Nachtigall lebt versteckt im dichten Gebüsch und zeigt sich nur selten frei.

Der Sprosser ist die Nachtigall des Nordens, sein Gesang enthält ratternde Folgen.

072

Hausrotschwanz

Phoenicurus ochruros — Schnäpperverwandte | März–Okt

Weibchen düster graubraun

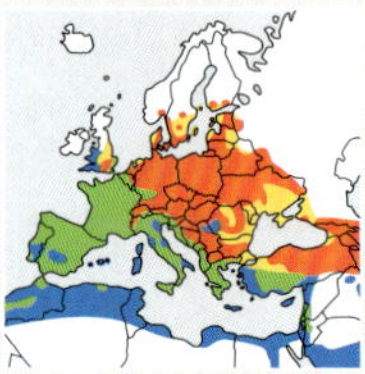

Hausrotschwanz-Männchen singen häufig auf hohen Warten wie Dachantennen oder Hausgiebeln und im Gebirge auf Felsen. Die wie beim Gartenrotschwanz dreiteiligen Gesangsstrophen beginnen mit einer gepressten Tonfolge „jir-tititi". Danach folgen einige knirschende Laute, worauf ein paar Pfeiftöne den Schluss bilden.

MERKMALE 13–14,5 cm. Männchen auffallend schwärzlich mit kontrastreich abgesetztem, weißem Flügelfeld. Weibchen überwiegend düster graubraun. Ruft rau „hiit" oder „hiit-teck-teck".

VORKOMMEN Ist ein Vogel sonniger und trockener Gebirge und Felslandschaften. Heute vor allem in der Kulturlandschaft, in Dörfern und rund um die meisten Bauernhöfe, aber auch in sehr tristen Industriegebieten und sogar mitten in den meisten Großstädten. Überwintert im Mittelmeerraum.

073

Gartenrotschwanz

Phoenicurus phoenicurus — Schnäpperv. | April–Okt

kein Weiß im Flügel

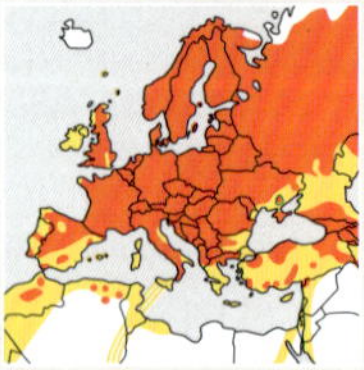

Beide Rotschwänze zittern häufig mit dem rostfarbenen Schwanz. Die abfallenden, variablen Gesangsstrophen des Gartenrotschwanzes klingen wehmütig und erinnern etwas an Trauerschnäpper. Häufig hört man sie bereits vor der Morgendämmerung, meist von hohen Baumspitzen oder einer Hausantenne.

MERKMALE 13–14,5 cm. Männchen ansprechend gefärbt, aber trotzdem oft recht unauffällig, besonders im Herbst. Weibchen deutlich heller als Hausrotschwanz-Weibchen, vor allem unterseits. Ruft häufig ansteigend „hüit" oder „hüit-teck-teck".

VORKOMMEN In Laub- und Mischwäldern mit alten, höhlenreichen Bäumen, daneben auch in Parks, Friedhöfen, Gärten und Obstbaumbeständen an Siedlungsrändern. In Nordeuropa vor allem in alten Kiefernwäldern und in der offenen Fichtentaiga.

Der Hausrotschwanz zittert wie der Gartenrotschwanz ständig mit dem rostroten Schwanz.

Der Gartenrotschwanz ist ein Bewohner der Laub- und Mischwälder mit alten Bäumen.

074

Braunkehlchen
Saxicola rubetra — Schnäpperverwandte

April–Sept

Weibchen
Basen der äußeren Steuerfedern weiß

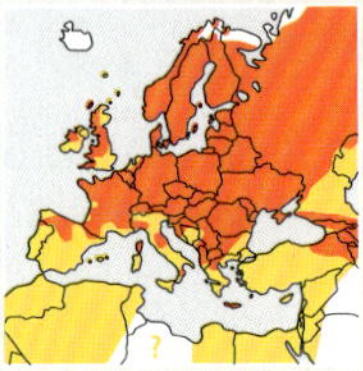

Im April kehren die Braunkehlchen an ihre mitteleuropäischen Brutplätze zurück. Ihre eilig vorgetragenen Strophen bestehen aus kurzen Lautfolgen, die viele kratzige, gepresste Laute und zwitschernde Abschnitte sowie gute Imitationen enthalten.

MERKMALE 12–14 cm. Gedrungen, kurzschwänzig mit breitem, hellem Überaugenstreif, beim Männchen reinweiß. Basen der äußeren Steuerfedern weiß.
VORKOMMEN Auf Verlandungsflächen an Flüssen und Seen, Feuchtwiesen, Niedermooren sowie extensiv bewirtschafteten Wiesen und Weiden, auch auf Brachflächen und trockener Heide.
BEOBACHTUNGSTIPP Ab April lassen sich die häufigen Singflüge und Verfolgungsjagden der konkurrierenden Männchen gut beobachten.

075

Schwarzkehlchen
Saxicola rubicola — Schnäpperverwandte

März–Okt

Weibchen
Gefieder viel blasser

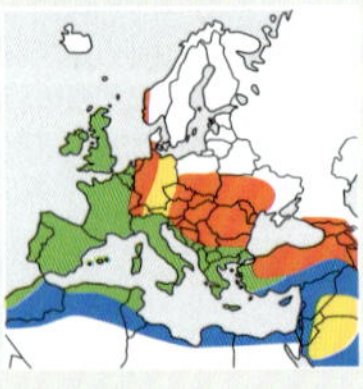

Schwarzkehlchen zucken noch hektischer mit Flügeln und Schwanz als Braunkehlchen. Ihre kurzen, eilig vorgetragenen Gesangsstrophen enthalten neben ratternden und kratzenden Tönen auch pfeifende Laute und häufig Imitationen anderer Vögel.

MERKMALE 11,5–13 cm. In Größe und Gestalt ähnlich dem Braunkehlchen, aber etwas rundlicher, ohne Überaugenstreif und mit einheitlich dunklem Schwanz. Männchen auffallend kontrastreich. Ruft sehr hart kratzend „trat-trat" oder „fiet-trat-trat".
VORKOMMEN Im Vergleich zum Braunkehlchen meist trockenere und weniger einförmige, mit Büschen bestandene Lebensräume. Häufig in Hochmooren.
SCHON GEWUSST? Die Gesangsstrophen erinnern etwas an Heckenbraunelle und Dorngrasmücke.

Das kurzschwänzige und gedrungene Braunkehlchen sitzt oft auf niedrigen Warten.

Das Schwarzkehlchen hat recht kurze Flügel und einen einheitlich dunklen Schwanz.

076

Steinschmätzer
Oenanthe oenanthe — Schnäpperverwandte | April–Okt

Männchen
Rücken grau, Schwanzmuster T-förmig

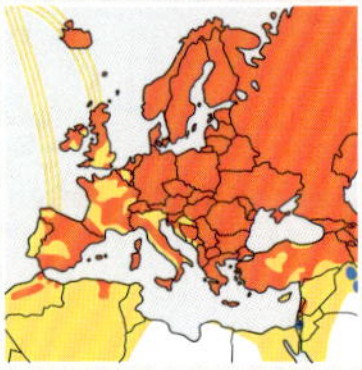

Steinschmätzer hüpfen auf dem Boden in schnellen Sprüngen. Danach stehen sie aufrecht und wippen langsam mit dem Schwanz. Häufig sitzen sie auf Steinen oder Pfosten. Der Gesang aus kurzen, eiligen Strophen enthält raue, kratzige Töne, aber auch zwitschernde Tonfolgen, Pfeiflaute und eigene Rufe.

MERKMALE 14–16,5 cm. Männchen im Prachtkleid mit bläulich grauem Mantel. Im Schlichtkleid oberseits braun. Weibchen mit braungrauem Mantel. Im Flug fällt der weiße Bürzelfleck auf. Ruft häufig hart „tschack" oder rau „wiit".
VORKOMMEN Auf Heide- und Moorflächen, Wiesen mit Steinmauern, in Tundragebieten, aber auch auf alpinen Matten mit Felsen und Geröll. Außerhalb der Zugzeit nicht selten auf Wiesen und Feldern und sogar auf Waldlichtungen und Industriegeländen.

077

Steinrötel
Monticola saxatilis — Schnäpperverwandte | April–Okt

Weibchen
bräunlich, stark gebändert

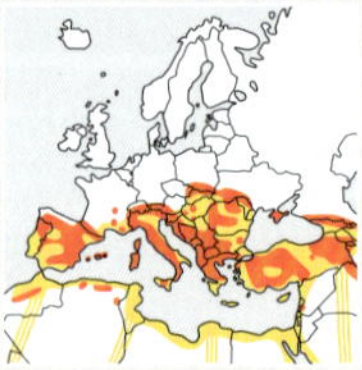

Die Männchen unternehmen oft hohe Singflüge. Die angenehm klingenden Gesangsstrophen enthalten flötende und gepresst zwitschernde Lautfolgen und erinnern an Amsel und Gartenrotschwanz.

MERKMALE 17–20 cm. Männchen im Prachtkleid prächtig bunt: Kopf graublau, weißes Rückenabzeichen. Unterseite und Schwanz rostrot. Weibchen und Männchen im Schlichtkleid bräunlich, stark gebändert.
VORKOMMEN In Mitteleuropa vor allem in der Südschweiz, ebenso wie die verwandte *Blaumerle* 078 auf steinigen Bergwiesen und Blockhalden bis in rund 2500 m Höhe. Gebietsweise auch in Steinbrüchen.
BEOBACHTUNGSTIPP Häufig steht der Steinrötel aufrecht auf einem Felsen und zittert mit dem Schwanz wie ein übergroßer Hausrotschwanz.

Der Steinschmätzer steht häufig in aufrechter Haltung auf Steinen oder Mauern.

Der scheue und prächtige Steinrötel ist ein seltener Bewohner steiniger Bergwiesen.

079

Bartmeise

Panurus biarmicus — Bartmeisen

ganzjährig

Weibchen

Bartmeisen fliegen niedrig und geradlinig mit oft breit gefächertem Schwanz über dem Schilf. Sie sind Koloniebrüter, wobei die einzelnen Paare ihre großen, napfförmigen Nester häufig in nur wenigen Metern Abstand voneinander bauen. Im Sommer verzehren sie hauptsächlich Insekten, die im Schilf leben, im Winter ernähren sie sich von Samen, Schilf und Rohrkolben.

MERKMALE 14–15,5 cm. Langer, stufiger Schwanz, Körpergefieder zimtbraun. Männchen mit langem schwarzem Federbart. Im Jugendkleid schwarzer Mantel. Einfacher Gesang aus wenigen unreinen, rufähnlichen Silben: „tschin-tschik-tschräh". Ruft häufig nasal und metallisch „tsching" oder „ping".
VORKOMMEN In großen Schilfflächen, meist an nährstoffreichen Seen oder Teichen. Brütet in Deutschland nur im Nordosten regelmäßig.

080

Schwanzmeise

Aegithalos caudatus — Schwanzmeisen

ganzjährig

weißköpfige Unterart

Das Schwanzmeisennest gehört zu den kunstvollsten Bauten in der heimischen Vogelwelt. Es ist hoch oval geformt und enthält Moos, Flechten, Pflanzenwolle, Spinnenweben sowie viele Federn.

MERKMALE 13–15 cm. Körper klein und rundlich. Schnabel winzig, Schwanz sehr lang und stufig. In Nord- und Nordosteuropa, seltener Mitteleuropa, weißköpfig. Jungvögel mit dunklen Kopfseiten. Singt leise zwitschernd. Ruft fast ständig weich „tschip", „tsi-tsi-tsi" oder „zerrrr".
VORKOMMEN In unterwuchsreichen Wäldern, gerne naturnahe Laub- und Mischwälder, feuchte Gehölze und auch in vielen Parks und Gärten.
BEOBACHTUNGSTIPP Schwanzmeisen ziehen im Winter in kleinen Trupps umher und sind dann häufiger in Gärten und Parks zu beobachten. Beim Durchstreifen Ihrer Reviere erscheinen die Vögel oft zur selben Zeit an Futterstellen.

Die Bartmeise fliegt geradlinig und mit schwirrenden Flügelschlägen über dem Schilf.

Die Schwanzmeise erkennt man an ihrer typischen Gestalt und den ständigen Rufen.

081

Beutelmeise
Remiz pendulinus — Beutelmeisen

April–Okt

Beutelmeisennest

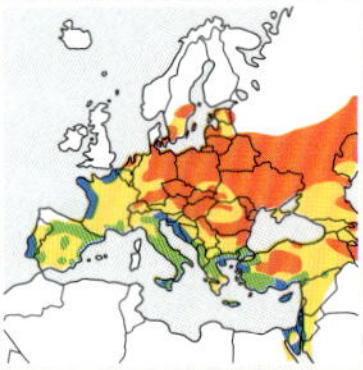

Beutelmeisen turnen gewandt an äußeren Zweigen, nicht selten kopfüber. Außerhalb der Brutzeit sieht man sie im Schilf oder Weidengebüsch. Ihr dickwandiges, kunstvolles Beutelnest aus Samenwolle von Weiden, Pappeln oder Rohrkolben besitzt einen röhrenförmigen Eingang und hängt sehr dekorativ an der Spitze eines äußeren Zweiges, oft einer Weide.

MERKMALE 10–11,5 cm. Klein und meisenähnlich, aber mit schwarzer Gesichtsmaske und braunem Mantel. Jungvögel schlicht grau bräunlich ohne Maske. Singt hoch klirrend und trillernd. Rufe hoch und dünn, abfallend „tssiiiü" oder „tsieüliü".
VORKOMMEN In Weiden- und Pappelbeständen an Flüssen, Seen und Teichen, gerne auch in Auwäldern in der Nähe von Schilf- und Rohrkolbenbeständen. Überwintert im Mittelmeerraum.

082

Haubenmeise
Lophophanes cristatus — Meisen

ganzjährig

spitze Federhaube

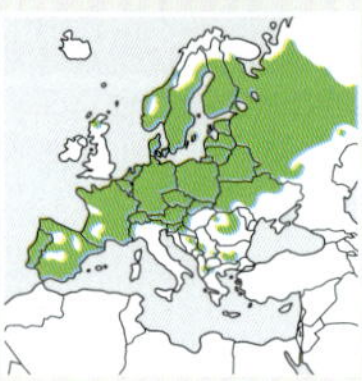

Haubenmeisen sind meist paarweise unterwegs. Sie suchen im Gegensatz zu anderen Kleinmeisen mitunter auch am Boden Nahrung. Dabei erbeuten sie viele kleine Insekten, deren Larven und Spinnen. Vor allem aber sind sie im Kronenbereich der Nadelbäume zu Hause. Im Winter verzehren sie meist Nadelbaumsamen. Ihre Bruthöhle hacken sie oft selbst – vorwiegend in das morsche Holz eines alten Baumes.

MERKMALE 10,5–12 cm. Spitze, schwarz-weiß melierte Federhaube; Oberseite braun, Unterseite weißlich. Gesang aus aneinandergereihten, rufähnlichen Lauten wie „zi-zi-züt gürregürre zi-zi-züt…". Ruft rollend „ürrrr" oder „zi-zi-gürrrr".
VORKOMMEN Im Nadelwald mit wenigstens etwas Totholz, auch in trockenem, eintönigem Kiefernwald und daneben in vielen Parks und Friedhöfen.

Die Beutelmeise wirkt meisenartig und fällt durch ihre hohen, dünnen Rufe auf.

Die Haubenmeise sucht meist paarweise hoch in Nadelbäumen Nahrung.

083 Kohlmeise

Parus major — Meisen

ganzjährig

Jungvogel
Wangen gelblich, schwarze Begrenzung nach unten fehlt

Die robusten Kohlmeisen suchen im Vergleich zu anderen Meisen häufiger auf dem Boden oder an Baumstämmen nach Nahrung. Im Sommer verzehren sie Insekten, im Winter zusätzlich Samen, Nüsse und Fett, die sie oft in Futterhäusern finden. Sie brüten vorwiegend in Baumhöhlen und Nistkästen, daneben auch in verschiedenen Nischen und Höhlungen, manchmal auch in alten Briefkästen oder Ähnlichem.

MERKMALE 13,5–15 cm. Größte und häufigste Meise Europas. Auffälliges schwarz-weißes Kopfmuster. Singt sehr variabel, z. B. „zipe-zipe-zipe…" oder zödi-zodü-zodü…". Ruft häufig „pink" oder schnarrend „tschär-r-r-r".
VORKOMMEN Überall häufig in Wäldern von der Meeresküste bis in die Latschenregion der Gebirge. Gerne in aufgelockerten Laub- und Nadelwäldern, aber auch in Parks und Gärten mitten in der Großstadt, wenn es dort ein paar Bäume gibt und Fütterungen vorhanden sind.

084 Blaumeise

Cyanistes caeruleus — Meisen

ganzjährig

Jungvogel
deutlich blasser

Für die Jungenaufzucht wählen Blaumeisen meist eine Höhle in einem Laubbaum oder einen Nistkasten. Gelegentlich findet die Brut auch in einem Mauerloch oder einem alten Briefkasten statt.

MERKMALE 10,5–12 cm. Kleine Meise mit kurzem, kräftigem Schnabel. Gefieder blau und gelb, Scheitel blau und weiß umrahmt. Die *Lasurmeise* aus Nordosteuropa ist ähnlich, aber ohne Gelb. Gesangsstrophen klar, hell, enden trillernd: „sieh-sieh-sieh-sirrrrr" oder „zie-zie-zie-tütütü". Ruft häufig „tsie", „tsiet" oder „tjerr err-err".
VORKOMMEN Häufig in unterholzreichen Laub- und Mischwäldern, vor allem mit Eichen, aber auch in Feldgehölzen, Parks und Gärten.
BEOBACHTUNGSTIPP Gelegentlich brüten Blaumeisen auch in einem Mauerloch oder einem alten Briefkasten.

Die Kohlmeise trifft man in nahezu allen Lebensräumen mit Bäumen.

Die Blaumeise ist durch geringe Größe und das blau-gelbe Gefieder gekennzeichnet.

086 Sumpfmeise

Poecile palustris — Meisen

ganzjährig

Kopfplatte glänzend schwarz
kleiner Kinnfleck

Sumpfmeisen sieht man oft paarweise. Sie brüten gerne in Baumhöhlen mit engem Einflugloch, um der Konkurrenz mit anderen Höhlenbrütern zu entgehen. Nahrung im Sommerhalbjahr Insekten, deren Larven und Spinnen. Ab Spätsommer meist Kräutersamen, die in Verstecken gehortet werden und nicht selten von Kleinvogelfütterungen stammen.

MERKMALE 11,5–13 cm. Gefieder graubraun und eine glänzend schwarze Kopfplatte, die aber nicht immer auffällt. Wichtiger ist die Stimme: Singt meist monoton klappernd „tje-tje-tje…", „tsie-tsie-tsie…" oder „ziwüd-ziwüd-ziwüd…". Die Rufe klingen wie „pisstjä" oder „pistjä-dä-dä-dä".
VORKOMMEN Kommt weniger in Sümpfen vor, sondern vorwiegend in feuchten Laub- und Mischwäldern mit Eichen und Buchen, auch in Parks und Gärten.

087 Weidenmeise

Poecile montanus — Meisen

ganzjährig

recht breiter Kinnfleck

Für die Brut zimmern sich die in Dauerehe lebenden Weidenmeisen meist eine eigene Höhle in morsche Laubbäume. Gelegentlich beziehen sie Spechthöhlen oder auch Nistkästen. Im Herbst ersetzen die Meisen ihre sommerliche Insektennahrung zunehmend durch Samen, die aber nur selten von Futterhäusern stammen.

MERKMALE 12–13 cm. Kopf groß mit Stiernacken. Große, mattschwarze Kopfkappe, die weit in den Nacken reicht. Schwarzer Kinnfleck recht breit. Im frischen Kleid helles Flügelfeld. Singt wehmütig, etwas an Waldlaubsänger erinnernd, „zjü-zjü-zjü…". Ruft nasal und rau „zi-zi-däh-däh-däh", in den Alpen reintoniger „zie-zie-zieh…".
VORKOMMEN In feuchten Nadelwäldern und Gehölzen aus Weiden und Birken, in Mooren oder an Gewässern. Seltener in Gärten und Parks. Im Norden typischer Bewohner der Nadelwaldtaiga.

Die Sumpfmeise lebt in Laub- und Mischwäldern, ihr typischer Ruf verrät sie.

Die Weidenmeise erscheint nur selten an Fütterungen, ihre Rufe klingen nasal.

088

Lapplandmeise
Poecile cinctus — Meisen

ganzjährig

Kopfplatte bräunlich

Lapplandmeisen fangen bereits im Mai, meist noch vor der Schneeschmelze, mit dem Brutgeschäft an. Häufig beziehen sie eine alte Baumhöhle vom Dreizehenspecht. Mitunter hacken sie auch selbst eine Höhle in einen morschen Baumstamm.

MERKMALE 12,5–14 cm. Bräunliche Kopfkappe und flauschig locker wirkendes Gefieder sind typisch. Singt heiser, etwas kratzend und oft unmelodisch.
VORKOMMEN Brütet in nordischen Nadelwäldern (Taiga), vor allem in Kiefernbeständen mit üppigem Flechtenbewuchs und auch in Fjällbirkenwald.
SCHON GEWUSST? Im Herbst hamstern Lapplandmeisen Kiefernsamen und Raupen und bewahren sie in unzähligen Verstecken unter abstehender Baumrinde oder in dichtem Nadelgezweig auf.

089

Tannenmeise
Periparus ater — Meisen

ganzjährig

zwei Flügelbinden

Tannenmeisen bewegen sich flink und rastlos im dichten Gezweig von Nadelbäumen. Außerhalb der Brutzeit bilden sie nicht selten gemischte Trupps mit anderen Meisen und mit Wintergoldhähnchen und besuchen auch Futterhäuser. Sie nisten in Baumhöhlen und Baumstubben, mitunter auch in Erdlöchern.

MERKMALE 10–11,5 cm. Die kleinste Meise Europas, ähnlich einer schlicht gefärbten, kleinen Kohlmeise, aber länglicher weißer Nackenfleck. Gesangsstrophen fast das ganze Jahr über zu hören: „zewizewizewi…" oder „sitjüsitjüsitjü…". Ruft ähnlich wie Goldhähnchen hoch und fein „psit" oder gereiht „tsi-tsi-tsi", oft wehmütig „tüih".
VORKOMMEN In verschiedenen Arten von Nadelwald, am häufigsten in älterem Fichtenwald. Im reinen Kiefernwald dagegen nur selten und in geringer Dichte. In Südeuropa leben Tannenmeisen auch in reinem Laubwald.

Die Lapplandmeise ist seltener Bewohner der nordischen Nadelwälder.

Die Tannenmeise erinnert an die Kohlmeise. Altvögel aber ohne Gelb im Gefieder.

090 Waldbaumläufer
Certhia familiaris — Baumläufer

ganzjährig

deutlicher Überaugenstreif

Waldbaumläufer brüten meist hinter abstehender Rinde in einer Baumspalte oder in einem speziellen Baumläufer-Nistkasten mit seitlichem, schmalem Einschlupf direkt am Baumstamm. Die hohen Gesangsstrophen bestehen aus abfallenden Reihen von zwei Trillern, wobei der erste hoch beginnt und langsam abfällt, der zweite fast ebenso hoch anfängt, aber rascher abfällt.

MERKMALE 12,5–14 cm. Beide Baumläuferarten mit rindenfarbigem Tarngefieder und langem Stützschwanz. Schnabel beim Waldbaumläufer meist kürzer. Unterseite einheitlich reinweiß. Überaugenstreif deutlicher. Ruft oft hoch und dünn „srrie" oder „tieh".
VORKOMMEN Hauptsächlich in Nadelwäldern und in Mischwäldern mit hohem Anteil an Nadelbäumen sowie im Gebirge bis zur Baumgrenze.

091 Gartenbaumläufer
Certhia brachydactyla — Baumläufer

ganzjährig

langer Stützschwanz

Die Strophe des Gartenbaumläufers ist kürzer als die seiner Zwillingsart und besteht aus hohen, ansteigenden Pfeiftönen. Das aus Reisern, Halmen und Moos gefertigte Nest befindet sich meist in einem Baumspalt.

MERKMALE Langer, zarter, abwärts gebogener Schnabel, länger als beim Waldbaumläufer. Langer Stützschwanz, unterseits weißlich mit bräunlichen Flanken. Ruft oft laut und hoch „tüt", „tüt tüt tüt" oder „sri".
VORKOMMEN Im Vergleich zur Schwesterart eher in Laub- und Mischwald, besonders in lichten Wäldern und Parks mit älterem Eichenbestand.
BEOBACHTUNGSTIPP Beide Baumläufer klettern etwas mäuseähnlich in ruckartigen kleinen Sprüngen an Bäumen hoch. Oben angekommen fliegen sie zum Fuß eines anderen Baumes.

Der Waldbaumläufer klettert an Nadelbäumen ruckartig und in Spiralen empor.

Der Gartenbaumläufer, ein Vogel der Laubwälder, kommt auch in Gärten und Parks vor.

092

Mauerläufer

Tichodroma muraria — Mauerläufer

ganzjährig

Männchen im Schlichtkleid und Weibchen haben eine helle Kehle

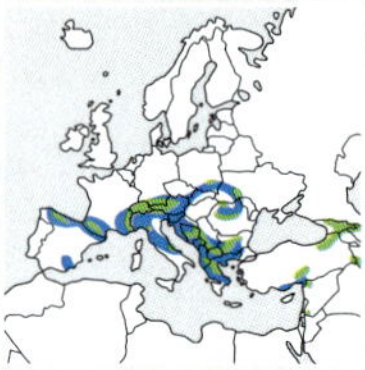

Bei der Nahrungssuche an Felswänden hüpft der Mauerläufer mithilfe einiger rascher, schmetterlingsähnlicher Flügelschläge von Vorsprung zu Vorsprung aufwärts. Dabei stochert er mit seinem langen, gebogenen Schnabel in Ritzen und Spalten Insekten hervor. Der wohlklingende Gesang besteht aus Reihen dünner, aber weit hörbarer, anschwellender Pfiffe.

MERKMALE 15,5–17 cm. Auffällige karminrote Färbung der großen, runden Flügel im Flug, trotzdem an Felsen kletternd recht unscheinbar und schwer zu entdecken. Kehle bei Männchen im Prachtkleid schwärzer. Ruft kurz und flötend „tüi".

VORKOMMEN An Felswänden in verschiedenen Höhenstufen – von den Tallagen bis in über 3000 m Höhe. Noch vor dem Wintereinbruch in tieferen Lagen, mitunter auch an Gebäuden und Steinbrüchen.

093

Kleiber

Sitta europaea — Kleiber

ganzjährig

Weibchen
Flanken hell rostbraun

Kleiber klettern sehr geschickt an Baumstämmen, oft an der Unterseite von Ästen und nicht selten sogar mit dem Kopf voran am Stamm abwärts. Ihre Gesangsstrophen klingen pfeifend und trillernd. Sie brüten in Baum- oder Nisthöhlen; zu große Einflugöffnungen verkleinern sie durch angeklebte Lehmklümpchen auf passende Größe.

MERKMALE 12–14,5 cm. Gedrungener Körperbau mit großem Kopf, kurzem Schwanz und spechtartigem Schnabel („Spechtmeise"). Oberseite blaugrau, Unterseite orangebraun. Flanken und Unterschwanzdecken beim Männchen tiefkastanienbraun.

VORKOMMEN In älteren Laub- und Mischwäldern, vor allem mit alten Eichen, häufig in Parks, Friedhöfen und großen Gärten mit altem Baumbestand.

BEOBACHTUNGSTIPP Kleiber entdeckt man leicht durch ihre lauten „twett"- und scharfen „siet"-Rufe.

Der Mauerläufer ist ein prächtiger Gebirgsvogel mit breiten, runden Flügeln.

Der Kleiber wirkt halslos und großköpfig, er klettert an Baumstämmen auch abwärts.

094

Neuntöter
Lanius collurio — Würger

Mai–Sept

viel Weiß an der Schwanzbasis

Neuntöter spießen ihre Beutetiere wie Käfer, Heuschrecken und kleine Mäuse als Vorrat und zum besseren Bearbeiten auf Dornen und Stacheldraht auf.

MERKMALE 16–18 cm. Männchen auffällig mit aschgrauem Scheitel, schwarzer Gesichtsmaske und rotbraunen Flügeldecken. Weibchen und Jungvögel sind viel unscheinbarer, die schwarze Maske fehlt. Singt leise, gepresst plaudernd und knirschend mit vielen Imitationen anderer Kleinvögel. Ruft häufig heiser „dschäää" oder „tschäk".
VORKOMMEN In offenen Landschaften mit dornbuschreichen Waldrändern und Hecken, häufig in Mooren und Heiden. Überwintert in Ost- und Südafrika.
BEOBACHTUNGSTIPP Neuntöter stehen in aufrechter Haltung auf exponierten Warten. Bei Erregung vollführen sie oft drehende Schwanzbewegungen.

095

Rotkopfwürger
Lanius senator — Würger

April–Sept

Jungvogel
Unterseite deutlich geschuppt

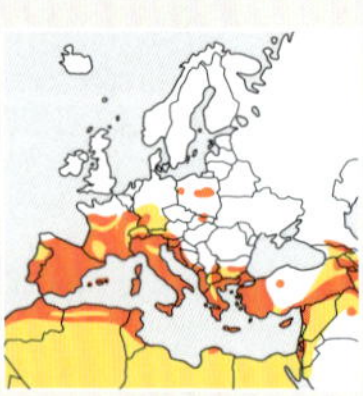

Das Nest des Rotkopfwürgers steht meist in über 2 m Höhe in einem Laubbaum. Es ist halbkugelförmig und besteht vor allem aus Grashalmen und oft filzig behaarten Stängeln und Blumen. Die Würger erbeuten vor allem große Insekten wie Käfer und Hummeln.

MERKMALE 17–19 cm. Scheitel und Nacken sind rotbraun; große, weiße Schulterflecken. Weibchen sind etwas weniger prächtig, Jungvögel unterseits stark geschuppt. Singt anhaltend zwitschernd und schwätzend und imitiert andere Vögel. Ruft heiser „wä-wä-wä..." und „dschärrr".
VORKOMMEN Brütet in Streuobstbeständen, die mit Buschbereichen abwechseln. In Südeuropa oft in lichtem Laubwald, Macchia und abwechslungsreicher Kulturlandschaft, gerne mit Olivenhainen. In Mitteleuropa ist die Art inzwischen sehr selten.

Der Neuntöter steht oft aufrecht auf einer erhöhten Warte und lauert auf Kleintiere.

Der Rotkopfwürger ist ein seltener Bewohner von naturnahen Streuobstflächen.

096

Schwarzstirnwürger
Lanius minor — Würger

Mai–Sept

Jungvogel
Oberkopf gebändert

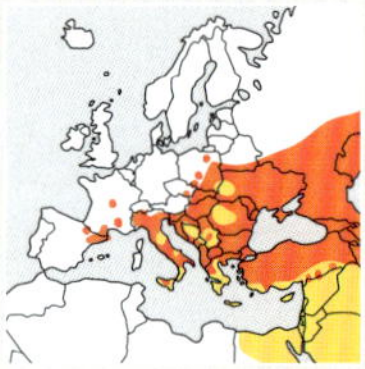

Schwarzstirnwürger sind geselliger als andere europäische Würger. Nicht selten jagen mehrere Vögel an günstigen Stellen gemeinsam. Im Vergleich zum Raubwürger stehen sie meist aufrechter auf ihrer Ansitzwarte. Das Nest, kaum unterhalb von 2 m Höhe gebaut, besteht aus dünnen Zweigen, Halmen und Wurzeln sowie grünen Pflanzenteilen.

MERKMALE 19–21 cm. Bei Altvögeln sind vorderer Scheitel und Stirn schwarz. Schwarze Maske fehlt bei Jungvögeln. Recht lauter, plaudernder und schwätzender Gesang. Ruft gepresst „gschwää", „gerrip" und elsterartig „tsche-tsche".
VORKOMMEN In offener, warmer Landschaft mit hohen Einzelbäumen, Alleen, Feldgehölzen oder Obstbaumkulturen. In Deutschland ausgestorben. Die Winterquartiere liegen im südlichen Afrika.

097

Raubwürger
Lanius excubitor — Würger

ganzjährig

Jungvogel
Unterseite grau gewellt

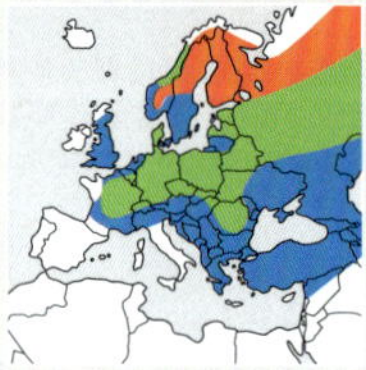

Raubwürger stehen oft auf hohen Warten, z. B. auf Fichtenspitzen, und lauern auf Beute. Männchen und Weibchen leben in Dauerehe, etablieren aber im Winter jeweils eigene Reviere, in denen sie jagen.

MERKMALE 22–26 cm. Der größte Würger Europas. Schwarze Maske, die sich auf der Stirn höchstens als schmaler Streifen fortsetzt. Weibchen mit schwacher Flankenbänderung. Tief bogenförmige Flugbahn.
VORKOMMEN Meist in Moor- und Heidelandschaften mit Buschgruppen, auch in offener, extensiv bewirtschafteter Kulturlandschaft mit Feldgehölzen, Hecken oder Streuobstgebieten.
BEOBACHTUNGSTIPP Beutetiere wie Kleintiere, Käfer, Eidechsen, Mäuse und kleinere Vögel klemmt der Raubwürger häufig als Vorrat in Astgabeln ein.

Der Schwarzstirnwürger steht noch aufrechter auf der Warte als der Raubwürger.

Der Raubwürger steht oft auf hohen Warten wie Baumspitzen und Büschen.

098 Eichelhäher

Garrulus glandarius — Krähenverwandte | ganzjährig

auffälliges Flügel- und Schwanzmuster

Eichelhäher ernähren sich von Eicheln, Nüssen und Bucheckern sowie Früchten. Zur Brutzeit erbeuten sie Insekten und nicht selten Vogeleier und Jungvögel.

MERKMALE 32–35 cm. Gefieder sehr bunt. Im Flug fallen das kontrastreich zum schwarzen Schwanz abgesetzte Weiß des Bürzels und die weißen und blauen Flügelabzeichen auf. Ruft häufig laut rätschend „räääääh", ähnlich Mäusebussard „hiäh".
VORKOMMEN Brütet in Wäldern aller Art bis in etwa 1500 m Höhe, vor allem in Laub- und Mischwäldern mit Eichen, daneben in Feldgehölzen, Parks, Friedhöfen und größeren Gärten. Die Eichelhäher Mitteleuropas erhalten im Winterhalbjahr Zuzug aus nördlichen und östlichen Brutgebieten.
SCHON GEWUSST? Eichelhäher verstecken sorgfältig Eicheln im Waldboden und tragen so zur Verbreitung von Eichen bei.

099 Unglückshäher

Perisoreus infaustus — Krähenverwandte | ganzjährig

auf Schwanz, Bürzel und Flügeln viel Rostrot

Unglückshäher lassen sich oft gut beobachten, denn sie sind meist wenig scheu und kommen nicht selten zu mehreren nah heran. Das sehr gut isolierende Nest aus Nadelzweigen und Flechten ist innen mit einer dicken Schicht aus Haaren oder Federn gepolstert. Neststandort ist eine geschützte Stelle rund 3–5 Meter hoch auf einer Fichte oder Kiefer direkt am Stamm.

MERKMALE 22–25 cm. Grundfärbung graubraun, sehr lockeres Gefieder und langer, gestufter, überwiegend rostfarbener Schwanz. Gesang leise mit pfeifenden, knarrenden, trillernden und klagenden Lauten sowie vielen Imitationen. Viele Rufe klingen merkwürdig und erinnern an Eulen oder Greifvögel, z. B. rau „geä".
VORKOMMEN Brütet in flechtenreichem, möglichst ursprünglichem Nadelwald und im Mischwald, vor allem in der Fichtentaiga. Wandert nur wenig.

Der Eichelhäher fällt im Flug schon von Weitem durch sein kontrastreiches Gefieder auf.

Der Unglückshäher lebt versteckt im nordischen Nadelwald, kommt aber oft nah heran.

100 Tannenhäher
Nucifraga caryocatactes — Krähenverwandte | ganzjährig

Gefieder schokoladenbraun, weiß gefleckt

Tannenhäher stehen häufig auf Fichtenspitzen. Im Herbst verstecken sie die Nüsschen der Zirbelkiefer oder Haselnüsse und sichern so die Nahrungsgrundlage für den Winter und die Jungenaufzucht. Die Nestlinge kommen bereits im April zur Welt, wenn die Bergwelt und die Taiga meist noch tief verschneit sind.

MERKMALE 32–35 cm. Gefieder schokoladenbraun mit weißen Flecken, Unterschwanz und Schwanzendbinde blendend weiß. Im Flug etwas ähnlich dem Eichelhäher, wirkt aber durch den kurzen Schwanz und langen Schnabel vorderlastig. Gesang leise schwätzend. Ruft oft heiser und schnarrend „grrrääah", meist mehrfach wiederholend.
VORKOMMEN In Nadel- und Mischwäldern mit Beständen von Zirbelkiefern oder Haselbüschen. In Mitteleuropa vorwiegend in Bergwäldern.

101 Elster
Pica pica — Krähenverwandte | ganzjährig

großes, rundliches Baumnest aus Zweigen

Elstern schreiten auf dem Boden etwas wackelnd, aber würdevoll mit erhobenem Schwanz. Die in Dauerehe lebenden Partner bauen gemeinsam ein großes, überdachtes Baumnest, meist in beträchtlicher Höhe.

MERKMALE 40–51 cm. Schwarz-weißes, kontrastreiches Gefieder, sehr langschwänzig. Flugbild durch langen, gestuften Schwanz und kurze, abgerundete Flügel unverkennbar. Gesang leise und unauffällig. Ruft heiser schäckernd (im Stakkato) „schack-schack-schack…".
VORKOMMEN Brütet in offenen Landschaften mit Bäumen, meist in Kulturland, in Dörfern und Städten, aber auch mitten in Großstädten.
BEOBACHTUNGSTIPP Das Flugbild der Elster ist durch den langen, gestuften Schwanz und kurze, abgerundete Flügel einfach unverkennbar.

Der Tannenhäher fällt im Flug durch den kurzen Schwanz mit weißer Endbinde auf.

Elstern schreiten am Boden etwas wackelnd, aber würdevoll mit erhobenem Schwanz.

102

Dohle

Coloeus monedula — Krähenverwandte

ganzjährig

Augen und Nacken hell

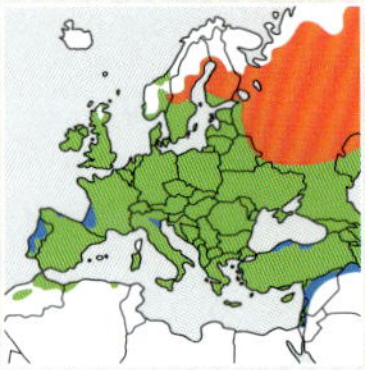

Dohlen leben in Dauerehe und sind auch außerhalb der Brutzeit fast ständig zusammen. Zur Nahrungssuche fliegen sie auf Felder und Wiesen, wo sie vorwiegend nach Insekten, Schnecken und Würmern suchen. Im Winter sieht man sie oft zusammen mit Saatkrähen auf der Suche nach Körnern und Abfällen.

MERKMALE 30–34 cm. Recht klein und kurzschnäblig. Überwiegend schwärzliches Gefieder, grauer Nacken und helle Augen im Alterskleid. Im Flug mit einheitlich grauen Unterflügeln. Typischer Dohlenruf kurz „kja" oder „kjack", manchmal auch lang gezogen „kjaar", bei Gefahr „tjähr".
VORKOMMEN In lichten Laub- und Mischwäldern mit Schwarzspechthöhlen oder Felsgebieten mit Höhlungen. Heute meist Gebäudebruten vor allem in alten Burgen, Kirchen und Ruinen.

103

Alpendohle

Pyrrhocorax graculus — Krähenverwandte

ganzjährig

Gefieder ganz schwarz

Alpendohlen sind sehr gesellig. Nicht selten schließen sie sich zu mehreren Hundert Vögeln zusammen. Die einzelnen Paare halten das ganze Jahr über zusammen und fliegen oft eng beieinander. Häufig werden die Vögel an Berghütten und Gipfeln recht vertraut.

MERKMALE 36–39 cm. Ein geselliger schwarzer Krähenvogel des Hochgebirges. Schnabel etwas gebogen, bei Altvögeln einheitlich gelb. Im Flug gerundetes Schwanzende. Ruft durchdringend, aber angenehm trillernd-rollend „priiep" oder „zierrrr", bei Gefahr durchdringend „krrrüh".
VORKOMMEN Im Hochgebirge mit steilen Felswänden und Höhlungen für die Brut. Im Winter in tieferen Lagen. Im Gegensatz dazu lebt die sehr ähnliche *Alpenkrähe* in der Südschweiz (Wallis) weniger im Hochgebirge, sondern bevorzugt steile Felsen in wärmeren Berggegenden.

Dohlen fliegen schnell und wendig, oft sieht man sie bei akrobatischen Flugmanövern.

Die Alpendohle ist ein Gebirgsvogel, der durch rasante Flugmanöver auffällt.

105

Rabenkrähe
Corvus corone — Krähenverwandte

ganzjährig

gebogener Schnabelfirst

Rabenkrähen ernähren sich vor allem von Insekten, Würmern und Schnecken. Daneben jagen sie kleine Wirbeltiere und suchen nach Getreide, Aas und Abfällen. Zur Brutzeit erbeuten sie viele Nestlinge und Eier anderer Vögel. Männchen und Weibchen bauen gemeinsam ein stabiles Zweignest, oft hoch in einer Baumkrone.

MERKMALE 44–51 cm. Gefieder einheitlich schwarz mit nur schwachem Metallglanz. Schnabel recht dick mit gebogenem First. Flugbild ähnelt der Saatkrähe, jedoch mit gleichmäßig breiten Flügeln. Ruft heiser „krääă" oder „wärr", oft wiederholend.

VORKOMMEN Brütet in aufgelockerten Waldgebieten, Feldgehölzen, Mooren und Heiden sowie im Gebirge und an der Küste, vor allem aber in Kulturland mit Siedlungen, Dörfern und Parks und selbst in Großstädten.

106

Nebelkrähe
Corvus cornix — Krähenverwandte

ganzjährig

Körpergefieder überwiegend grau

In der Lebensweise und der Brutbiologie unterscheiden sich Raben- und Nebelkrähe nur wenig. Als Brutplatz wählt die Nebelkrähe jedoch häufiger Felswände oder eine geschützte Stelle am Boden, beispielsweise in Heidegebieten. Im nördlichen Skandinavien und Finnland ist die Nebelkrähe Zugvogel und wandert im Oktober Richtung Südwesten.

MERKMALE 44–51 cm. Unterseite und Rücken hellgrau gefärbt, sonst sehr ähnlich der Rabenkrähe, auch im Flugbild. Der Schwanz ist nicht einmal angedeutet keilförmig (siehe Saatkrähe). Rufe ebenfalls sehr ähnlich, manche sind weniger rau. Angriffslaut bei beiden trocken schnarrend „krrr krrr…".

VORKOMMEN In Europa ist die Nebelkrähe weiter verbreitet als die Rabenkrähe. In Deutschland hingegen kommt die Nebelkrähe nur östlich der Elbe vor.

Die Rabenkrähe erkennt man an ihren recht flachen, lässigen Flügelschlägen.

Die Nebelkrähe erkennt man vor allem an den hellen Gefiederpartien.

107

Saatkrähe

Corvus frugilegus — Krähenverwandte

ganzjährig

Jungvogel
befiederte Schnabelbasis

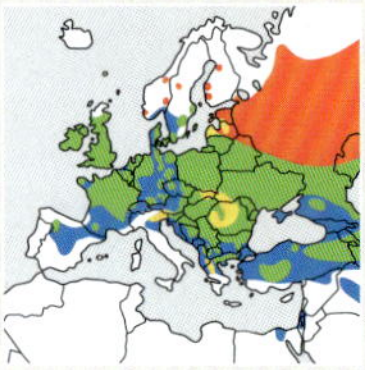

Saatkrähen sind Koloniebrüter. Während der Balz ab Februar unternehmen sie häufig akrobatische Flugspiele über den Bäumen.

MERKMALE 41–49 cm. Schnabelbasis bei Altvögeln unbefiedert grau. Unterscheidet sich von der Rabenkrähe durch den blauen und purpurfarbenen Gefiederglanz sowie das ganz andere Kopfprofil mit steilerer Stirn. Ruft rauer und nasaler als Rabenkrähe „gaaag"" oder „aag-ag".
VORKOMMEN In abwechslungsreichem, fruchtbarem Kulturland bis etwa 300 m Meereshöhe mit Gehölzen oder Baumgruppen, in denen die Nester angelegt werden. Brutkolonien oft in Siedlungen.
BEOBACHTUNGSTIPP Von Oktober bis März lassen sich große Schwärme aus den nordöstlichen Brutgebieten auf Feldern beobachten.

108

Kolkrabe

Corvus corax — Krähenverwandte

ganzjährig

Jungvogel

Kolkraben kreisen nicht selten wie größere Greifvögel am Himmel und halten Ausschau nach Aas und Ab fällen. Mitunter töten sie auch schwache und kranke Huftiere. Die Paare leben in Dauerehe zusammen und nisten oft Jahr für Jahr im selben Horst, der meist in einer gegen Niederschläge geschützten Felsnische oder in der Krone eines hohen Baumes steht.

MERKMALE 54–67 cm. Mindestens so groß wie Mäusebussarde. Gefieder einheitlich schwarz, bei Altvögeln metallisch grün und violett glänzend. Im Flug fällt vor allem der keilförmige Schwanz und der weit vorstehende Kopf auf. Ruft meist tief, sonor „krrorr krrorr…" oder „korrp korrp…"
VORKOMMEN In großen Waldgebieten und Gebirgsgegenden mit ausreichendem Bestand an größeren Säugetieren für die Ernährung, die oft aus Aas besteht.

Die Saatkrähe fliegt mit recht tiefen, elastischen Flügelschlägen.

Der Kolkrabe hat lange, recht schmale Flügel und einen keilförmigen Schwanz.

109

Star

Sturnus vulgaris — Stare

Febr–Nov

Schlichtkleid („Perlstar")

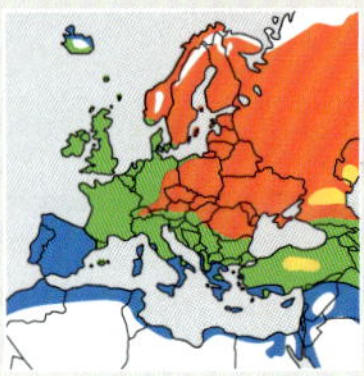

Außerhalb der Brutzeit ziehen Stare oft in riesigen Schwärmen umher. Der abwechslungsreiche Gesang enthält raue, knackende, schnarrende, kreischende und pfeifende Tonfolgen sowie gute Imitationen anderer Vögel und von Geräuschen.

MERKMALE 19–22 cm. Untersetzter Körperbau mit kurzem Schwanz. Gefieder im Prachtkleid grünviolett glänzend, im Schlichtkleid (ab Herbst) mit weißen Tupfen übersät. Schnabel im Prachtkleid gelb, bei Männchen mit hellblauer Unterschnabelbasis.
VORKOMMEN In alten Laubwäldern, meist aber in Siedlungen, vor allem aber in Gärten und Parks.
BEOBACHTUNGSTIPP Bei der Nahrungssuche trippeln Stare geschäftig und etwas ruckartig umher und stochern dabei ständig mit dem Schnabel im Boden.

110

Pirol

Oriolus oriolus — Pirole

Mai–Sept

Weibchen
Oberseite grünlich gelb

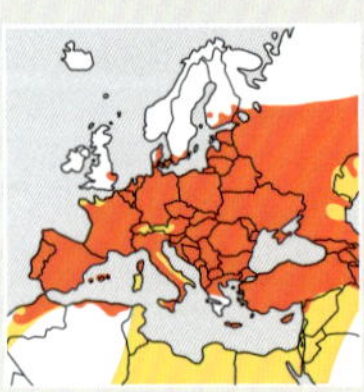

Der scheue Pirol lebt zur Brutzeit sehr versteckt im Blätterdach der Bäume. Er verrät seine Anwesenheit meist erst durch seinen wohlklingenden, flötenden Gesang, der wie „düdlio" oder „düde-lio" klingt, leicht nachzupfeifen ist und lautmalerisch als „Vogel Bülow" wiedergegeben wird. Bei Störung ruft er häherartig heiser und rau „gjwääk".

MERKMALE 22–25 cm. Altes Männchen leuchtend gelb und schwarz gefärbt. Weibchen und junge Männchen auf der Unterseite auf grüngrauem Grund fein gestrichelt. Im Flug ähnlich Misteldrosseln oder Spechten wegen der Proportionen und der langen flachen Bögen.
VORKOMMEN Brütet in feuchten Laubwäldern, gerne Auwäldern oder Parks mit Gewässern und altem Laubbaumbestand, daneben auch in Pappelalleen und auf Streuobstflächen. Gebietsweise auch in reinen Kiefernwäldern.

Der Star zeigt im Flug eine dreieckige Silhouette mit spitzen Flügeln.

Der Pirol fliegt in langen Bögen und erinnert damit an die Misteldrossel.

111

Haussperling
Passer domesticus — Sperlinge

ganzjährig

Weibchen unscheinbar braun-grau

Das allbekannte, monoton wiederholte Tschilpen ist der arteigene Gesang des Haussperlings. Die meisten von ihnen nisten am Haus, oft in einem Hohlraum unter dem Dach und nicht selten in einem Mauerloch oder Nistkasten.

MERKMALE 14–16 cm. Männchen im Prachtkleid recht kontrastreich mit grauem, kastanienbraun eingefasstem Scheitel, rostbraunem Nacken und breitem schwarzem Latz. Weibchen sehr düster braun und grau. Ruft häufig „tschip", im Flug „tschuib" und bei Gefahr zeternd „tscherrititit".

VORKOMMEN Ursprünglich aus Westasien und sehr anpassungsfähig. Heute fast überall in Europa als Kulturfolger in menschlichen Siedlungen von der Küste bis ins Bergland und sogar in den Zentren von Großstädten. Der ähnliche *Italiensperling* 112, Unterart *italiae*, besiedelt die Südschweiz und Italien; Männchen mit rotbraunem Scheitel.

113

Feldsperling
Passer montanus — Sperlinge

ganzjährig

Jungvogel kein deutlicher Wangenfleck

Feldsperlinge sind viel zurückhaltender und weniger lärmend als Haussperlinge. Sie besuchen auch seltener Futterhäuser. Eher suchen sie wie Goldammern am Boden nach Samen. Der tschilpende Gesang erinnert an den Haussperling, die Silben sind jedoch etwas höher. Feldsperlinge brüten vor allem in Baumhöhlen, in Nischen an Häusern und in Nistkästen.

MERKMALE 12,5–14 cm. Kleiner als Haussperling und relativ kleinköpfig. Scheitel kastanienbraun, helle Kopfseiten mit schwärzlichem Wangenfleck. Ruft im Flug häufig „twit", hart „teck" oder „tscheck".

VORKOMMEN In offener, strukturreicher Kulturlandschaft mit Gehölzen und Hecken, aber auch an Waldrändern und Wegsäumen mit Gebüsch. Recht häufig in Dörfern und an Einzelgehöften, in vielen Städten vor allem an den Rändern und in Parks.

Der Haussperling wirkt häufig unordentlich, denn er plustert sein Gefieder gerne auf.

Feldsperlinge sind recht diskret und wenig auffällig, im Flug hört man oft ihre „twit"-Rufe.

114

Schneesperling
Montifringilla nivalis — Sperlinge

ganzjährig

Schlichtkleid, gelblicher Schnabel

Geeignete Nistplätze finden Schneesperlinge in Spalten und tiefen Löchern in steilen Felsen. Mitunter brüten sie auch an hohen Gebäuden. Ihr lauter Gesang besteht aus einem wiederholten tschilpend-stotternden, etwas zögerlich wirkenden „Tietetscher".

MERKMALE 16,5–19 cm. Groß und langflügelig. Im Flug sind ausgedehnte weiße Partien in Flügeln und Schwanz auffällig. Schnabel und Kehle bei Männchen im Prachtkleid schwarz, Kopf einheitlich dunkelgrau. Ruft häufig rau, durchdringend „ziieh" oder „pschie".
VORKOMMEN Auf felsdurchsetzten Wiesen weit oberhalb der Baumgrenze mit steilen Felswänden oder auch höheren Gebäuden in der Nähe.
BEOBACHTUNGSTIPP Im Winterhalbjahr halten sich Schneesperlinge oft in großen Trupps an Berghotels auf.

115

Bindenkreuzschnabel
Loxia leucoptera — Finkenverwandte

ganzjährig

Weibchen
Gefieder gelblich grün

Bindenkreuzschnäbel vermögen von den Kreuzschnabelarten am geschicktesten zu klettern und an den Zweigen zu hangeln, um die Samen aus den Zapfen von Lärchen zu klauben. In Finnland nisten sie meist in über 4 m Höhe und gut getarnt in einer Fichte, seltener in einer Kiefer oder Lärche.

MERKMALE 14,5–16 cm. Breite weiße Flügelbinden. Männchen kräftig rosarot, Weibchen gelblich grün. Ruft metallischer und härter als Fichtenkreuzschnabel, oft gereiht „glebb glebb" oder „gibb-gibb", dazwischen trompetend und nasal „tüüht".
VORKOMMEN Im Lärchenwald der (hellen) Taiga Russlands, in Finnland meist in Fichtenwäldern sowie in angepflanzten Forsten mit Japanlärche. Wandert viel – oft bis Mittelskandinavien. Hat sogar schon in Deutschland gebrütet: 1991 auf einem Berliner Friedhof.

Den Schneesperling erkennt man im Flug am vielen Weiß in Flügeln und Schwanz.

Der Bindenkreuzschnabel ist ein kräftig roter Fink aus der hellen sibirischen Taiga.

116 Fichtenkreuzschnabel

Loxia curvirostra — Finkenverwandte | ganzjährig

Weibchen
Gefieder gelb-grünlich

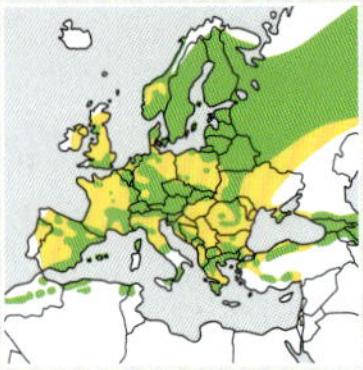

Schottische Kreuzschnäbel *(scotica)* haben als Anpassung an ihre Hauptnahrung – Kiefernzapfen – kräftigere Schnäbel als ihre mittel- und nordeuropäischen Artgenossen, die auf Fichtensamen spezialisiert sind. Der Gesang klingt angenehm trillernd und zwitschernd, oft sind die typischen, metallischen Flugrufe eingestreut.

MERKMALE 15–17 cm. Gedrungen mit großem Kopf und gekreuzten Schnabelspitzen. Männchen mit ziegelrotem Körpergefieder. Jungvögel graubraun und kräftig gestreift. Ruft häufig, laut und metallisch „gjip-gjip-gjip…“ oder „kip-kip-kip“.
VORKOMMEN In älterem Fichtenwald, im Gebirge bis zur Baumgrenze, seltener in Lärchen- oder Kiefernwald. Besonders außerhalb der Brutzeit in vagabundierenden Trupps, dann nicht selten in Parks und auf hohen Fichten in Gärten.

117 Kiefernkreuzschnabel

Loxia pytyopsittacus — Finkenverwandte | ganzjährig

Weibchen
Gefieder graugrün

Wandernde Kiefernkreuzschnäbel erscheinen ausnahmsweise auch in Deutschland, wo die Art vereinzelt bereits gebrütet hat. Die Gesangsstrophen, von hohen Wipfeln vorgetragen, sind lauter als die des Fichtenkreuzschnabels und enthalten ratternde und schwirrende Lautfolgen. Das Weibchen baut ein kompaktes Zweignest hoch auf einem Nadelbaum.

MERKMALE 16–18 cm. Schnabel sehr klobig und stark gekrümmt. Bis auf die etwas bedeutendere Größe von Kopf und Schnabel dem Fichtenkreuzschnabel sehr ähnlich und oft nur schwer unterscheidbar. Flugrufe klingen im Vergleich zur Zwillingsart etwas tiefer, eher wie „köpp-köpp“.
VORKOMMEN In älterem Kiefernwald oder Nadelmischwald mit hohem Kiefernanteil in der Taigazone Nord- und Nordosteuropas.

Fichtenkreuzschnäbel fliegen häufig im Trupp über Fichtenspitzen und rufen „kipp-kipp…".

Der Kiefernkreuzschnabel ruft im Flug tiefer als die Zwillingsart: „köpp-köpp…".

118

Hakengimpel

Pinicola enucleator — Finkenverwandte

ganzjährig

Weibchen
Gefieder gelblich orange

Hakengimpel rufen im Flug klar und recht durchdringend „plüit", die Kontaktlaute sind gimpelähnlich. Der wohlklingende, abfallende Gesang aus kurzen, jodelnden Strophen erinnert sowohl an Grünschenkelgesang als auch an manche Rotdrosselstrophen. Im Winter verhalten sich die Vögel auffallend vertraut, besonders, wenn sie dick aufgeplustert Vogelbeeren fressen.

MERKMALE 19–22 cm. Auffallend großer, langschwänziger Fink mit sehr kräftigem, an der Spitze abwärts gebogenem Schnabel. Männchen überwiegend prächtig karminrot. Weibchen und Jungvögel viel schlichter, gelblich orangefarben mit zartem Schuppenmuster. Weiße Flügelbinden auffallend.

VORKOMMEN In ursprünglicher Fichtentaiga mit Kiefern, Birken und reichlichem Vorkommen von Zwergsträuchern wie der Heidelbeere.

119

Karmingimpel

Carpodacus erythrinus — Finkenverwandte

Mai – Sept

Weibchen und junge
Männchen ohne Rot

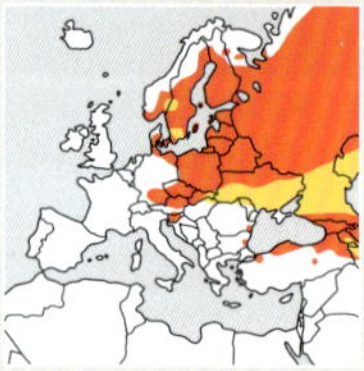

In Deutschland brütet der Karmingimpel, der sich bereits im 19. Jahrhundert in mehreren Schüben bis nach Mitteleuropa ausgebreitet hat, vor allem im Norden und Osten sowie im Alpenvorland. Die kurzen, stereotyp wiederholten Gesangsstrophen klingen dünn und weich pfeifend und erinnern etwas an den Gesang des Pirols: „si-widjü-widju".

MERKMALE 13,5–15 cm. Kopf, Brust und Bürzel bei alten Männchen karminrot. Weibchen recht unscheinbar und merkmalsarm. Schnabel kurz, dick, wirkt rundlich. Schwarze Knopfaugen bei Weibchen, jungen Männchen und Jungvögeln. Ruft häufig „zlit" (Lockruf).

VORKOMMEN In verschiedenartiger, mit Gebüsch und Bäumen bestandener Landschaft, gerne auf feuchtem Boden mit üppiger Krautschicht. Brütet meist niedrig in jungen Fichten oder Büschen wie Rose oder Schlehe.

Der Hakengimpel, ein großer Fink, ist ein Bewohner der dunklen Fichtentaiga.

Der Karmingimpel fällt im Frühjahr vor allem durch seinen pirolähnlichen Gesang auf.

120

Gimpel

Pyrrhula pyrrhula — Finkenverwandte

ganzjährig

Weibchen
unterseits bräunlich grau

In Gefangenschaft lernen Gimpel sogar, Lieder exakt nachzupfeifen. Männchen und Weibchen singen. Die weich plaudernden Strophen setzen sich aus Pfeiftönen, Trillern und kratzenden Lauten zusammen und wirken recht zögerlich. Zur Brutzeit leben Gimpel sehr zurückgezogen und rufen auch nur selten. Nach der Brutzeit streifen sie in Familientrupps umher. Im Winter besuchen sie häufig Futterstellen für Kleinvögel.

MERKMALE 15,5–17,5 cm. Groß, gedrungen und halslos. Schnabel schwarz, kurz und hoch. Kopfplatte und Kinn schwarz. Beides fehlt bei Jungvögeln. Männchen mit kräftig roter Unterseite. Ruft häufig sanft flötend „djü" oder „djüp-djüp".
VORKOMMEN In unterwuchsreichen Nadel- und Mischwäldern, auch in Feldgehölzen, Friedhöfen, Parks und Gärten mit Bäumen und Büschen.

121

Kernbeißer

Coccothraustes coccothraustes — Finkenv.

ganzjährig

Weibchen
Gefieder weniger kontrastreich
Schnabel im Schlichtkleid hornfarben

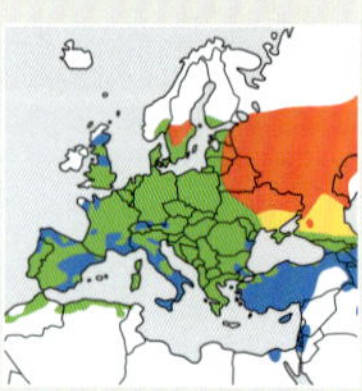

Kernbeißer rufen vor allem im Flug häufig kurz und scharf „zicks" oder durchdringend „ziek". Der leise, selten zu hörende Gesang klingt etwas stotternd.

MERKMALE 16,5–18 cm. Großer, gedrungener und kurzschwänziger Fink mit großem Kopf und mächtigem Kegelschnabel. Gefieder auffallend bunt, vor allem beim Männchen im Prachtkleid. Wirkt im Flug vorderlastig, auffälliger breiter, weißer Flügelstreif. Schnabel im Prachtkleid graublau, im Schlichtkleid hornfarben.
VORKOMMEN In Laubwald oder Mischwald, gerne mit Hainbuchen oder Buchen, in Auwäldern sowie in Parks und Gärten mit hohen Laubbäumen.
SCHON GEWUSST? Der Kernbeißer knackt mit seinem kräftigen Schnabel sogar harte Samen von Steinobst, z. B. Kirschkerne („Kirschkernbeißer").

Der Gimpel fällt im Flug durch das strahlende Weiß von Bürzel und Steiß auf.

Der Kernbeißer zeigt im Flug viel Weiß auf Flügelstreif und Schwanzendbinde.

122 ## Grünfink
Chloris chloris — Finkenverwandte | ganzjährig

Weibchen grünlich grau

Grünfinken singen oft in hohem, fledermausartigem Singflug. Ihr Gesang erinnert an Kanarienvögel und enthält rollende, trillernde und klingelnde Tonfolgen. Nach der Brutzeit streifen die Vögel in Trupps in der offenen Landschaft umher, aber auch in Siedlungen, wo sie häufig Futterhäuser besuchen.

MERKMALE 14–16 cm. Großer, kräftiger, gelb-grüner Fink mit dickem Schnabel. Im Flug leuchtend gelbe Flügel- und Schwanzabzeichen. Männchen überwiegend olivgrün gefärbt, besonders an Bürzel und Unterseite mit Gelbton. Ruft im Flug „gügügü" oder nasal ansteigend „dwäääsch".
VORKOMMEN In ganz unterschiedlichen Lebensräumen mit Bäumen, außer im Inneren geschlossener Wälder. Häufig in Siedlungen, Parks und Gärten, vielerorts bis in die Stadtzentren.

123 ## Girlitz
Serinus serinus — Finkenverwandte | März–Okt

Männchen mit viel Gelb im Gefieder

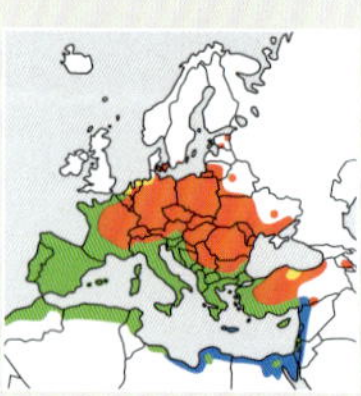

Der Girlitz ist seit Mitte des 19. Jahrhunderts aus den Mittelmeerländern nach Mitteleuropa eingewandert. Am auffälligsten ist sein Gesang: ein hohes, anhaltendes Zwitschern mit klirrend-knirschendem Klang auf etwa gleicher Tonhöhe. Das Männchen trägt ihn nicht selten im fledermausartig gaukelnden Singflug vor.

MERKMALE 11–12 cm. Kleinster Fink Europas, nur blaumeisengroß und mit sehr kurzem Schnabel. Männchen im Prachtkleid mit zitronengelber Färbung an Gesicht, Brust und Bürzel. Ruft häufig hoch „girlitt", im Flug trillernd-klirrend „tirrirrlit".
VORKOMMEN In halboffener, abwechslungsreicher Kulturlandschaft mit Baum- und Buschgruppen und niedrig bewachsenen Flächen für die Nahrungssuche. Auch in Parks, Gärten, Friedhöfen und Baumschulen.

Der Grünfink zeigt im Flug viel leuchtendes Gelb auf Flügeln und Schwanz.

Beim Weibchen (kleines Foto) ist die Unterseite stärker gestreift.

124

Erlenzeisig

Spinus spinus — Finkenverwandte

ganzjährig

Weibchen unterseits stark gestreift

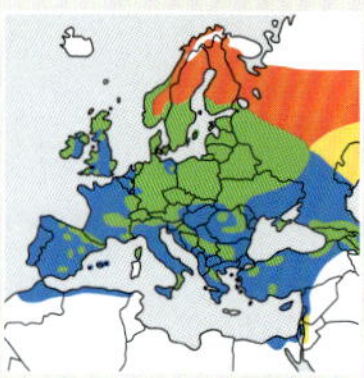

Auf Nahrungssuche turnt der Erlenzeisig wie Meisen auf Erlen und Birken, um die Samen herauszuklauben. Die eilig zwitschernden Gesangsstrophen klingen angenehm und wirken fröhlich, enthalten viele Imitationen anderer Vögel und enden mit einem nasal gedehnten Quetschlaut.

MERKMALE 11–12,5 cm. Kleiner, gelbgrüner Fink mit kurzem, tief gekerbtem Schwanz. Männchen an Scheitel und Kinn schwarz. Weibchen eher grüngrau. Auffällig schwarzgelbes Flügel- und Schwanzmuster im Flug. Ruft etwas wehmütig „dliü" oder „düli", daneben leise „te-te-tetet…".

VORKOMMEN In alten, lichten Nadelwäldern, vor allem Fichtenwald, meist in den Mittelgebirgen und Alpen, aber auch in Tieflandforsten und Mischwäldern mit Fichten. Im Winterhalbjahr auch in Dörfern und Parks.

125

Zitronenzeisig

Carduelis citrinella — Finkenverwandte

ganzjährig

Schwanz einheitlich dunkel

Das Nest des Zitronenzeisigs steht gut getarnt hoch auf einem Nadelbaum. Es besteht aus Moos und Flechten, Halmen und Wurzeln. Innen ist es mit Federn und Pflanzenwolle gepolstert. Zitronenzeisige singen kurze, metallisch klingende Strophen. Sie erinnern an Erlenzeisig- und Stieglitzgesang und enden oft in einem gedehnten Quetschlaut.

MERKMALE 11,5–12,5 cm. Kleiner, grünlich gelber, ungestreift wirkender Fink der Gebirge. Beim Männchen sind die Unterseite, Gesicht und Bürzel grünlich gelb und ungestrichelt. Weibchen zeigen schwache Mantelstreifung. Ruft häufig „zi-ä", im Flug nasal „dit-dit-dit…".

VORKOMMEN In aufgelockerten Nadelwäldern, an Waldrändern im Gebirge. Im Schwarzwald in lockeren Bergkiefernbeständen. Mitteleuropäische Brutvögel überwintern vor allem im Süden Frankreichs.

Der Erlenzeisig wirkt im Flug klein, auffällig sind die gelben Flügelbinden.

Der Zitronenzeisig lebt im Nadelwald im Gebirge, sein Gesang erinnert an den des Stieglitz.

126 Stieglitz
Carduelis carduelis — Finkenverwandte

ganzjährig

Jungvogel
schlicht grauer Kopf

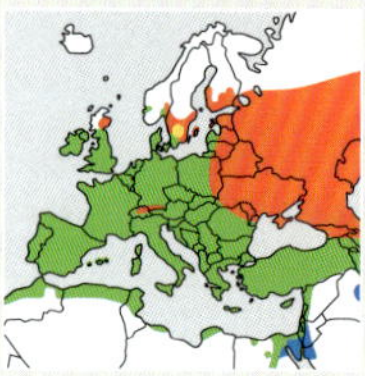

Außerhalb der Brutzeit streifen Stieglitze oft in Familientrupps an Wegrändern, auf Brachflächen und Wiesen umher, um Samen aus Disteln und anderen Kräutern und Stauden zu klauben. Im Herbst ziehen die meisten nach Südwesteuropa. Ihr Gesang klingt sehr angenehm und munter, zwitschernd, trillernd und klingelnd. Den Anfang bilden einige typische Rufe.

MERKMALE 12–13,5 cm. Rot-weiß-schwarze Kopfzeichnung der Altvögel ist typisch. Im Flug sehr auffälliger breiter gelber Flügelstreif. Ruft klingelnd „delitt", „didelitt" oder „stiegelitt", bei Gefahr nasal „wääi", bei Streitigkeiten schnarrend „tschrrr".
VORKOMMEN In abwechslungsreichem Kulturland mit hohen Bäumen, Obstgärten und Wildkräuterflächen, vielfach auf Brachland, in Dörfern, Parks und Friedhöfen mit alten Laubbäumen.

127 Alpenbirkenzeisig
Acanthis cabaret — Finkenverwandte

April–Okt

weißliche Flügelbinde

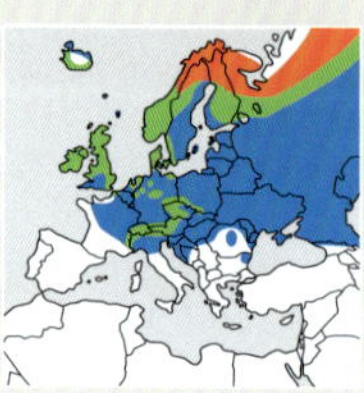

Die Gesangsstrophen sind rau zwitschernd und werden mit pfeifenden und surrenden Lauten untermischt sowie mit den häufigen Flugrufen, die scheppernd „tsche-tsche-tsche" oder „djüi-tsche-tsche-tsche" klingen.

MERKMALE 11,5–14 cm. Kleiner Fink mit rotem Stirnfleck und schwarzem Kinnfleck. Altes Männchen mit kräftig hellroter Brust. Alpenbirkenzeisig Mittel- und Westeuropas recht dunkel, oberseits bräunlich. Taigabirkenzeisig *(flammea)* Nordeuropas größer, heller und mehr grau. Polarbirkenzeisig *(hornemanni)* noch größer und heller.
VORKOMMEN In Nadelwäldern der Alpen, aber auch in Mooren des Tieflandes sowie in Dörfern. Taigaform in Fjällgebieten und nordischen Nadelwäldern.
BEOBACHTUNGSTIPP Alte Männchen des Birkenzeisigs haben eine kräftig hellrote Kehl- und Brustpartie.

Der Stieglitz ist einer unserer buntesten Kleinvögel. Er ruft im Flug ständig „didelitt".

Der Alpenbirkenzeisig wirkt insgesamt recht dunkel, er besiedelt auch Gärten und Parks.

128

Bluthänfling
Linaria cannabina — Finkenverwandte | ganzjährig

Weibchen bräunlich, ohne Rot

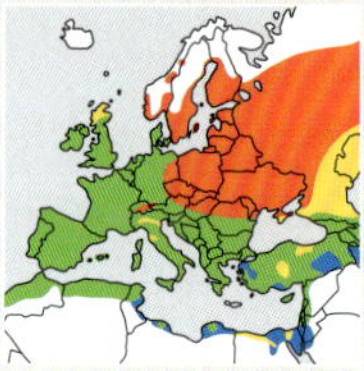

Nach der Brutzeit streifen Bluthänflinge in Familientrupps umher. Diese schließen sich im Winter zu größeren Schwärmen zusammen. Ihr Gesang ist wohlklingend trillernd und zwitschernd und wird in flottem Tempo vorgetragen. Er enthält neben Pfeiftönen auch viele nasal geckernde und geräuschvolle Laute.

MERKMALE 12,5–14 cm. Männchen im Prachtkleid mit kräftigem Rot auf Stirn und Brust, Mantel braun, ungestreift. Weibchen schwach bräunlich gestreift. Ruft stotternd nasal „tett-tett-terrett".
VORKOMMEN In offener Landschaft mit Büschen, Wacholder, Gruppen von Jungbäumen oder Hecken, auf Heide- und Hochmoorflächen. Häufig in Dörfern, Parks, Gärten und an Stadträndern sowie auf buschreichem Industriegelände.

129

Berghänfling
Linaria flavirostris — Finkenverwandte | Okt–April

im Schlichtkleid gelber Schnabel

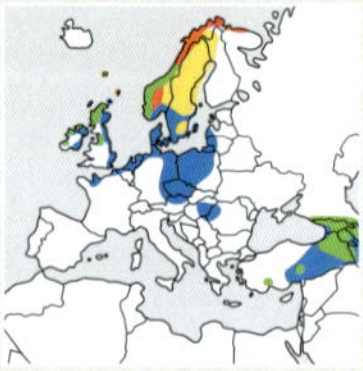

Außerhalb der Brutzeit streifen die Berghänflinge in offener Landschaft umher. An der deutschen Nord- und Ostseeküste erscheinen alljährlich Durchzügler und Wintergäste, die sich gerne auf Salzwiesen aufhalten.

MERKMALE 12,5–14 cm. Ähnlich Birkenzeisig, aber etwas langschwänziger und ohne das Rot auf Kopf und Brust. Gefieder überwiegend ockerbraun und deutlich gestreift. Schnabel im Schlichtkleid gelb mit schwarzer Spitze. Männchen im Prachtkleid mit einem rosa Bürzel.
VORKOMMEN In kargen Gebirgsgegenden sowie in der Tundra und Steppe. In Nordeuropa (Norwegen) vor allem in küstennahen Fjällheidegebieten.
BEOBACHTUNGSTIPP Die kleinen Berghänflinge kriechen bei der Nahrungssuche oft wie Mäuse am Boden und sind nicht leicht zu entdecken. Ruft wie Birkenzeisig.

Der Bluthänfling tritt häufig in Trupps auf, die ständig nasal stotternde Rufe äußern.

Der Berghänfling brütet in Küstengebirgen und überwintert an der Nord- und Ostsee.

130

Buchfink
Fringilla coelebs — Finkenverwandte | ganzjährig

Weibchen unterseits grau

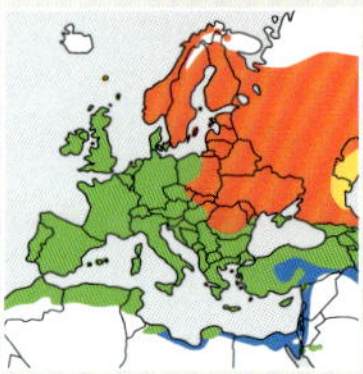

Der Gesang des Buchfinken („Finkenschlag") besteht aus kräftig schmetternden, abfallenden Strophen mit einem scharfen, buntspechtähnlichen „kick" am Ende. Das Weibchen baut ein dickwandiges, sehr kunstvolles Nest aus Moos und Flechten.

MERKMALE 14–16 cm. Häufigster Fink. Eine doppelte, weiße Flügelbinde ist typisch. Männchen im Prachtkleid (Frühjahr) mit blaugrauem Scheitel und Nacken und rosabrauner Färbung von Kopfseiten und Brust. Bewegt sich am Boden mit kleinen, ruckartigen Trippelschritten. Ruft ein- bis mehrsilbig „pink" (bei Gefahr), rollend „wrütt" (Erregungsruf) und tief „djüp-djüp" (im Flug).
VORKOMMEN In Wäldern aller Art bis zur Baumgrenze, ferner in Hecken und Baumgruppen, Friedhöfen, Parks, Gärten und auch mitten in Städten.

131

Bergfink
Fringilla montifringilla — Finkenverwandte | Okt–April

Weibchen grauer Kopf

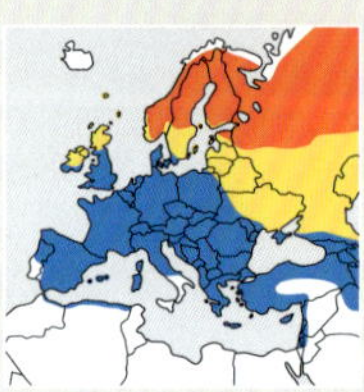

Die Wintergäste erscheinen bei uns häufig in Buchenwäldern, um Bucheckern zu fressen, aber auch in Gärten und Parks, wo sie nicht selten unter Futterhäusern nach Körnern suchen.

MERKMALE 14–16 cm. In Größe und Gestalt ist er dem Buchfinken ähnlich, jedoch mit orangefarbener Brust und dunkel gefleckten Flanken. Stets mit weißem Bürzel, der beim Auffliegen zu sehen ist. Männchen im Prachtkleid mit blauschwarzem Kopf. Schwarz im Schlichtkleid durch bräunliche Federsäume verdeckt. Ruft häufig „dschäh" oder „djä". Singt sehr eintönig, ähnlich einer Kreissäge, „dsäää".
VORKOMMEN In lichten, nordischen Nadel- und Mischwäldern, besonders mit Birken.
SCHON GEWUSST? In manchen Jahren treten Bergfinken in Mitteleuropa in riesigen Schwärmen auf.

Der Buchfink bewegt sich am Boden mit kleinen, ruckartigen Trippelschritten.

Der Bergfink, bei uns häufiger Wintergast, fällt durch seinen weißen Bürzel auf.

132 Schneeammer

Plectrophenax nivalis — Ammern

Okt–April

Männchen Schlichtkleid

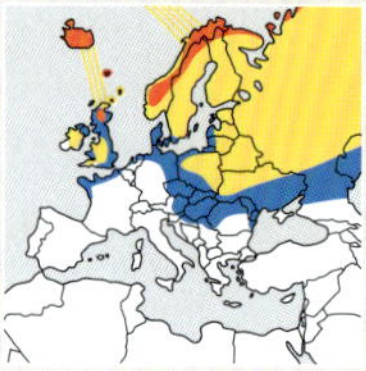

Das Männchen der Schneeammer singt meist auf einem Felsen stehend oder im Singflug. Die kurzen Gesangsstrophen klingen melodisch und angenehm zwitschernd. Ab September trifft man die Schneeammern als Durchzügler und Wintergäste auf offenen, nicht zu hoch bewachsenen Flächen wie Salz-oder Strandwiesen im Bereich der mitteleuropäischen Küsten an.

MERKMALE 15,5–18 cm. Männchen im Prachtkleid sehr auffällig schwarz-weiß. Weibchen oberseits und auf der Brust braun gezeichnet. Männchen im Schlichtkleid auch an Kopf und Brust verwaschen gelblich braun. Flugruf rollend, erinnert an Haubenmeise „piu pirrrrit".
VORKOMMEN In der Tundra und in steinigen und felsigen Bereichen oberhalb der Baumgrenze. In Skandinavien meist auf kargen Blocksteinfeldern.

133 Spornammer

Calcarius lapponicus — Ammern

April–Okt

Weibchen im Prachtkleid ohne schwarze Partien

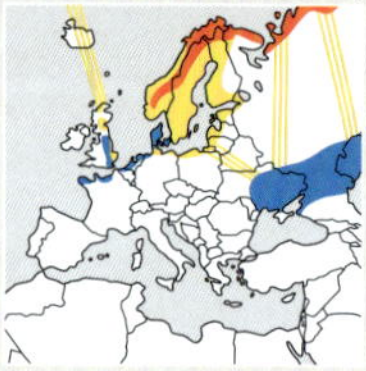

Während andere Ammern am Boden meist hüpfen, bewegen sich Spornammern geduckt und recht schnell laufend. Der Gesang erinnert an gedämpfte Strophen der Feldlerche, manchmal auch der Heckenbraunelle, vor allem aber ähnelt er dem – allerdings weniger holprigen – Gesangsvortrag der Schneeammer. Das Nest wird vom Weibchen unter einem Zwergstrauch angelegt und mit vielen Schneehuhnfedern gepolstert.

MERKMALE 14–15,5 cm. Im Schlichtkleid mit zwei Flügelbinden, dazwischen ein rotbraunes Feld. Männchen im Prachtkleid unverkennbar. Ruft häufig weich „tjü drrrrr" oder „djüi" (am Brutplatz).
VORKOMMEN Charaktervogel der Tundra und des Fjälls, gerne auf feuchtem Untergrund. Durchzügler in geringer Zahl an den mitteleuropäischen Küsten, meist auf Salzwiesen oder am Strand.

Die Schneeammer ist Wintergast an der Küste, ihre Trupps erinnern an Schneegestöber.

Die Spornammer bewegt sich am Boden geduckt und recht schnell laufend.

134

Grauammer

Emberiza calandra — Ammern

ganzjährig

keine besonderen Kennzeichen

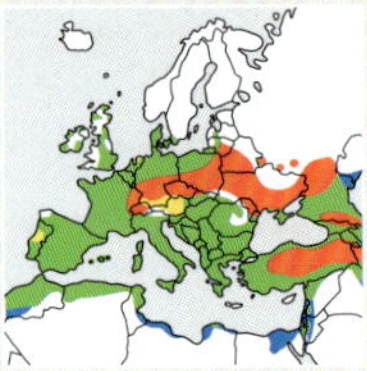

Als Warten dienen der Grauammer häufig Leitungsdrähte oder Einzelbäume, auf denen die Männchen anhaltend singen. Ihr Gesang ist kaum zu verwechseln: eine Reihe tickender Laute, die sich beschleunigen und in einem klirrenden Knirschen enden.

MERKMALE 16–19 cm. Groß und kräftig gebaut, tief gekerbter Schwanz ohne jedes Weiß. Gefieder lerchenartig graubraun mit dunkler Streifung, unterseits rahmfarben und bräunlich gestrichelt. Ruft scharf, etwas klickend „pit" oder „pvit" oder „pvit-it-it".
VORKOMMEN In offener, meist flacher Landschaft, vor allem in feuchtem Wiesengelände mit extensiver Nutzung und auf Ackerland mit Getreide.
BEOBACHTUNGSTIPP Bei kurzen Ortswechseln lässt die Grauammer die Beine im Flug hängen.

135

Goldammer

Emberiza citrinella — Ammern

ganzjährig

Bürzel ungestreift, rostbraun

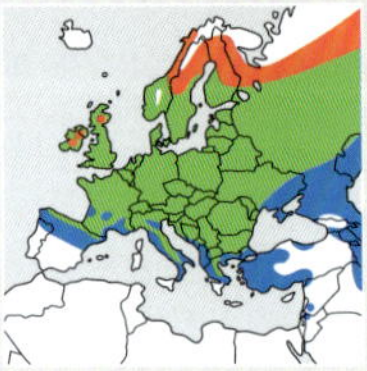

Das Weibchen der Goldammer baut aus Stängeln, Halmen, Blättern und Moos ein recht umfangreiches Nest, meist in bodennahes, von Gras überwuchertes Gebüsch oder an einer geschützten Stelle in einem Jungbaum. Die Gesangsstrophen klingen melancholisch und werden oft verkürzt vorgetragen: „zizizizizi-zieh-düh", was häufig mit „wie hab' ich dich lieb" umschrieben wird.

MERKMALE 15,5–17 cm. Bürzel ungestreift, rostbraun. Männchen mit intensivem Gelb an Kopf und Unterseite und rostbraunem Brustband. Weibchen deutlich blasser, junge Weibchen manchmal nahezu ohne Gelb. Ruft metallisch „tzit", „tsrik" oder „tsrü", daneben auch gedehnt „sieh".
VORKOMMEN In abwechslungsreichem Kulturland mit Waldrändern, Gehölzen, Hecken und Brachflächen, in Fichtenschonungen und an Dorfrändern.

Die Grauammer fliegt kraftvoll und wellenförmig, nicht selten auch mit hängenden Beinen.

Die Goldammer singt oft auch in der Mittagshitze, während andere Vögel schweigen.

136

Zaunammer
Emberiza cirlus — Ammern

ganzjährig

Weibchen
gestreifte Kopfseiten

Ihre monotonen, schwirrend-klappernden Gesangsstrophen erinnern an Goldammern. Sie sind jedoch etwas tiefer und enden nicht mit einem abgesetzten Schlussteil. Zudem ähneln sie den Strophen der Klappergrasmücke. Das recht große Nest wird vom Weibchen gebaut – meist gut versteckt in niedriges, dichtes Gebüsch wie Brombeergestrüpp, Weißdorn oder in einen jungen Baum bis höchstens 2 m Höhe.

MERKMALE 15–16,5 cm. Etwas kleiner und kurzschwänziger als Goldammer. Bürzel olivgrau. Männchen mit kontrastreichem Kopfmuster. Ruft häufig dünn und scharf „zit" oder „sip".
VORKOMMEN In warmer, offener Landschaft mit Büschen und einigen höheren Bäumen als Singwarten. In Mitteleuropa vor allem in Weinbergen und Obstanbaugebieten. In Deutschland nur im Südwesten.

137

Zippammer
Emberiza cia — Ammern

März–Okt

Weibchen
matter gefärbt und weniger markant gezeichnet

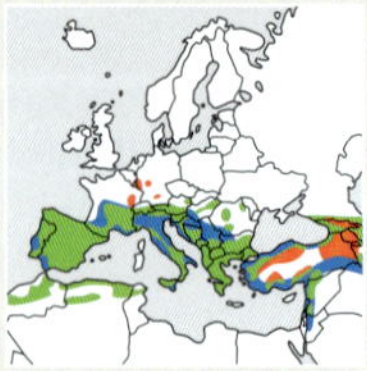

Die Männchen der Zippammer stehen oft auf exponierten Felsen. Von dort hört man auch ihre hohen, hastig vorgetragenen Gesangsstrophen, die mit ihrem ständigen Tonhöhenwechsel an Heckenbraunellen erinnern, jedoch oft mit „zipp" eingeleitet werden und recht dünn klingen.

MERKMALE 15–16,5 cm. Kopf aschgrau mit schwarzem Streifenmuster. Bürzel ungestreift rotbraun – ähnlich der etwa gleich großen, aber langschwänzig wirkenden Goldammer. Ruft häufig kurz und hoch „zipp" (Name!), daneben auch „sit" oder „tsiü". Flugruf klingt schnarrend „trrr".
VORKOMMEN An felsigen, sonnigen Hängen, die mit Büschen und einzelnen Bäumen bestanden sind, gerne in alten, entsprechend bewachsenen Steinbrüchen. In Deutschland vorwiegend in Weinbergen. Überwintert meist in Frankreich.

Die Zaunammer brütet in warmer, offener Landschaft, vor allem in Weinbergen.

Die Zippammer sitzt häufig auf exponierten Felsen.

138

Ortolan

Emberiza hortulana — Ammern

Mai–Sept

Weibchen
schlichter gefärbt
mehr gestrichelt

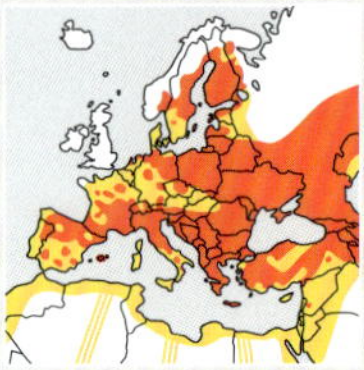

Die wehmütigen, rein klingenden Ortolanstrophen erinnern an verkürzten Goldammergesang, haben aber eine andere Klangfarbe. Sie bestehen meist aus 3–5 höheren Tönen, auf die 1–3 tiefere Schlusstöne folgen. Das Weibchen fertigt aus Halmen, Gras und Haaren ein Bodennest zwischen Kräutern oder Getreide.

MERKMALE 15–16,5 cm. Knapp goldammergroße, schlanke Ammer mit rosafarbenem Schnabel. Augenring, Kehle und Bartstreif hellgelblich. Kopf und breites Brustband grünlich grau. Bauch orangebraun. Ruft häufig metallisch „tslie-ü" oder „tjü".
VORKOMMEN In trockenem, sandigem, gerne kleinräumigem Kulturland mit Rübenäckern, Buschgruppen und höheren Bäumen, daneben in Streuobstgebieten, die an Wald grenzen. Nach der Brutzeit oft auf abgeernteten Rübenäckern. Überwintert südlich der Sahara.

139

Rohrammer

Emberiza schoeniclus — Ammern

März–Okt

weißer Halsring
weißer Bartstreif

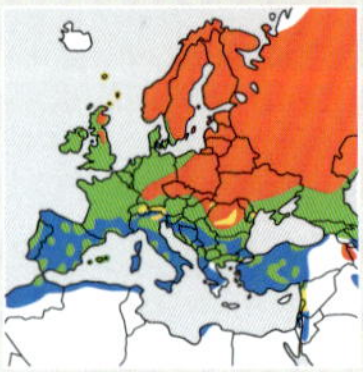

Das Weibchen der Rohrammer baut ein recht großes Nest aus Halmen und Schilfblättern und polstert es innen mit Haaren, Federn und Pflanzenwolle. Meist steht es geschützt auf umgebrochenem Schilf oder Seggen. Die Gesangsstrophen sind kurze, etwas stotternd klingende Folgen von 4 oder 5 Tönen, die variabel sind.

MERKMALE 13,5–15,5 cm. Kopf, Kehle und Schnabel beim Männchen im Prachtkleid schwarz, kontrastiert mit dem Weiß von Halsring und Bartstreif. Im Flug bei gespreizten Steuerfedern sind die weißen Schwanzkanten auffällig. Ruft häufig scharf „zieh" oder rauer „ziü".
VORKOMMEN In der Schilfzone an Gewässern sowie in verschilftem Weidengebüsch, in Sümpfen und Mooren und manchmal auch an feuchten Gräben und mitunter sogar in Getreide- oder Rapsfeldern.

Der Ortolan lebt die meiste Zeit des Jahres recht unauffällig – außer im Frühjahr.

Die Rohrammer fliegt oft niedrig über dem Schilf (kleines Foto: Weibchen).

140

Zwergammer
Emberiza pusilla — Ammern

Mai, Sept–Okt

Weidenammer

Die kurzen, wohlklingenden Gesangsstrophen der Zwergammer erinnern an Ortolan und Baumpieper. Neststandort ist meist eine geschützte Stelle unter einem Weiden- oder Zwergbirkenstrauch oder in einer Seggenbülte. Die seltene *Weidenammer*, eine nordosteuropäische Art der gebüschreichen Gewässerufer, gilt in Finnland als ausgestorben.

MERKMALE 12–13,5 cm. Kleinste Ammer Europas. Scheitelstreif und Wangen rostbraun mit schmalem, weißlichem Augenring, im Herbst weniger kontrastreich. Sie ähnelt der Rohrammer, aber kurzschwänziger und mit geradem Schnabelfirst. Ruf klingt hart und scharf „tik".
VORKOMMEN In offenen Bereichen der Nadelwaldtaiga, möglichst in Gewässernähe mit Weiden und Zwergbirken sowie einigen Bäumen, aber auch auf buschreichen Lichtungen im Fjällbirkenwald.

142

Waldammer
Emberiza rustica — Ammern

April–Sept

Jungvogel ist im Herbst der Rohrammer sehr ähnlich

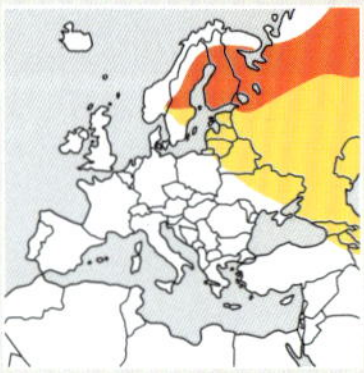

Die Ufer von Fließgewässern mit kleinen Bäumen und Zwergsträuchern sind auch der Vorzugslebensraum des Bibers, der möglicherweise zur Ausbreitung der Waldammer in Skandinavien in den 1980er-Jahren beigetragen hat. Ihr Gesang ist wohlklingend: ein munteres Zwitschern mit schnellem Wechsel der Tonhöhe, das etwas an die Heckenbraunelle erinnert.

MERKMALE 13–14,5 cm. Im Vergleich zur Rohrammer kräftiger und kurzschwänziger. Flanken stets rotbraun gefleckt. Kopfmuster bei Männchen schwarz-weiß, bei Weibchen meist weniger kontrastreich. Ruft häufig scharf „zit" oder „zick".
VORKOMMEN In feuchten Taigawäldern, oft an Moorrändern oder entlang von kleinen Fließgewässern mit vielen jungen oder kleinwüchsigen Fichten und Zwergsträuchern wie Sumpfporst und Rauschbeere.

Die unauffällige Zwergammer lebt in feuchtem Weidengebüsch in der Taiga.

Die Waldammer hat oft die Scheitelfedern gesträubt.

143

Turteltaube
Streptopelia turtur — Tauben

April–Sept

Jungvogel kontrastärmer ohne Halsseitenfleck

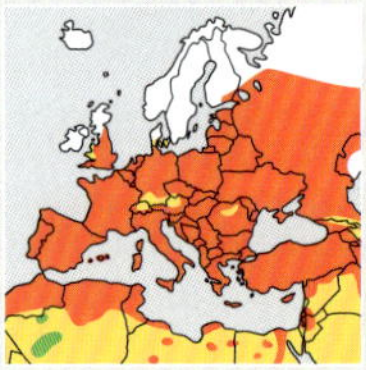

Turteltauben nisten wie Türkentauben in Bäumen, Hecken und Büschen. Sie bauen oft recht niedrig, mitunter nur 1,50 m hoch. Lokal sind sie in Wein- und Obstbaugebieten häufig. Von den heimischen Tauben sind sie die einzigen Langstreckenzieher. Ihre Winterquartiere liegen in den Savannen Afrikas.

MERKMALE 25–27 cm. Klein und zierlich, Flügel rostbraun-schwarz gefleckt. Auffallender schwarz-weißer Fleck an der Halsseite, der Jungvögeln fehlt. Langer, stufiger Schwanz mit weißer Endbinde wird beim Starten und Landen gefächert. Flugweise rasant und reißend, etwas ruckartig. Monotoner Reviergesang tief, schnurrend und vibrierend „turrr turrr turrr…".
VORKOMMEN In Mitteleuropa nur in trockenen Tieflandgegenden. In abwechslungsreichem, halb offenem Kulturland mit Hecken und Gehölzen.

144

Türkentaube
Streptopelia decaocto — Tauben

ganzjährig

Jungvogel ohne schwarzes Nackenband

Türkentauben singen tief gurrend, auf der zweiten Silbe betont „du-duh-du". Das Flugbild dieser Taube erinnert an das des Sperbers. Aus diesem Grund erschrecken sich immer noch viele Kleinvögel durch fliegende Türkentauben und reagieren mit den typischen Rufen für Luftalarm, obwohl Türkentauben seit mehreren Jahrzehnten bei uns häufig sind.

MERKMALE 31–34 cm. Deutlich kleiner, schlanker und langschwänziger als Straßentauben. Gefieder einheitlich beigebraun, wirkt recht hell. Im Flug weißliche Unterflügel. Turteltaube mit dunklen Unterflügeln, kürzerem Schwanz und schmaleren Flügeln. Ruft häufig nasal „chwäh" („Girren").
VORKOMMEN In Siedlungen; häufig in Dörfern, Gärten und Parks, auch mitten in der Großstadt, auf Friedhöfen, in Tierparks sowie an Bauernhöfen.

Die Turteltaube fliegt etwas ruckartig, dabei fällt die weiße Schwanzendbinde auf.

Die Türkentaube wirkt im Flug heller als die Turteltaube.

145 | **Ringeltaube**
Columba palumbus — Tauben | Febr–Okt

Jungvogel ohne weißen Halsfleck

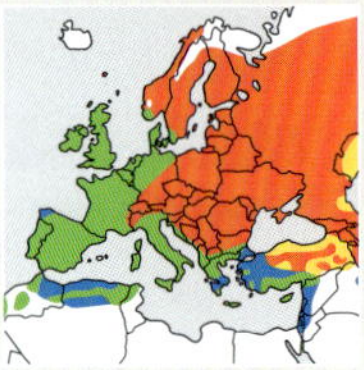

Ringeltauben gehören in Hamburg zum gewohnten Bild in den Parks und Anlagen, denn im nördlichen Mitteleuropa ist ihre Verstädterung bereits weit fortgeschritten. Auf dem Zug in ihre südwesteuropäischen Winterquartiere sieht man oft große Schwärme der Vögel, die sehr hoch und in dichter „Packung" fliegen. Während der Balzflüge beschreibt das Männchen eine girlandenartige Flugbahn über dem Brutrevier.

MERKMALE 38–43 cm. Die größte Taube Europas, aber mit relativ kleinem Kopf. Im Flug sind vor allem weiße Flügelabzeichen auffallend. Singt dumpf gurrend, vier- bis fünfsilbig, auch im Sommer.
VORKOMMEN In offener Landschaft mit Feldgehölzen, Hecken und Waldflächen, vielerorts häufig in Parks, Friedhöfen und Tierparks.

146 | **Hohltaube**
Columba oenas — Tauben | Febr–Okt

Jungvogel ohne grünes Halsabzeichen

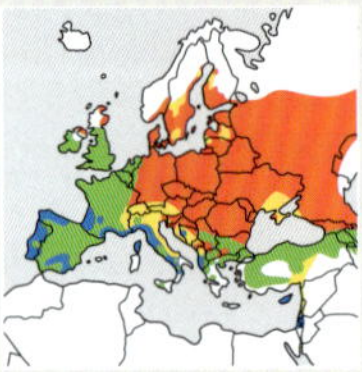

Hohltauben sind unter den Tauben Europas die einzigen Baumhöhlenbrüter. In baumlosen Gegenden, beispielsweise in Dünengelände, beziehen sie gerne alte Kaninchenhöhlen. In der Regel nisten Hohltauben jedoch in den Höhlen des Schwarzspechtes, nicht selten auch in Nistkästen. Um Staunässe am Höhlenboden zu vermeiden, tragen sie oft reichlich Nistmaterial ein.

MERKMALE 28–32 cm. Kleiner und zierlicher als Ringeltaube und ohne Weiß im Gefieder, im Flug schnellere Flügelschläge. Singt stimmungsvoll, dumpf pumpend: „oh-ruo oh-ruo oh-ruo…".
VORKOMMEN In lichten Laub- und Mischwäldern, häufig in altem Buchenbestand, seltener in Kiefernwald; gebietsweise in Parks mit alten Bäumen. Nahrungssuche auf angrenzenden Feldern.

Die Ringeltaube, unsere größte Taube, erkennt man im Flug an dem weißen Flügelband.

Die schlanke Hohltaube, ein scheuer Waldvogel, wirkt im Flug sehr wohl proportioniert.

147

Felsentaube
Columba livia — Tauben

ganzjährig

Straßentaube
Färbung sehr variabel

Die Männchen, die im Alter von einem halben Jahr geschlechtsreif werden, versuchen bald ihren passenden Bereich einer Felswand zu besetzen. Er dient viele Jahre lang als gemeinsames Brutterritorium. Als Nistplatz dient oft eine Spalte oder kleine Höhle in der Felswand. Felsentaubenpaare bleiben lebenslang zusammen.

MERKMALE 30–35 cm. Stammform der allbekannten Straßentaube *(livia f. domestica)*. Oberseite der wilden Felsentaube hellgrau mit zwei durchgehenden schwarzen Flügelbinden, ferner mit leuchtend weißem Bürzel. Singt ähnlich der Straßentaube gedämpft gurrend „gru-o-uh".
VORKOMMEN In Europa ursprünglich an felsigen Meeresküsten und in Gebirgsgegenden. Sonst in verschiedenen offenen Lebensräumen, brütet stets in Felswänden, Klippen oder Ruinen.

148

Halsbandsittich
Psittacula krameri — Altweltpapageien

ganzjährig

grün mit schwarzen Schwungfedern

Seit über 100 Jahren werden in Europa Halsbandsittiche gehalten, doch erst Ende der 1960er-Jahre brüteten die ersten Paare im Freiland – in Deutschland zuerst in Köln und Wiesbaden. Halsbandsittiche können sehr gut klettern und hangeln sogar an Meisenknödeln. Sie brüten in Baumhöhlen.

MERKMALE 27–43 cm. Langschwänziger, smaragdgrüner Papagei mit kräftig rotem Schnabel. Bei Weibchen fehlen schwarz-rosafarbenes Halsband und blauer Hinterscheitel. Fliegt rasant. Ruft laut und kreischend „kiea".
VORKOMMEN Ursprünglich aus der trockenen Dornbuschsavanne Afrikas und Asiens. In Europa hauptsächlich in städtischen Parks und Gärten.
BEOBACHTUNGSTIPP Halsbandsittiche lassen sich vor allem in Großstädten, z. B. in Wiesbaden, beobachten.

Die wilde Felsentaube hat stets einen weißen Bürzel und weiße Unterflügel.

Der Halsbandsittich ist ein großer, grüner und langschwänziger Papagei.

149

Kuckuck

Cuculus canorus — Kuckucke

April–Sept

Jungvogel im Nest des Teichrohrsängers

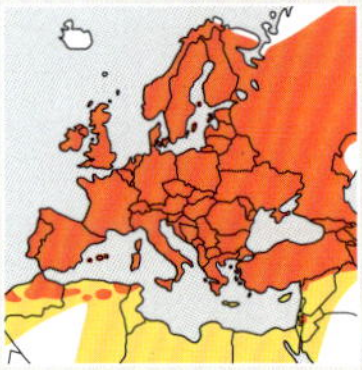

Der weit zu hörende „Kuckucksruf" ist ein echter Reviergesang. Von Weibchen hört man schnelle Trillerreihen, Jungvögel betteln mit durchdringenden, singvogelartigen Rufen. Das Kuckucksweibchen legt seine rund zehn Eier jeweils einzeln in die Nester kleiner Singvögel.

MERKMALE 32–36 cm. Erinnert im Flug etwas an einen Greifvogel oder Falken, jedoch mit anderer Gestalt und viel flacheren Flügelschlägen. Männchen oberseits sowie an Kopf und Brust ungezeichnet aschgrau, am Bauch sperberähnlich quer gebändert. Weibchen mit rostfarbenem Anflug auf der Brust und schwacher Kehlbänderung.
VORKOMMEN In sehr unterschiedlichen Lebensräumen mit Vorkommen geeigneter Wirtsvögel. Häufig in halb offener Landschaft mit Waldrändern und Gehölzen sowie in Moorgebieten.

150

Wiedehopf

Upupa epops — Wiedehopfe

April–Sept

am Boden angelegte Federhaube

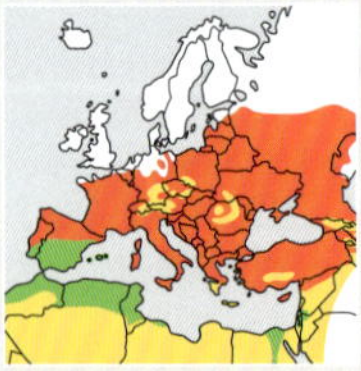

Am Boden ist der Wiedehopf oft erstaunlich schwer zu sehen: Seine überwiegend orangebraune Gefiederfärbung fällt nicht sehr auf, die Federhaube ist angelegt, der lange, gebogene Schnabel im Bodenbewuchs verborgen. Wiedehopfe brüten in Baumhöhlen, in Erd- oder Steinhaufen, mitunter auch in Ställen.

MERKMALE 25–29 cm. Einzigartige, fächerförmig aufrichtbare Federhaube. Die im Flug kontrastreich schwarzweiß gebänderten Flügel und die flatternde Flugweise erinnern an Schmetterlinge. Ruft bei Erregung ähnlich Eichelhäher „tschääär". Singt hohl klingend, aber weit hörbar „hup-hup-hup".
VORKOMMEN In warmen Gegenden mit extensiver Weidewirtschaft, gerne auch in Weinbergen und in lichten Auwäldern; gebietsweise auch in Parks und mitten in Dörfern. In Deutschland selten.

Der Kuckuck erinnert an einen kleinen Falken, fliegt aber mit flacheren Flügelschlägen.

Der Wiedehopf erinnert mit seiner flatternden Flugweise an einen Schmetterling.

151

Blauracke

Coracias garrulus — Racken

April–Sept

Jungvogel
viel matter gefärbt, mehr bräunlich gestrichelte Brust

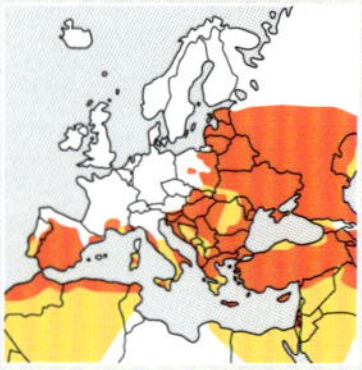

In Deutschland ist die Blauracke Ende des 20. Jahrhunderts als Brutvogel ausgestorben. Der taumelnde Balzflug des Männchens wird von einer schnellen, hölzern ratternden Serie von „rrä"-Lauten untermalt. In Mitteleuropa ziehen Blauracken ihre Brut meist in geräumigen Grün- und Schwarzspechthöhlen und in Nistkästen auf. Die Eier liegen auf dem nackten Höhlenboden.

MERKMALE 29–32 cm. Farbenfrohes, vorwiegend türkisblaues Gefieder, vor allem im Flug auffallend, kann aber bei ungünstigen Lichtverhältnissen recht düster wirken. Kräftiger Schnabel mit Hakenspitze. Ruft rau „rak-rak".
VORKOMMEN In trockenwarmen Tieflandgebieten mit Gehölzen oder lichtem Wald und altem Baumbestand. In Mitteleuropa überwiegend Baumbrüter, nistet vor allem in alten Eichen und Kiefern.

152

Nachtschwalbe

Caprimulgus europaeus — Nachtschwalben

Mai–Sept

Weibchen
kein Weiß auf Handschwingen und Schwanzecken

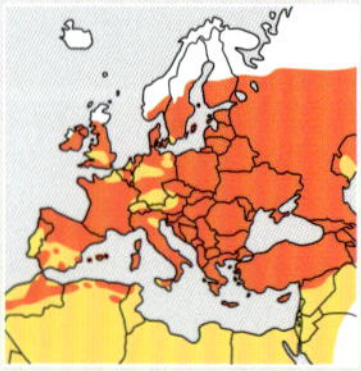

Die schnurrenden, oft über fünf Minuten anhaltenden Gesangsstrophen des Männchens, „errrrrörrrrrerrrrrörrrrr…", erinnern etwas an ein entfernt fahrendes Motorrad. Bei der Balz erzeugen die Nachtschwalben immer wieder knallende Flügelgeräusche. Das Nest ist lediglich eine flache Mulde, meist im Heidekraut verborgen.

MERKMALE 24–28 cm. Sein Tarngefieder lässt den schlanken Vogel, am Boden oder auf einem Ast sitzend, wie ein Stück Rinde aussehen. Großer flacher Kopf mit großen Augen und winzigem Schnabel. Männchen im Flug mit auffälligen weißen Abzeichen an Flügelspitzen und Schwanz.
VORKOMMEN In trockenen Kiefernwäldern, auf sandigen Heideflächen mit Waldrändern, Lichtungen, Mooren oder Kahlschlägen. Überwintert in Afrika.

Die Blauracke ist im Flug durch ihr prächtiges, türkisblaues Gefieder unverwechselbar.

Die nachtaktive Nachtschwalbe ist durch ihre Gefiederfarbe getarnt.

153

Mauersegler

Apus apus — Segler

Mai–Aug

Gefieder schwärzlich
helle Kehle

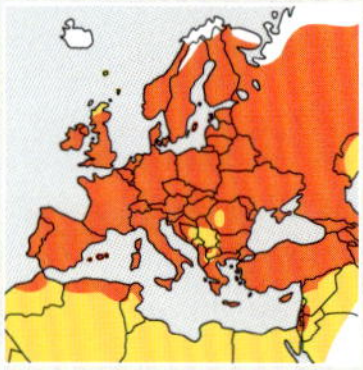

Mauersegler treffen um den 1. Mai an ihren mitteleuropäischen Brutplätzen ein. Für den Nestbau sammeln sie Federn, Blätter und Halme, die vom Wind hochgewirbelt wurden, und verkleben alles mit ihrem Speichel zu einer kunstvollen Nestschale. Meist brüten sie in Felswänden oder unter hohen Dächern.

MERKMALE 17–18,5 cm. Im Vergleich zu Schwalben größer, mit längeren, sichelförmigen Flügeln und rasanter Flugweise. Gefieder bis auf die helle Kehle einheitlich dunkel. Ruft hoch und schrill „sriiii".
VORKOMMEN Häufig in Häuserschluchten der meisten Städte und Dörfer. In Deutschland selten (Harz) und in Nordeuropa häufig Baumhöhlenbrüter in Wäldern.
SCHON GEWUSST? Mauersegler verbringen beinahe ihr ganzes Leben im Flug und schlafen auch in der Luft.

154

Alpensegler

Tachymarptis melba — Segler

April–Sept

viel Weiß an Kehle, Unterseite braunes Brustband

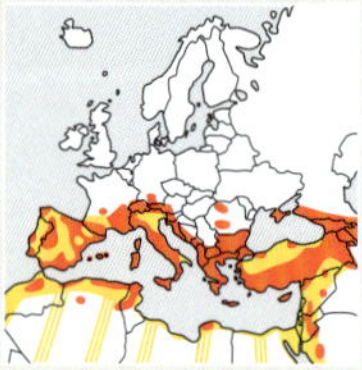

Wie der Mauersegler kann auch der Alpensegler mit seinen kleinen Füßen, die vier nach vorne gerichtete Zehen tragen, kaum laufen, sie geben ihm aber an senkrechten Strukturen Halt. Ursprüngliche Nistplätze sind Nischen und Spalten in steilen Felswänden.

MERKMALE 20–23 cm. Deutlich größer als Mauersegler sowie mit tieferen und langsameren Flügelschlägen und rasanterer Flugweise; erinnert noch mehr an Baumfalken. Ruft lang gezogen trillernd „tri ti-tititititi …".
VORKOMMEN Brütet an hohen Felswänden der Südalpen, auch an Gebäuden. In Mitteleuropa vor allem in der Schweiz und in Österreich.
BEOBACHTUNGSTIPP In Deutschland leben Alpensegler in mehreren Städten Südwestdeutschlands (z. B. in Freiburg im Breisgau). Dort nisten sie an hohen Gebäuden.

Der Mauersegler ist mit seiner Flügelform und Flugweise unverkennbar.

Der große Alpensegler fliegt mit deutlich langsameren Flügelschlägen als der Mauersegler.

155

Eisvogel
Alcedo atthis — Eisvögel

ganzjährig

Weibchen
rötliche Unterschnabelbasis

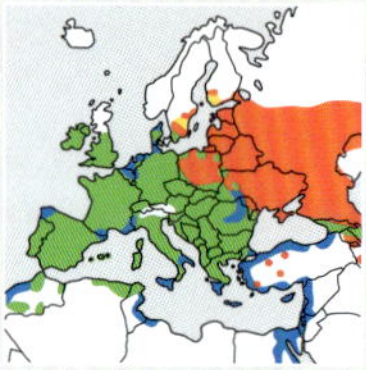

Wenn er still am Ufer wartet, kann der Eisvogel bei trübem Wetter trotz seiner prächtigen Farben leicht übersehen werden. Erst wenn er pfeilschnell knapp über dem Wasser vorbeifliegt, fällt das Türkisblau der Oberseite auf. Eisvögel graben für ihre Brut eine knapp 1 m lange Röhre mit geräumiger Nistkammer in Ufersteilwände.

MERKMALE 17–19,5 cm. Gedrungen mit großem Kopf und langem Schnabel. Überaus prächtige Gefiederfärbung. Schnabel des Männchens einheitlich schwärzlich. Im Jugendkleid Gefieder weniger glänzend und Füße grau. Ruft hoch und durchdringend pfeifend „tjieht" oder „tsieht". **VORKOMMEN** An klaren Bächen und Flüssen mit ausreichendem Angebot an kleinen Schwarmfischen; außerhalb der Brutzeit auch an sehr kleinen Gewässern sowie an der Meeresküste. Mitteleuropäische Eisvögel sind Teilzieher, die Vögel aus Nordeuropa jedoch echte Zugvögel.

156

Bienenfresser
Merops apiaster — Spinte

Mai–Sept

Jungvogel
grünliche Oberseite

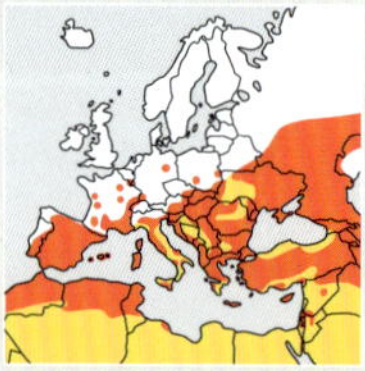

Bienenfresser fliegen mit gefangenen Bienen und Wespen zu ihrem Ansitz, reiben das Hinterende des Beutetieres mit dem Schnabel an der Unterlage und drücken so das Gift aus dem Giftapparat heraus. Für die Brut und Jungenaufzucht graben die koloniebrütenden Vögel rund 1,5 m lange Höhlen in Steilwände.

MERKMALE 25–29 cm. Langer, leicht gebogener Schnabel, kurze Schwanzspieße, überragen das Schwanzende etwas. Überaus prächtige Gefiederfärbung. Flugweise sehr elegant und wendig, Flugjagd nach Insekten, häufig eingeschobene Gleitstrecken. Ruft weich, flüssig rollend „prüt" oder „krück", oft mehrfach wiederholt. **VORKOMMEN** In offener, reich strukturierter und im Sommerhalbjahr warmer Landschaft mit höheren Büschen oder Bäumen als Ansitzwarten.

Der türkisfarbene Eisvogel fällt oft erst auf, wenn er knapp über dem Wasser vorbeifliegt.

Der auffällig bunte Bienenfresser fliegt sehr elegant und wendig, mit Gleitstrecken.

157 Wendehals

Jynx torquilla — Spechte

April–Sept

Schwanz gebändert

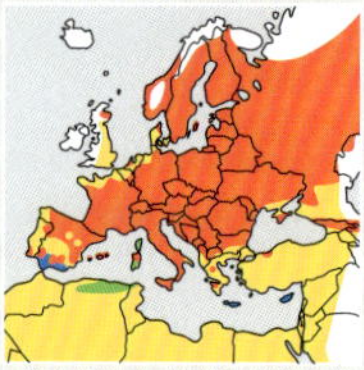

Der Wendehals klettert nicht wie Spechte an Baumstämmen, sondern sitzt wie ein Singvogel auf Ästen. Er trommelt auch nicht. Meist wird man auf den zurückgezogen lebenden Vogel erst durch den Reviergesang, ein anschwellendes, quäkendes „Gjä gjä-gjä-gjä…“ aufmerksam.

MERKMALE 16–18 cm. Rindenfarbenes Tarnkleid, erinnert an Ziegenmelker; ohne spechttypische Merkmale wie Stützschwanz und starken Meißelschnabel. Fliegt ähnlich Singvögeln schnell und in flachen Bögen. Ruft bei Gefahr hart „teck“.
VORKOMMEN In offenen Wäldern und in abwechslungsreicher Kulturlandschaft mit sonnigen Stellen, auf denen Ameisen leben, sowie mit gutem Angebot an Baumhöhlen für die Brut. Lebt gerne in Streuobstbeständen, Feldgehölzen, Weinbergen und Parks mit altem Baumbestand.

158 Schwarzspecht

Dryocopus martius — Spechte

ganzjährig

Hals und Schwanz lang

Im Februar hallen die kräftigen Trommelwirbel des Schwarzspechtes durch den Wald. Die Schlagfolge ist recht langsam, die Wirbel dauern rund 2–3 Sekunden. Im Frühjahr hört man auch den Reviergesang, ein lautes, wild lachendes „Kwikwikwikwi“.

MERKMALE 40–46 cm. Größter europäischer Specht, fast krähengroß. Gefieder schwarz, Männchen mit kräftig rotem Scheitel. Flugweise geradlinig mit unregelmäßigen, flatternden Flügelschlägen. Ruft im Flug weit hörbar „prrü-prrü-prrü…“, nach der Landung „kliöööh“.
VORKOMMEN In Nadel und Mischwäldern mit Beständen von alten Buchen oder Kiefern, manchmal auch in großen, ruhigen Stadtparks.
SCHON GEWUSST? Für die Brut und Jungenaufzucht zimmern Schwarzspechte jährlich eine neue, oft hoch gelegene Höhle in meist über 80-jährige Bäume.

Der Wendehals hüpft häufig am Boden, wo er seine Nahrung (Ameisen) sucht.

Der große Schwarzspecht fliegt geradlinig mit unregelmäßigen Flügelschlägen.

159

Grünspecht
Picus viridis — Spechte

ganzjährig

kräftig gelber Bürzel

Der laute, volltönend lachende Reviergesang des Grünspechts bleibt im Verlauf der Strophe auf gleicher Tonhöhe. Für die Brut und Jungenaufzucht übernimmt der Grünspecht eine bereits vorhandene Höhle oder er zimmert sich eine eigene in morsches Laubholz.

MERKMALE 30–36 cm. Größer als Grauspecht und mit schwarzer Maske; Färbung insgesamt grüner; roter Scheitel. Schwarzer Bartstreif bei Männchen auch innen rot. Ruft im Flug hart „kjückjückjückjück“.
VORKOMMEN Weniger streng an Wald gebunden als Grauspecht; meist in offenen Lebensräumen und in stark aufgelockerten Wäldern, vorwiegend alter Laubwald; auch in Obstgärten und Parks. Iberiengrünspecht auf der Iberischen Halbinsel.
BEOBACHTUNGSTIPP Der Grünspecht hält sich oft am Boden auf. Bei einer Störung fliegt er weit weg.

160

Grauspecht
Picus canus — Spechte

ganzjährig

äußere Schwanzfedern ohne Bänderung

Grauspechte hämmern ihre Bruthöhle gerne in morsche Laubbäume, seltener in Kiefern. Gelegentlich übernehmen sie fremde Baumhöhlen. Ihr leicht nachzupfeifender Reviergesang ist eine abfallende Reihe aus „gü“-Lauten, die mitunter auch von Weibchen zu hören sind. Die Trommelwirbel dauern rund 2 Sekunden.

MERKMALE 27–32 cm. Deutlich größer und etwas langschwänziger als Buntspecht, Kopf und Hals sowie Unterseite grau, Rücken und Schwanz olivgrün; Männchen mit rotem Vorderscheitel, Augen dunkel, nicht hell. Kontaktruf „kjü“.
VORKOMMEN In aufgelockerten, strukturreichen Laub- und Mischwäldern, vor allem mit vielen Buchen und Eichen; besonders in Auwäldern, aber auch in Streuobstgebieten und Parks. Auch in Nadelwäldern der Gebirge bis in 1300 m Höhe.

Der Grünspecht, hier ein Weibchen, sucht am Boden nach Ameisen.

Der Grauspecht fällt vor allem durch seinen leicht nachzupfeifenden Gesang auf.

161

Dreizehenspecht
Picoides tridactylus — Spechte

ganzjährig

Rücken mit viel Weiß

Dreizehenspechte hacken Löcherreihen in die Rinde von Fichten („Ringeln“) und besuchen diese Stellen regelmäßig, um den Baumsaft zu trinken. Im April und Mai hört man die kräftigen Trommelwirbel. Sie sind länger als beim Buntspecht. Männchen und Weibchen zimmern jedes Jahr eine neue Höhle, meist in eine abgestorbene oder sterbende Fichte. Der Dreizehenspecht besitzt nur drei Zehen, eine weist nach hinten.

MERKMALE 21,5–24 cm. Kopf und Flügel auffallend dunkel. Rücken bei der nordischen Unterart ungebändert weiß, bei der mitteleuropäischen dunkel gebändert. Scheitel bei Männchen blass goldgelb. Ruft weich „kjük“.
VORKOMMEN In naturnahen Fichtenwäldern und Mischwäldern mit hohem Anteil sterbender und toter Fichten. In Deutschland nur in den Alpen, im Bayerischen Wald, im Böhmerwald und im Schwarzwald.

162

Weißrückenspecht
Dendrocopos leucotos — Spechte

ganzjährig

Flügeldecken schwarz-weiß gebändert

Der Trommelwirbel des Weißrückenspechts ist viel länger als beim Buntspecht. Er dauert rund 1,6 Sekunden, zum Ende hin wird die Schlagfolge schneller und schwächer. Männchen und Weibchen schlagen für die Brut und Jungenaufzucht eine Höhle mit hoch ovalem Eingang in morsches Laubholz.

MERKMALE 25–28 cm. Größer und kräftiger als Buntspecht und mit deutlich längerem Schnabel, Flügeldecken gebändert; Unterschwanzdecken hellrot. Männchen mit rotem Scheitel. Bürzel und Rücken weiß. Ruft weicher als Buntspecht, „kjük“ oder „gük“.
VORKOMMEN In urwaldartigen Laub- und Mischwäldern mit hohem Anteil an absterbenden und toten Bäumen, vor allem in Bergwäldern und in Waldgebieten an Gewässern. In Mitteleuropa nur in den Alpen, im Bayerischen Wald und im Böhmerwald.

Der Dreizehenspecht lebt recht heimlich, verrät sich aber durch Hackgeräusche.

Der Weißrückenspecht ist der größte heimische schwarz-weiß-rote Specht.

163

Buntspecht
Dendrocopos major — Spechte

ganzjährig

Männchen mit rotem Hinterkopffleck

Für die Bearbeitung von Tannenzapfen erweitert der Buntspecht mit kräftigen Schnabelhieben natürliche Spalten in Bäumen und passt den Zapfen dort ein („Spechtschmiede"). Sein Trommelwirbel ist relativ kurz (0,5–0,7 Sekunden), die Frequenz seiner Schlagfolge ist aber sehr hoch. Sie nimmt zum Ende hin noch zu und endet ziemlich abrupt. Buntspechte zimmern jedes Jahr eine neue Höhle, vorwiegend in kranke Nadel- und Laubbäume. So schaffen sie Wohnraum für Höhlenbrüter wie Meisen, Trauerschnäpper und Sperlingskauz.

MERKMALE 23–26 cm. Der weitaus häufigste Specht Europas mit großen weißen Schulterflecken, ungemusterten Flanken und kräftig roten Unterschwanzdecken. Männchen mit rotem Fleck am Hinterkopf. Bei Jungvögeln gesamter Scheitel rot. Ruft häufig hart „kick", bei Erregung gereiht. **VORKOMMEN** In fast allen Waldtypen, gerne in naturnahen Eichen-Hainbuchen-Wäldern, aber auch in Parks und in Gärten mit Laub- oder Nadelbäumen.

164

Blutspecht
Dendrocopos syriacus — Spechte

ganzjährig

kaum Weiß auf den äußeren Schwanzfedern

Blutspechte schlagen ihre Bruthöhlen meist 2–4 m hoch in einem Baumstamm (gerne Obstbaum, Walnuss, Robinie). Im Unterschied zum Buntspecht füttert der Blutspecht die Jungen häufig mit Früchten. Altvögel ernähren sich ähnlich dem Buntspecht von holzbewohnenden Insekten und deren Larven, verzehren aber das ganze Jahr über Früchte und Nüsse. Der Trommelwirbel ist länger als beim Buntspecht. Buntspecht. Er ist weicher und klingt eher wie „kück".

MERKMALE 23–25 cm. Sehr ähnlich dem Buntspecht, aber Unterseite, Kopf und Halsseiten heller, Steiß eher rosafarben. Ruft weicher, weniger metallisch, klingt eher wie „kück". **VORKOMMEN** In locker bis spärlich bewaldeter Landschaft mit Alleen, Hainen und Parks, daneben auch in Dörfern, Friedhöfen und Gärten; in Mitteleuropa meist in Weinbergen und Obstgärten.

Der Buntspecht, der häufigste Specht, fällt durch seine weißen Schulterflecken auf.

Der Blutspecht zeigt viel weniger Weiß auf den Schwanzseiten als der Buntspecht.

165

Mittelspecht
Dendrocoptes medius — Spechte

ganzjährig

Männchen und Weibchen roter Scheitel

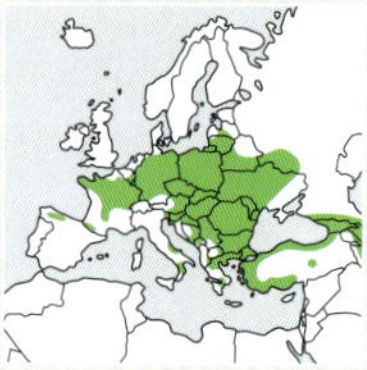

Der Reviergesang des Mittelspechts, ein nasal klagendes „gähk gähk gähk", erinnert etwas an einen Greifvogel. Der Mittelspecht trommelt nur selten, die Dauer der schwachen Wirbel beträgt rund 2–3 Sekunden.

MERKMALE 19,5–22 cm. Etwas kleiner als Buntspecht, mit deutlich kürzerem und schwächerem Schnabel und rundlicherem Kopf, rotem Scheitel, ähnlich dem Jugendkleid des Buntspechtes.
VORKOMMEN In Laubwäldern, vor allem Eichen-Hainbuchen-Wälder mit altem Baumbestand, auch in naturnaher Hartholzaue und in extensiven Obstgärten.
BEOBACHTUNGSTIPP Nicht selten kann man beobachten, wie der Mittelspecht an dünneren Ästen Nahrung sucht. Mit seinem relativ kleinen Schnabel bearbeitet er vorwiegend die Rinde der Bäume.

166

Kleinspecht
Dryobates minor — Spechte

ganzjährig

wirkt im Flug kompakt und singvogelartig

Im Frühjahr hört man oft die langen, gleichmäßigen Trommelwirbel des Kleinspechts. Sie dauern jeweils 1,2–1,6 Sekunden und klingen heller als beim Buntspecht. Der Reviergesang, ein hohes, durchdringendes „kie-kie-kie…", erinnert an Turmfalkenrufe. Männchen und Weibchen hacken gemeinsam eine Bruthöhle meist in den schwachen Seitenast eines Laubbaums. Das Schlupfloch liegt nicht selten an der Astunterseite.

MERKMALE 14–16,5 cm. Kleinster Specht Europas, kaum größer als ein Kleiber und mit kurzem Schnabel. Oberseite schwarz mit weißer Bänderung. Männchen mit rotem Scheitel, Weibchen ohne Rot im Gefieder.
VORKOMMEN In Laub- und Mischwald mit vielen alten Bäumen und Totholz, besonders in Ufergehölzen und Auwäldern mit alten Weiden und Pappeln; gebietsweise in Parks und Obstgärten.

Der Mittelspecht ist deutlich kleiner und hat viel mehr Weiß am Kopf als der Buntspecht.

Den unauffälligen Kleinspecht verrät meist seine Stimme.

167 Schleiereule

Tyto alba — Schleiereulen | ganzjährig

nistet meist in Gebäuden

Schleiereulen kommen nur dann richtig in Brutstimmung, wenn es genügend Wühlmäuse gibt. In Jahren mit geringer Mäusedichte fallen die Bruten nicht selten ganz aus, bei reichlichem Nahrungsangebot dagegen finden regelmäßig Zweitbruten statt. Im Winter bei hoher Schneelage verhungern viele Schleiereulen.

MERKMALE 33–39 cm. Schlanke, hochbeinige Eule mit herzförmig weißem Gesichtsschleier und dunklen, recht kleinen Augen. Wirkt im Flug sehr hell.
VORKOMMEN In offenem, abwechslungsreichem Kulturland, gerne an Siedlungsrändern. Brütet meist in ruhigen Kirchtürmen und Scheunen, oft in Nistkästen.
BEOBACHTUNGSTIPP Am Brutplatz fällt die Schleiereule nachts oft durch ihre ungewöhnlich schnarchenden, zischenden, keuchenden und kreischenden Laute auf.

168 Zwergohreule

Otus scops — Eulen | April–Sept

Zugvogel
Flügel relativ lang und schlank

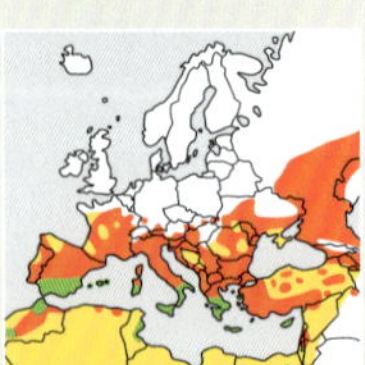

Zwergohreulen nisten in Baumhöhlen, gelegentlich auch in Gebäudenischen und Mauerlöchern sowie in Nistkästen. In den Siedlungen des Mittelmeerraumes hört man ab Einbruch der Dunkelheit oft ihren monotonen Reviergesang – Reihen tief pfeifender „dju"-Laute, die an die Rufe der Geburtshelferkröte erinnern.

MERKMALE 19–21 cm. Kleine, schlanke Eule mit sehr fein gezeichnetem, rindenfarbigem Tarngefieder, gelben Augen und dicken Federohren.
VORKOMMEN In trockener, abwechslungsreicher Kulturlandschaft mit extensiver Nutzung und vielen Großinsekten, die als Nahrung dienen; häufig in Olivenhainen, Weinbrgen und Obstgärten, aber auch in Gärten und Parks. Einzelne singende Männchen fast alljährlich in warmen Gegenden Süddeutschlands. Überwintert in Afrika.

Die Schleiereule wirkt im Flug sehr hell, dunkle Abzeichen fehlen völlig.

Die rindenfarbige Zwergohreule ist in ihrem Tagesversteck kaum zu entdecken.

169

Waldohreule
Asio otus — Eulen

ganzjährig

Jungvogel Ansätze von Federohren

Waldohreulen brüten meist in alten Krähen- oder Elsternnestern, manchmal auch in einem Eichhörnchenkobel oder Greifvogelhorst. Der Reviergesang des Männchens ist ein gedämpftes „uh". Die Standortrufe der Ästlinge sind hoch und klagend „piii-e". Sie weisen den futterbringenden Altvögeln den Weg zu ihren Jungen.

MERKMALE 31–37 cm. Gefieder baumrindenfarbig, orangerote Augen, lange, aufrichtbare Federohren, die oft aber angelegt sind. Im Flug ähnlich der Sumpfohreule, diese jedoch mit gelben Augen und längeren Flügeln mit dunkler Spitze. Ruft bei Gefahr scharf krächzend „uäkuäk-uäk".
VORKOMMEN An Waldrändern, in lichten Nadel- und Mischwäldern, Feldgehölzen sowie größeren Parks und Friedhöfen. Jagt nach Wühlmäusen in offener, niedrig bewachsener Landschaft. Waldohreulen bilden im Winter nicht selten Schlafgemeinschaften von 20–30 Vögeln, manchmal auch in Parks oder größeren Gärten.

170

Sumpfohreule
Asio flammeus — Eulen

ganzjährig

Jungvogel
schwarzes Gesicht, kaum sichtbare Federohren

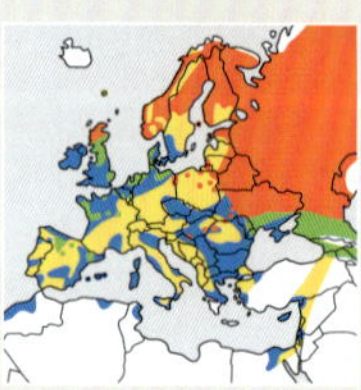

Das Sumpfohreulen-Männchen singt oft im hohen Flug ein tief und gedämpft klingendes „Bu-bu-bu-bu-bu…". Immer wieder hört man knatternde Flügelgeräusche.

MERKMALE 33–40 cm. Hervorragende Tarnung am Boden. Federohren kurz, meist nicht sichtbar. Tief ausholende Flügelschläge und gaukelnde Flugweise erinnern etwas an Weihen. Ruft heiser, krächzend „tschie-ef", bei Gefahr rau „tschef-tschef-tschef".
VORKOMMEN Auf Verlandungsflächen, in Mooren, Heide- und Dünengelände sowie in der Tundra. In Mitteleuropa lokal und selten, meist auf dem Durchzug zu sehen, im Norden häufiger.
BEOBACHTUNGSTIPP Sumpfohreulen kann man im Gegensatz zu anderen Eulen auch bei Tageslicht auf der Jagd beobachten. Häufig jagen sie morgens und abends.

Die Waldohreule fliegt gelegentlich tagsüber, ihre langen Federohren legt sie dann an.

Die Sumpfohreule fliegt meist tagsüber, die dunklen Flügelspitzen sind typisch.

171

Uhu

Bubo bubo — Eulen

ganzjährig

Jungvogel
helles Gesicht

Der Reviergesang des lautlosen Jägers – ein weittragendes, aber trotzdem eher gedämpftes „buho"– hat dem Uhu zu seinem Namen verholfen. Im Oktober beginnt die Herbstbalz, bei der auch die Paarbildung erfolgt, die Frühjahrsbalz setzt meist im Februar ein. Als Brutplatz dient oft eine geschützte Nische in einer störungsfreien Felswand oder im Steilabbruch einer Kiesgrube.

MERKMALE 59–73 cm. Größte Eule der Welt. Untersetzte Gestalt mit dickem Kopf mit großen Federohren sowie orangegelben Augen. Fliegt kraftvoll mit recht flachen Flügelschlägen.
VORKOMMEN Vorwiegend in Wald- und Bergland mit Felswänden oder anderen Steilhängen; heute nach zahlreichen Aussetzungsaktionen in den meisten Teilen Deutschlands wieder heimisch. Erbeutet häufig Mäuse, Ratten, Igel, Krähen und Elstern sowie andere Eulen.

172

Schneeeule

Bubo scandiacus — Eulen

ganzjährig

Weibchen
Gefieder schwärzlich gefleckt und gebändert

In Skandinavien wählen die Schneeeulen ihre Brutplätze meist auf einem mit Zwergsträuchern bewachsenen Plateau im Hochfjäll. Gute Rundumsicht, Schutz vor Wind und schnelle Schneeschmelze im Frühjahr sind besonders wichtig. Der Reviergesang des Männchens klingt möwenartig „hoor", der Alarmruf quäkend, ähnlich der Stockente.

MERKMALE 53–65 cm. Fast uhugroß, weißes oder überwiegend weißes Gefieder, leuchtend gelbe Augen. Männchen bis auf ein paar schwarze Flecken auf den Flügeln vollständig weiß. Lange, recht spitze Flügel erinnern etwas an einen Greifvogel. Quäkender Alarmruf.
VORKOMMEN In Tundra- und Fjällgebieten; treten nur bei hoher Dichte ihrer Hauptbeutetiere – Lemminge – zahlreicher auf. In manchen Jahren weite Wanderungen bis nach Südskandinavien, ausnahmsweise bis in den Norden Mitteleuropas, weiter südlich nur äußerst selten.

Der Uhu, die größte Eule, fliegt mit kraftvollen, flachen Flügelschlägen, ähnlich dem Bussard.

Die tagaktive Schneeeule lebt in der Tundra, sie fliegt mit kraftvollen Flügelschlägen.

173

Waldkauz

Strix aluco — Eulen

ganzjährig

Jungvogel
hell, auch im Gesicht
Gefieder gebändert

Zur Erzeugung von nachhaltiger Gruselstimmung verwendet man in Kriminalfilmen häufig den Reviergesang des Männchens, ein schauriges „huuu huhu-hu-huu". Die Brut findet meist in einer geräumigen Baumhöhle, seltener in einem Nistkasten statt. Mitunter ziehen die Käuze ihre Jungen auch in einer Kirchturmnische auf.

MERKMALE 37–43 cm. Kräftig gebaut und relativ kurzschwänzig, großer, runder Kopf mit schwarzen Augen. Tarnfarbenes Gefieder in zwei Färbungsvarianten: einer eher grauen und einer rotbraunen Variante. Im Flug gedrungen, Flügel kurz und gerundet. Weibchen rufen scharf „kju-wick", bei Gefahr schnell „wick-wick-wick …".
VORKOMMEN In älteren Laub- und Mischwäldern, in Dörfern, Stadtparks und Friedhöfen mit großen Laubbäumen. Im Gebirge bis Buchenwaldgrenze. Beutetiere sind vorwiegend kleine Säugetiere und Vögel.

174

Habichtskauz

Strix uralensis — Eulen

ganzjährig

Jungvogel
größer und dunkler als
Waldkauz-Ästlinge

Der Habichtskauz ist in Horstnähe ausgesprochen gefährlich. Leidenschaftlich verteidigt er seine Brut. Man sollte sich daher schleunigst aus dem Nestbereich zurückziehen und bei Attacken des Kauzes vor allem die Augen schützen. Der Reviergesang des Männchens klingt tief heulend: „wuhu wuhu owuhu".

MERKMALE 50–59 cm. Größer und langschwänziger als Waldkauz, Augen verhältnismäßig kleiner, Färbung eher hellgrau. Erinnert im Flug an Mäusebussard, fliegt aber mit viel tieferen Flügelschlägen und ist langschwänziger.
VORKOMMEN In abwechslungsreichen Mischwäldern mit hohem Altholzanteil sowie Freiflächen für die Beutejagd; gebietsweise auch in reinen Buchenwäldern. In Nordeuropa in aufgelockerten Nadelwäldern mit Mooren oder Kahlschlägen. Seit 1989 lebt eine kleinere eingebürgerte Population im Nationalpark Bayerischer Wald.

Der Waldkauz wirkt im Flug gedrungen– durch breite Flügel und kurzen Schwanz.

Der langschwänzige Habichtskauz fliegt lautlos und mit ausholenden Flügelschlägen.

175

Bartkauz

Strix nebulosa — Eulen

ganzjährig

Jungvogel
dunkles Gesicht

Bartkäuze brüten meist in alten Greifvogelhorsten von Habicht oder Mäusebussard. Ab März hört man in der Dunkelheit den dumpfen, pumpenden, schwer zu ortenden Reviergesang des Männchens: „bwo-bwo-bwo…".

MERKMALE 59–68 cm. Fast so groß wie ein Uhu, aber nur halb so schwer. Großer Kopf mit fast rundem Gesichtsschleier aus schmalen, konzentrischen, dunklen Linien; kleine, stechend gelbe Augen. Im Flug helles Flügelfeld und langer Schwanz mit breiter dunkler Endbinde.
VORKOMMEN In aufgelockerten Nadelwäldern, von Mooren und Lichtungen durchzogen, oder an Kahlschläge grenzend. Nur bei Mäusemangel Wanderungen von mehreren Hundert Kilometern. Sehr seltener Brutvogel im Bialowieser Urwald in Ostpolen und Weißrussland.
SCHON GEWUSST? Ihren Brutplatz verteidigen Bartkäuze furchtlos und greifen dabei auch Menschen an.

176

Raufußkauz

Aegolius funereus — Eulen

ganzjährig

Jungvogel
flauschig, einheitlich kaffeebraun

Raufußkäuze brüten vorwiegend in alten Schwarzspechthöhlen, aber heute wachsen auch viele Jungen in Nistkästen auf; darin stapeln sich oft Mäuse und Spitzmäuse. Der nächtliche Reviergesang des Männchens ist weit zu hören, ein pfeifendes, anschwellendes „bu-bu-bu-bu-bu-bu…". Weibchen rufen eichhörnchenähnlich „tschjäck".

MERKMALE 22–27 cm. Großer Kopf mit markantem, schwarz umrandetem Schleier und gelben, erstaunt blickenden Augen. Oberseite dunkelbraun mit weißen Flecken übersät. Fliegt in gerader, nicht wie der Sperlingskauz bogenförmiger Flugbahn.
VORKOMMEN In nordischen Nadelwäldern, vor allem mit hohem Anteil an Fichten. In Mitteleuropa vorwiegend in älteren Nadelwäldern der Alpen und Mittelgebirge sowie in Forsten des Tieflandes mit Altholzbeständen.

Der Bartkauz ist eine sehr große Eule mit großem Kopf und fast rundem Gesichtsschleier.

Der rein nachtaktive Raufußkauz scheint immer etwas erstaunt zu gucken.

177

Steinkauz

Athene noctua — Eulen

ganzjährig

Jungvogel
dunkler Kopf
Scheitel ungefleckt

Der scharfe, etwas abfallende Ruf des Steinkauzes, „kuwitt“ oder „quitt“, wurde früher oft als „komm mit“ interpretiert und als Aufforderung für kranke Menschen verstanden, in den Tod zu folgen.

MERKMALE 23–27,5 cm. Kleine, kurzschwänzige Eule mit breitem und flachem Kopf. Mürrischer Gesichtsausdruck durch große gelbe Augen und weiße Überaugenstreifen. Oberseite braun mit weißen Tupfen.
VORKOMMEN In abwechslungsreicher, offener Landschaft mit extensiv genutzten Wiesen und Weiden, gerne in Streuobstflächen und Gebieten mit Kopfweiden, in Weinbergen und an naturnahen Dorfrändern.
BEOBACHTUNGSTIPP Der Steinkauz steht häufig auch tagsüber auf Zaunpfählen, Masten und anderen Warten. Er brütet in Kopfweiden und in dicken, ausgefaulten Ästen alter Obstbäume in unbewaldeten Tieflagen.

178

Sperlingskauz

Glaucidium passerinum — Eulen

ganzjährig

Jungvogel
Kopf und Oberseite recht dunkel, kaum weiße Tüpfelung

Der Reviergesang des Männchens besteht aus gimpelähnlichen Pfeiftönen mit kürzeren, vibrierenden Zwischenlauten: „pjü üüü pjü üüü pjü üüü …“. Weibchen rufen dünn und hoch, ähnlich Rotkehlchen, aber energischer, „tsiieh“. Außerhalb der Brutzeit melden sich Männchen und Weibchen mit Herbstgesang – einer ansteigenden Reihe von Pfeiftönen („Tonleiter“).

MERKMALE 15–19 cm. Kleinste europäische Eule, relativ kleiner, flacher Kopf mit gelben Augen und kurzem Überaugenstreif, wirkt etwas koboldartig. Fliegt tief bogenförmig, ähnlich dem Buntspecht.
VORKOMMEN In aufgelockerten, hochstämmigen Nadel- und Mischwäldern mit Altbauminseln, häufig am Rand von kleinen Mooren und anderen Lichtungen. In Mitteleuropa meist in höheren Lagen des Berglandes, aber auch in Tieflandforsten. Brütet oft in alten Buntspechthöhlen.

Der Steinkauz wirkt im Flug kurzschwänzig, seine Flugbahn ist wellenförmig.

Der Sperlingskauz erinnert mit seinem tief wellenförmigen Flug an Spechte.

179

Sperbereule
Surnia ulula — Eulen

ganzjährig

Jungvogel
schwach gebänderte Unterseite, dunkler Augenbereich, weiße Wangenflecken

Die Sperbereule erinnert auch im Flug an einen Greifvogel. Sie fliegt schnell und geradlinig mit kurzen Gleitstrecken, rüttelt gelegentlich und vollführt vor dem Landen auf der Warte einen eleganten „Aufschwung". Oft steht sie hoch oben auf einem dürren Baum. Als Brutplatz dient meist eine Baumhöhle, manchmal auch ein alter Greifvogel- oder Krähenhorst. Sperbereulen greifen zum Schutz der Brut auch Menschen in beherzten Flugattacken an.

MERKMALE 35–43 cm. Langschwänzige Eule mit abgerundeten Flügeln und quer gebänderter Unterseite, erinnert mehr an einen Sperber als an eine Eule. Warnt gellend, turmfalkenähnlich „kwi-kwi-kwi …".
VORKOMMEN In aufgelockertem Nadel- und Fjällbirkenwald bis zur Baumgrenze – mit Mooren, Lichtungen und Kahlschlägen für die Mäusejagd.

180

Würgfalke
Falco cherrug — Falken

ganzjährig

Jungvogel
unterseits kräftiger gestreift und mit dunklerem Kopf, Füße graugrün

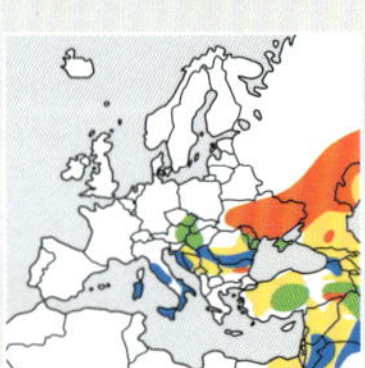

Der Würgfalke jagt von einem Ansitz aus, z. B. von einem Mast. Hat er ein geeignetes Beutetier entdeckt, pirscht er sich in niedrigem Flug heran, nutzt dabei Deckungsmöglichkeiten, stößt dann wie ein Habicht auf das Opfer zu. In Europa erbeutet er vorwiegend Ziesel, daneben auch Hamster, Wühlmäuse, Tauben und Hühner.

MERKMALE 47–55 cm. Altvögel mit gelblich brauner Oberseite und hellem Kopf, im Vergleich zum Wanderfalken längerer Schwanz, breitere, weniger spitze Flügel und langsamere Flügelschläge. In Horstnähe raues, klagendes „Kek-kek-kek-kek …".
VORKOMMEN Ursprünglich ein Steppenbewohner, jagt aber auch in trockenem, extensiv bewirtschaftetem Kulturland. Außerhalb der Brutzeit nicht selten an Gewässerufern und sogar am Meer. Hat im Jahr 2000 erstmals erfolgreich im östlichen Deutschland gebrütet.

Die tagaktive Sperbereule erinnert im Flug an einen Sperber oder Habicht.

Der Würgfalke fliegt mit vergleichsweise langsamen Flügelschlägen.

181 Wanderfalke
Falco peregrinus — Falken

ganzjährig

Jungvogel
Oberseite bräunlich
Unterseite gelbbraun
mit Längsstreifung

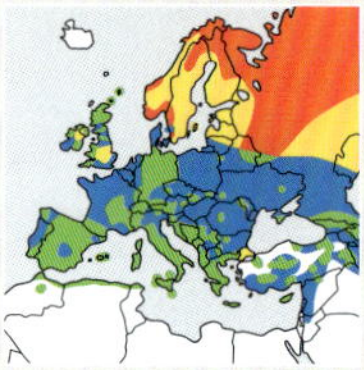

Wenn der Wanderfalke einen geeigneten Vogel entdeckt hat, beschleunigt er mit kräftigen Flügelschlägen und stößt dann mit angelegten Flügeln und hoher Geschwindigkeit (bis zu 200 km/h) auf seine Beute hinab. In Mitteleuropa brüten Wanderfalken in Nischen und Halbhöhlen von steilen Felsen und hohen Gebäuden.

MERKMALE 38–51 cm. Auffallend kräftig gebauter Falke mit langen, spitzen, an der Basis jedoch breiten Flügeln; Bartstreif breit und schwarz. Altvögel oberseits schiefergrau bis taubenblau, unterseits auf weißem Grund quer gebändert. Im Horstbereich klagende Rufreihen: „gjä gjä gjä …“, oft lang anhaltend.
VORKOMMEN In ganz unterschiedlichen Lebensräumen, meist im Hügel- und Bergland, aber auch in Heidegebieten, in ausgedehnten Mooren und an der Küste. Jagt im Winter oft an Gewässern.

182 Gerfalke
Falco rusticolus — Falken

ganzjährig

Jungvogel
Füße und Wachshaut
bläulich

Der Gerfalke bringt fliegende Beutetiere, z. B. Schneehühner, meist in rasanter, horizontaler Verfolgungsjagd, zur Strecke. Manchmal nutzt er auch geschickt die Geländestruktur als Deckung. Besonders im Winter rüttelt er gelegentlich über niedrigem Gebüsch, um die dort Schutz suchenden Schneehühner zum Auffliegen zu bringen.

MERKMALE 53–63 cm. Größter Falke, massiger Körper; im Vergleich zum Wanderfalken vor allem längere, breitere, weniger spitze Flügel, längerer Schwanz und ohne deutlichen Bartstreif. Gefieder oberseits meist graubraun bis hellschiefergrau. In Grönland ganz weiß. In Nestnähe raue Rufreihen „kräeh kräeh kräeh …“.
VORKOMMEN Offene Gebirgslandschaften und Tundra. Brütet oft an Klippen von Flusstälern. In Nordeuropa meist in der Birkenzone des Fjälls.

Der Wanderfalke wirkt auch im Flug sehr kräftig, die spitzen Flügel sind an der Basis breit.

Der Gerfalke, der größte Falke der Welt, zeigt im Flug relativ breite, stumpfe Flügel.

183

Baumfalke
Falco subbuteo — Falken

April–Okt

Jungvogel ohne rote „Hosen", Bartstreif noch undeutlich

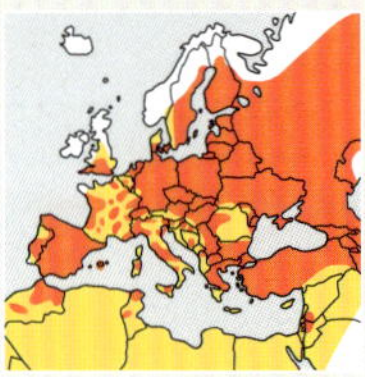

Der Baumfalke ist ein überaus rasanter und geschickter Luftjäger, der neben Vögeln gerne fliegende Insekten wie Käfer und Libellen fängt. Wegen der sichelförmigen Flügel erinnert das Flugbild an den viel kleineren Mauersegler. Baumfalken nisten in alten Krähennestern, gelegentlich auch in Nestern von Elstern und Ringeltauben, mitunter auch von Greifvögeln.

MERKMALE 29–35 cm. Im Vergleich zu Turmfalken kürzerer Schwanz, längere Flügel und viel rasantere Flugweise. Rote „Hosen" erst von Nahem zu erkennen. Während der Balz- und Brutzeit häufig durchdringende Rufreihen: „gjegjegjegje …".
VORKOMMEN Weitverbreitet, aber nirgends häufig. In abwechslungsreicher Waldlandschaft mit Heideflächen, Mooren und ausgedehnten Verlandungsbereichen. Überwintert im südlichen Afrika.

184

Rotfußfalke
Falco vespertinus — Falken

Mai–Okt

Jungvogel oberseits braun, Stirn und Kopfseiten weißlich

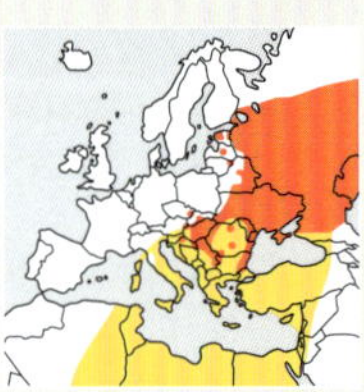

Rotfußfalken besetzen häufig Nester von Krähenvögeln, z. B. Saatkrähen und Elstern, und vertreiben dann oft kurzerhand die rechtmäßigen Besitzer. Sie brüten in Kolonien. In der Brutkolonie sind die Falken recht lautfreudig, die Rufreihen ähneln denen von Wendehals und Turmfalke: „gjä gjä gjä..." beziehungsweise „kikikiki …".

MERKMALE 28–34 cm. Männchen überwiegend dunkelschiefergrau mit roten „Hosen"; Weibchen (Flugbild) mit grauer, quer gebänderter Oberseite, Unterseite und Kopf rostgelblich. Flugweise weicher und weniger reißend als Baumfalke, rüttelt häufig.
VORKOMMEN In offener Landschaft – große Moore, Steppengebiete oder weite Flusstäler. Brütet in Auwaldbereichen, Gehölzstreifen oder kleinen Wäldchen. In Deutschland seltener, aber regelmäßiger Gast im Mai und im Spätsommer.

Der Baumfalke hat lange, spitze Flügel, im Flug erinnert er an den Mauersegler.

Der Rotfußfalke fliegt weniger rasant als der Baumfalke und rüttelt nicht selten.

185

Turmfalke

Falco tinnunculus — Falken

ganzjährig

Weibchen
Oberseite und Kopf bräunlich
Schwanz gebändert

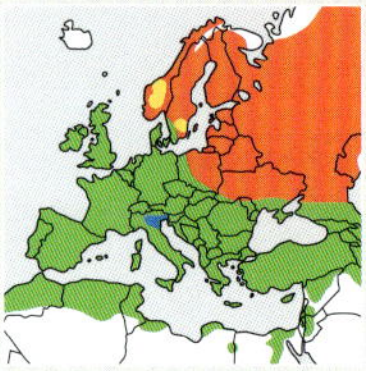

Die typische Jagdmethode des Turmfalken ist das energieaufwendige „Rütteln". Dabei scheint der Vogel an einem unsichtbaren Faden zu hängen. Der Kopf ist nach unten und gegen den Wind gerichtet, die Flügelbewegungen sind schnell und flatternd, der lange Schwanz ist gespreizt. Heute brüten die meisten Turmfalken in Siedlungen auf hohen Gebäuden, nicht selten auch in Nistkästen.

MERKMALE 31–37 cm. Kopf und Schwanz beim Männchen graublau, Flügeloberseite rotbraun mit schwarzer Fleckung, breite schwarze Schwanzendbinde im Flug auffallend. Besonders zur Brutzeit hohe, schnelle Rufreihen „kjikjikjikji …".
VORKOMMEN Häufig in der Kulturlandschaft, oft an Straßenrändern. In abwechslungsreicher Kulturlandschaft, in Moor- und Heidegebieten mit Bäumen und Krähennestern, im Hochgebirge Felsnischen für die Brut.

186

Merlin

Falco columbarius — Falken

Sept–April

Weibchen
Oberseite graubraun

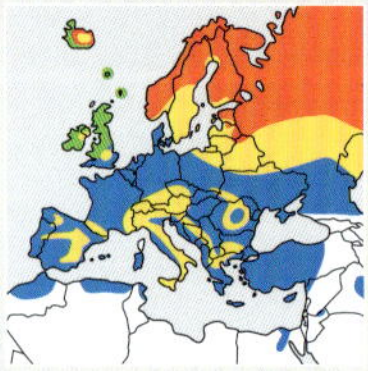

Wie der Sperber ist der Merlin ein Kleinvogeljäger, der seine Beutetiere in rasantem, horizontalem Verfolgungsflug fängt oder sie am Boden überrumpelt. Nicht selten scheucht er sie auch aus der Deckung von Hecken, um sie dann im offenen Gelände leichter zu fangen. Danach ruht er gern auf dem Boden.

MERKMALE 26–33 cm. Kleiner, kompakter Falke mit kurzen, spitzen Flügeln. Männchen oberseits blaugrau, unterseits orangefarben mit schwacher dunkler Strichelung. Am Brutplatz durchdringende, anschwellende Rufreihen: „ki-ki-kikikiki …", die des Weibchens etwas tiefer und langsamer.
VORKOMMEN In nordischen Birken- und Kiefernwäldern sowie in baumlosen Heiden und weiten Moorgebieten. Im Winterhalbjahr auch in Mitteleuropa, vorwiegend in küstennaher Landschaft.

Der Turmfalke, unserer häufigster Falke, rüttelt oft ausdauernd über offenem Land.

Der kleine Merlin ist ein Falke, der im rasanten Flug etwas an den Wanderfalken erinnert.

187 **Fischadler** | März–Okt

Pandion haliaetus — Fischadler

stürzt sich mit weit nach vorne gestreckten Fängen ins Wasser

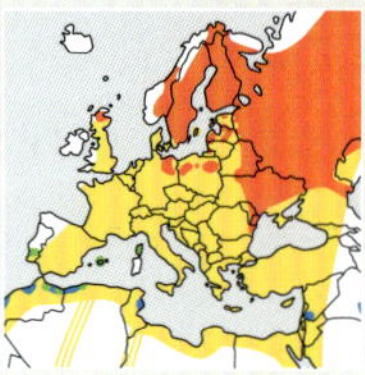

Auf der Jagd fliegt der Fischadler mit leichten, flachen Flügelschlägen über dem Gewässer. Er rüttelt häufig und steigt, wenn er eine passende Beute erspäht hat, in Stufen abwärts, bevor er sich im nächsten Augenblick ins Wasser stürzt. Der große Fischadlerhorst besteht aus Knüppeln und Zweigen. Häufig ist er auf einer alten Kiefer gebaut oder einem Strommasten.

MERKMALE 52–60 cm. Sehr helle Unterseite, schlanke, lange, häufig nach hinten gewinkelte Flügel. In Horstnähe melodische, klagende Rufreihen, variieren in Klangfarbe und Tempo, „djüpp-djüpp-djüpp …" oder mehr auf „i".
VORKOMMEN An klaren, fischreichen, bewaldeten Seen und größeren, langsam fließenden Flüssen sowie in Mündungsbereichen mit Brackwasser und stellenweise an der Meeresküste. Brütet in Deutschland fast ausschließlich an den großen Seen Mecklenburgs und Brandenburgs.

188 **Schlangenadler** | April–Sept

Circaetus gallicus— Habichtverwandte

rüttelt oft mit herabhängenden Beinen

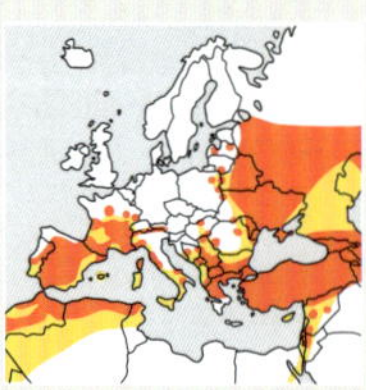

Bei der Jagd sucht der Schlangenadler schwebend und rüttelnd und oft mit herabhängenden Beinen den Boden nach Schlangen ab. Hat er eine Beute entdeckt, lässt er sich entweder wie an einem Fallschirm nieder oder stürzt mit halb angelegten Flügeln hinunter.

MERKMALE 62–69 cm. Großer, unterseits heller Greifvogel mit großem rundem Kopf und gelben Augen. Kopf und Brust meist dunkler. Zur Balzzeit laute, pfeifende Rufe, erinnern an Pirol.
VORKOMMEN Offene, abwechslungsreiche Landschaften mit Waldbereichen, extensivem Kulturland und reichlichem Reptilienvorkommen. In Deutschland nahezu alljährlicher Gast, besonders am Alpenrand. Europäische Schlangenadler ziehen im Herbst in die Akaziensteppen der Sahelzone.
BEOBACHTUNGSTIPP Im Flug lange breite Flügel, unterseits recht hell, aber ohne dunklen Bugfleck.

Der Fischadler hat nach hinten gewinkelte Flügel und eine dunkle Schwanzendbinde.

Der Schlangenadler fällt schon von Weitem durch seinen dicken, eulenartigen Kopf auf.

189

Rotmilan

Milvus milvus — Habichtverwandte

ganzjährig

Kopf hellgrau

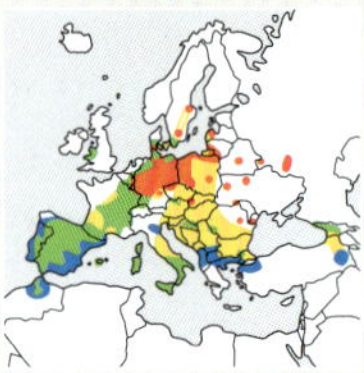

Der Rotmilan betätigt sich zwar auch als Aasvertilger, Abfallverwerter und Schmarotzer bei anderen Greifvögeln, fängt aber einen Großteil seiner Beutetiere selbst. Der Horst wird entweder selbst gebaut oder von Krähen oder Bussarden übernommen. In der Regel steht er in einem hohen Baum in Waldrandnähe.

MERKMALE 61–72 cm. Gefieder überwiegend fuchsrot, Auge mit gelber Iris. Sehr elegante Flugweise, lange, kontrastreiche Flügel, Schwanz tief gegabelt, wird häufig verdreht und kann bei starker Spreizung auch gerade abgeschnitten aussehen. Ruft im Frühjahr am Brutplatz pfeifend-klagende „wie-uh wie-uh-wie-uh-wie-uuh"-Reihen.
VORKOMMEN In abwechslungsreicher Landschaft mit offenen Flächen und lichten Laub- und Mischwäldern. Überwintert meist im Mittelmeerraum.

190

Schwarzmilan

Milvus migrans — Habichtverwandte

April–Sept

nur schwach gegabelter Schwanz

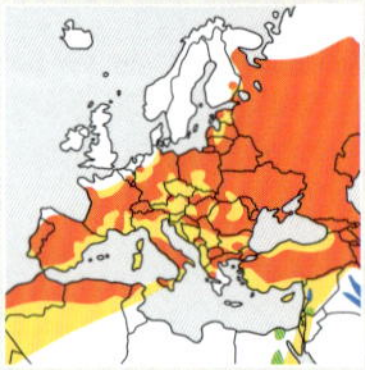

Auf der Suche nach toten Fischen fliegt der Schwarzmilan oft langsam und niedrig über Wasserflächen und am Ufer entlang. Nicht selten sieht man ihn auch an Müllkippen oder am Straßenrand. Im Normalflug hebt und senkt sich der Körper rhythmisch, was an Seeschwalben erinnert. Bei der Balz fliegen die Partner mit elastischen Flügelschlägen und laut rufend in Kreisbahnen nah beieinander.

MERKMALE 48–58 cm. Dunkler, mittelgroßer Greifvogel mit schlanken, langen Flügeln; größer und langflügeliger als Mäusebussard. Flugbild wirkt harmonisch. Ruft wiehernd-klagend „pie-iier".
VORKOMMEN In vielen, vor allem südlichen Ländern weitverbreitet und weltweit wohl der häufigste Greifvögel. In Mitteleuropa eher selten. In offenem Gelände mit zumindest einzelnen Bäumen, vor allem in der Nähe von Gewässern. Die Horstmulde enthält nicht selten Lumpen oder sogar Papierfetzen.

Der Rotmilan hat lange, kontrastreiche Flügel, seine Flugweise wirkt sehr elegant.

Der Schwarzmilan ist häufig am Wasser oder in Wassernähe zu beobachten.

191 Gänsegeier

Gyps fulvus — Habichtverwandte | Mai–Sept

Gefieder hell sandfarben

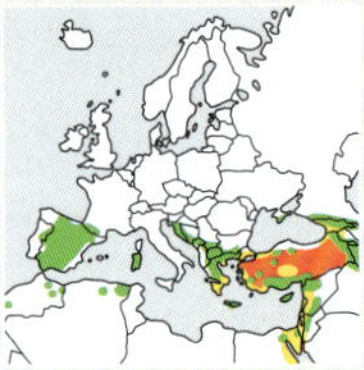

Die in den Hohen Tauern regelmäßig übersommernden Gänsegeier sind Nichtbrüter, die offensichtlich von den großen Beständen an Schafen und Jungkühen der Hochalmen angelockt werden. Gänsegeier verzehren Muskelfleisch und Eingeweide von frischtoten Tieren oder verwestes Fleisch. Haut, Sehnen und Knochen rühren sie nicht an.

MERKMALE 95–110 cm. Sehr groß, hellsandfarbenes Gefieder und dunkle Schwung- und Steuerfedern. Im Vergleich zum Steinadler größer und kurzschwänziger, langer Hals im Flug eingezogen; hält die Flügel leicht angehoben, häufig in Form eines flachen V. Am Aas grunzende, glucksende und auch keckernde Laute.
VORKOMMEN In trockenen Gebirgsgegenden mit steilen, Thermik erzeugenden Abhängen. In den Alpen Übersommerer aus den Balkanländern.

192 Bartgeier

Gypaetus barbatus — Habichtverwandte | ganzjährig

Jungvogel schwarzbrauner Kopf grauer Bauch

Für den Bartgeier ist das Vorkommen von großen Greifvögeln und von Großraubtieren wie Bär und Luchs von großer Bedeutung, denn er kann von deren Beuteresten profitieren. Nach bisher erfolgreicher Wiedereinbürgerung (erste Freilandbruten in den 1990er-Jahren) scheint sich der Bartgeier nach seiner Ausrottung langsam wieder im Alpenraum zu etablieren.

MERKMALE 105–125 cm. Sehr großer, lang gestreckter Greifvogel mit heller Unterseite und mehr oder weniger ausgeprägtem, rostrotem Anflug auf Unterseite und Kopf, der durch eisenhaltigen Sand entsteht. Im Flug langer, keilförmiger Schwanz und schmale, spitz zulaufende Flügel.
VORKOMMEN In stark zerklüfteten Gebirgsgegenden mit großen Huftierbeständen als Nahrungsbasis. In den Alpen wieder eingebürgert. Im Jahr 2021 wurden die ersten beiden Junggeier im Nationalpark Berchtesgaden ausgewildert.

Der Gänsegeier hat einen kurzen Schwanz, der Hals wird im Flug eingezogen.

Der Bartgeier hat lange, recht schmale Flügel und einen langen, keilförmigen Schwanz.

193 Mönchsgeier
Aegypius monachus — Habichtverwandte | ganzjährig

sehr groß und dunkel

Der imposante Mönchsgeier dominiert am Kadaver oft über die anderen Geier. Diese profitieren aber von seiner Anwesenheit, denn er kann mit seinem kräftigen Schnabel die Haut des toten Tieres durchtrennen und so den Weg zu Muskelfleisch und Innereien freimachen. Der kleinste und häufigste Geier Europas ist der *Schmutzgeier*, der ebenfalls in Südeuropa beheimatet ist.

MERKMALE 100–115 cm. Größter und dunkelster Geier Europas. Rechteckiger, dunenbedeckter Kopf mit zottiger Halskrause, bei Jungvögeln schwärzlich. Flügel von fast 3 m Spannweite mit langen „Fingern" werden beim Segeln waagerecht gehalten; Flugbild erinnert etwas an das des Seeadlers.
VORKOMMEN In trockenen Gebirgsgegenden mit mediterranen Nadel- oder Eichenwäldern und mit größeren Huftierbeständen wie Schafen.

195 Seeadler
Haliaeetus albicilla — Habichtverwandte | ganzjährig

Jungvogel
Schwanz, Kopf und Schnabel dunkel

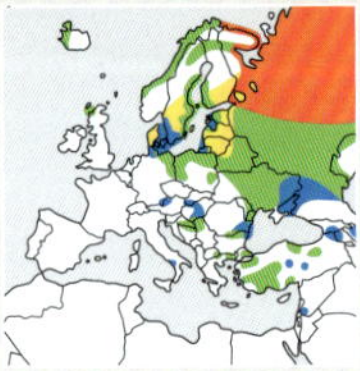

Der Seeadler fliegt bei der Jagd niedrig über dem Wasser, gleitet häufig und rüttelt mit schwerfälligen Flügelschlägen. Im Sommer verzehren mitteleuropäische Seeadler viele Fische, aber auch Vögel wie Blässhühner und Enten sowie verschiedene Säugetiere.

MERKMALE 76–92 cm. Größer als Steinadler und mit noch mächtigerem Schnabel. Altvögel mit kurzem weißem Schwanz und gelbem Schnabel. Im Flug sehr breite, stark gefingerte Flügel und kurzer, keilförmiger Schwanz. In Nestnähe laute, an Schwarzspecht erinnernde Rufe.
VORKOMMEN An großen, waldumstandenen Seen und Flüssen und an der steilen Meeresküste. In Deutschland fast ausschließlich im Nordosten, vor allem an der Müritz in Mecklenburg-Vorpommern.
BEOBACHTUNGSTIPP Altvögel fallen auf durch den kurzen weißen Schwanz und den gelben Schnabel.

Der riesige Mönchsgeier hält seine brettartigen Flügel beim Segeln waagrecht.

Der Seeadler zeigt sehr breite, brettartige Flügel und einen weit vorstehenden Kopf.

196 Steinadler

Aquila chrysaetos — Habichtverwandte | ganzjährig

Jungvogel (links) Schwanz weiß mit schwarzer Endbinde

Das Flugbild des Steinadlers wirkt durch den geschwungenen Flügelhinterrand harmonisch. Die Adler patrouillieren oft paarweise in niedriger Höhe an Berghängen und suchen ihr Revier nach Beutetieren ab. Dabei gelingt es oft dem hinterherfliegenden Adler, das vom Partner aufgeschreckte Beutetier zu überwältigen. Die Adler wählen für den Horst meist eine unzugängliche Stelle in einer Felswand, in Skandinavien auch auf sehr alten Kiefern.

MERKMALE 80–93 cm. Großer, sehr kräftiger Adler mit langen Flügeln und langem Schwanz; hält die Flügel im Segelflug in Form eines flachen Vs. Jungvögel mit auffälligen weißen Flügelabzeichen.
VORKOMMEN In Europa hauptsächlich in Gebirgsgegenden. In Nordeuropa haben gebietsweise auch viele waldbewohnende Populationen überlebt. Altvögel meist sehr standorttreu, während die Jungadler oft weit umherstreifen.

197 Kaiseradler

Aquila heliaca — Habichtverwandte | ganzjährig

Jungvogel überwiegend gelbbraun

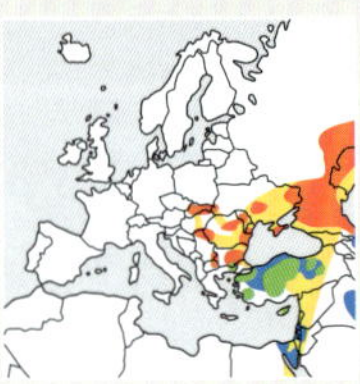

Wie der Seeadler hält auch der Kaiseradler beim Segeln die Flügel gerade. Beide Altvögel bauen einen großen Horst, der so gut wie immer auf einem hohen Baum steht. Der Kaiseradler ist ein spezialisierter Kleintierjäger, der vor allem Ziesel und Hamster schlägt, aber auch Vögel wie Fasane und Tauben sowie Amphibien und Reptilien.

MERKMALE 70–83 cm. Großer Adler mit weißen Schulterflecken. Im Vergleich zum Steinadler mit kürzerem Schwanz und weniger geschwungenen, daher eher brettartigen Flügeln (außer im Jugendkleid) und so im Flugbild dem Seeadler ähnlicher. Ruft oft tief bellend, erinnert etwas an Kolkrabe. Der ähnliche, etwas größere *Spanische Kaiseradler (Aquila adalberti)* ist ein seltener und bedrohter Brutvogel Spaniens.
VORKOMMEN In Waldsteppen und Steppen, aber nicht in höheren Gebirgslagen. Außerhalb der Brutzeit auch in völlig baumlosem Gelände.

Der Steinadler hat ein sehr harmonisches Flugbild mit langen Flügeln und langem Schwanz.

Der Kaiseradler zeigt im Flug ähnlich dem Seeadler lange, brettartige Flügel.

198

Schreiadler

Clanga pomarina — Habichtverwandte

April–Sept

Jungvogel
rostgelber Nackenfleck, weiße Flecken auf den Flügeln

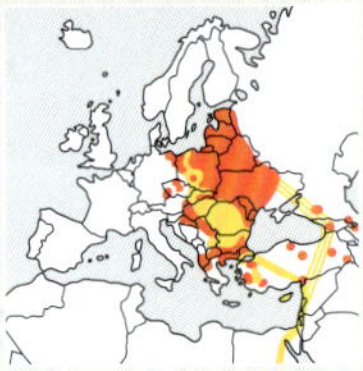

Schreiadlerpaare sind sich oft lebenslang treu und halten an ihrem Brutrevier jahrelang fest. Der Horst, von beiden Altvögeln erbaut, steht meist im unteren Kronenbereich eines alten Baumes, als Unterlage dient nicht selten ein alter Milan- oder Bussardhorst. Häufig legen die Adler frische Zweige in die Nestmulde.

MERKMALE 55–65 cm. Recht kleiner, überwiegend brauner Adler mit bussardähnlichem Kopf. Wirkt im Flug nur unwesentlich größer als Mäusebussard, aber adlerartig durch gleichmäßig breite Flügel. Ruffreudiger Adler, laute „jück"-Rufreihen zur Brutzeit.
VORKOMMEN In ursprünglichen Laub- und Mischwäldern mit eingestreuten Feuchtgebieten wie Mooren, großen Lichtungen und nassen Wiesen für die Beutejagd. Überwintert in Ostafrika südlich des Äquators. In Deutschland seltener Brutvogel im Nordosten.

199

Schelladler

Clanga clanga — Habichtverwandte

März–Okt

Jungvogel
Oberseite wegen der weißen Deckfedernspitzen viel heller

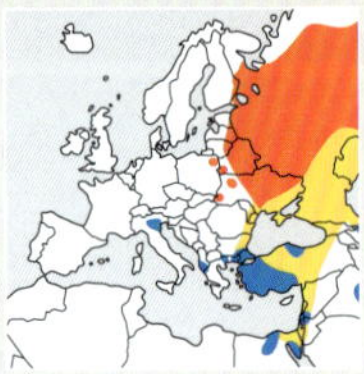

Ende März oder im April kehren die seltenen Adler an ihre osteuropäischen Brutplätze zurück und vollführen zunächst Schauflüge mit häufigen „Abstürzen" und großer Rufaktivität: Der Horst wird meist in einem alten Laub- oder Nadelbaum in rund 8–12 m Höhe errichtet. Bevorzugte Horststandorte sind feuchte Wälder, ein gutes Stück vom Waldrand entfernt.

MERKMALE 59–69 cm. Kaum größer als Schreiadler, wirkt aber wegen des dunklen Gefieders oft deutlich größer. Unterflügeldecken dunkler als Schwungfedern (beim Schreiadler umgekehrt). Zur Brutzeit oft bellende „kjäk"-Reihen – etwas tiefer als beim Schreiadler.
VORKOMMEN Meist in Feuchtgebieten des Tieflandes, gerne in alten Auwäldern mit Gewässern, nassen Wiesen und Mooren in der Nähe. Brütet gebietsweise auch in offenen Bergwäldern bis in 1000 m Höhe.

Der Schreiadler ist kaum größer als ein Bussard, hat aber adlerartige Flügel.

Der Schelladler hat dunkle Unterflügeldecken, die Schwungfedern sind etwas heller.

200 Zwergadler

Hieraaetus pennatus — Habichtverwandte | April–Sept

dunkle Variante

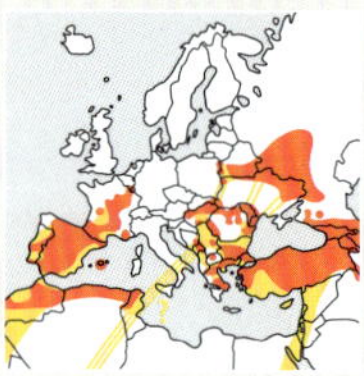

Zur Balz- und Brutzeit hört man von Zwergadlern häufig durchdringende, schnelle, an- und absteigende Rufreihen „wi-wi-jükjükjük …“, die etwas an Watvögel, vor allem an Rotschenkel, erinnern. Die Adler brüten auf Bäumen, gebietsweise auch auf Felsen. Beide Partner, die in Dauerehe leben, bauen den Horst oder sie übernehmen ihn von anderen Großvögeln wie Greifvögeln oder Reihern.

MERKMALE 42–51 cm. Im Flug ähnlich Mäusebussard, wirkt aber adlerartiger. Zwei Farbvarianten: eine häufigere helle mit weißlicher Unterseite und dunklen Schwungfedern und eine seltenere dunkle Variante mit überwiegend dunkler Unterseite.
VORKOMMEN In alten, lichten Laub- und Mischwäldern in bergiger Landschaft mit anschließenden offenen, buschreichen Gebieten für die Beutejagd. Überwintert in den Savannen südlich der Sahara.

201 Rohrweihe

Circus aeruginosus — Habichtverwandte | März–Okt

Weibchen
überwiegend dunkelbraun
gelbliche Kopfplatte

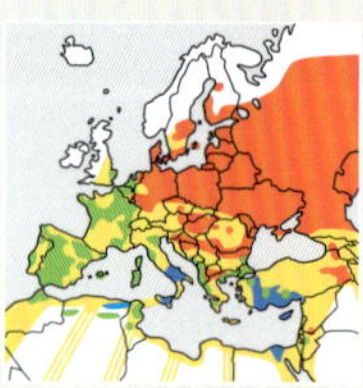

Rohrweihen fliegen häufig langsam gaukelnd über Schilfflächen. Sie suchen auch über offenem Kulturland Nahrung, jedoch erbeuten sie im Vergleich zu den anderen Weihen vorwiegend Tiere der Feuchtgebiete. Nachdem das Männchen mehrere Nestplattformen gebaut hat, wählt das Weibchen eine als endgültigen Neststandort aus. Das Nest steht oft im höchsten und dichtesten Bereich des Röhrichts.

MERKMALE 43–55 cm. Fast so groß wie Mäusebussard, aber schlanker, langschwänziger und mit schmaleren Flügeln. Männchen recht bunt mit grauem Schwanz und dreifarbiger Oberseite. Balzruf des Männchens nasal-klagend „kwi-ää“, erinnert an Kiebitz. Weibchen rufen bei drohender Gefahr gackernd „tschek-ek-ek“.
VORKOMMEN In ausgedehnten Schilfbeständen an Seen und Flüssen des Flachlandes, brütet gelegentlich auch in Getreide- oder Rapsfeldern.

Der Zwergadler erinnert im Flug an den Mäusebussard, wirkt aber adlerartiger.

Die Rohrweihe ist bussardähnlich, hat aber schmalere, oft V-förmig angehobene Flügel.

202

Wiesenweihe

Circus pygargus — Habichtverwandte

April–Sept

Weibchen wirkt schlanker als Kornweihe

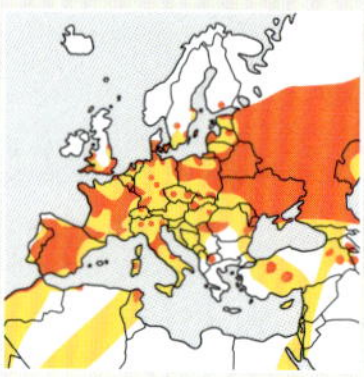

Die langen, schmalen Flügel und die elegante Flugweise der Wiesenweihe ähneln besonders beim Männchen den Seeschwalben und Möwen, weniger anderen Greifvögeln. Gleich nach der Ankunft im Brutrevier unternimmt das Männchen girlandenförmige Balzflüge in größerer Höhe.

MERKMALE 39–50 cm. Noch schlanker als die sonst ähnliche Kornweihe, wirkt im Flug beinahe „schlaksig". Männchen oberseits mit schwarzem Flügelband. Männchen der *Steppenweihe (Circus macrourus)* aus den östlichen Steppen vor allem auf der Unterseite auffällig hell, Schwarz der Flügelspitzen keilförmig, erinnert stark an Möwen.
VORKOMMEN In weiten Feuchtgebieten, gerne Verlandungszonen mit nicht zu hoher Vegetation und in feuchten Heidegebieten; brütet zunehmend auch auf Kulturland, beispielsweise Getreidefeldern. Überwintert in Afrika.

204

Kornweihe

Circus cyaneus — Habichtverwandte

ganzjährig

Weibchen eulenartiger Gesichtsschleier

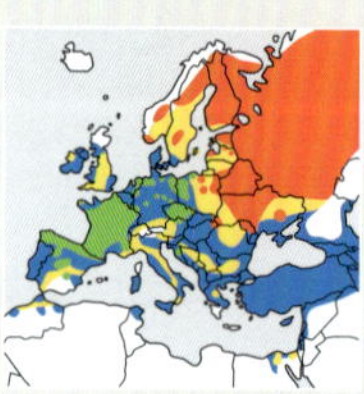

Kornweihen sind Mäusejäger, die bei ungünstiger Witterung auf Kleinvögel ausweichen. In vielen Gebieten ist die Feldmaus wichtigstes Beutetier. Neststandort ist eine geschützte Stelle am Boden mit höherem Bewuchs. Wie bei den anderen Weihen übernimmt das Männchen anfangs die Fütterung der Familie, dafür versorgt das Weibchen die Jungen nach dem Verlassen des Nestes allein.

MERKMALE 42–55 cm. Kompakter gebaut als Wiesenweihe. Männchen mit überwiegend blaugrauem Gefieder und breiter schwarzer Flügelspitze. Weibchen mit breitem weißem Bürzelfleck. Männchen rufen während des Balzfluges schnell keckernd „tschek-ik-ik-ik ...".
VORKOMMEN In Moor- und Heideflächen, Buschland, Verlandungszonen und in Küstendünen; brütet gebietsweise auch in Getreidefeldern.

Die schlanke Wiesenweihe erinnert in ihrer Flugweise an Möwen und Seeschwalben.

Die Kornweihe ist in Mitteleuropa regelmäßiger Wintergast im Offenland.

205

Habicht

Accipiter gentilis — Habichtverwandte

ganzjährig

Jungvogel
Unterseite auf gelblichem Grund tropfenartig gefleckt

Bereits im Spätwinter unternehmen die Partner eines Brutpaares Schauflüge – mit langsamen Flügelschlägen und gesträubten weißen Unterschwanzfedern. Dabei hört man lange Folgen von ungeduldig klingenden „gik-gik-gik"-Rufen. Jungvögel rufen hoch und heiser „psiie".

MERKMALE 49–64 cm. Große Habichtsweibchen sind gut bussardgroß, Männchen viel kleiner. Im Vergleich zum Sperber langsamere Flügelschläge und etwas längerer Schwanz. Unterseite bei Altvögeln quer gebändert.
VORKOMMEN In abwechslungsreichen Waldgebieten mit ruhigen Altholzbeständen. Zur Zugzeit auch an der Küste. Jungvögel wandern oft weit.
SCHON GEWUSST? Die Habicht-Männchen sind kaum größer als ein großes Sperber-Weibchen, jedoch rund doppelt so schwer. Daher ist auch das Beutespektrum unterschiedlich; häufig sind Drosseln, und Eichelhäher.

206

Sperber

Accipiter nisus — Habichtverwandte

ganzjährig

Jungvogel
Oberseite braun

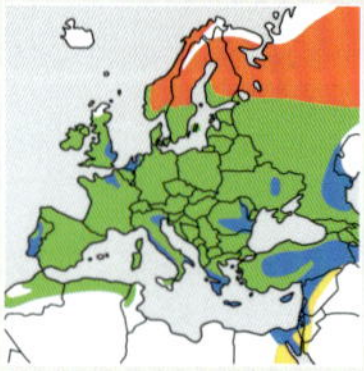

Der Sperber ist ein draufgängerischer und wendiger Kleinvogeljäger. Besonders im Winter sieht man Sperber auch in Städten und Dörfern jagen, denn dort versprechen die vielen Vogelfütterungen reiche Beute: Meist Vögel bis Drosselgröße, Weibchen schlagen sogar Ringeltauben.

MERKMALE 29–41 cm. Kleiner Greifvogel mit langem Schwanz und relativ breiten Flügeln. Weibchen fast doppelt so schwer wie Männchen. Weibchen mit bräunlich grauer, Männchen mit blaugrauer Oberseite. In Nestnähe schnelle, hohe „kjik-kjik-kjik"-Reihen.
VORKOMMEN In reich strukturierter Landschaft, gerne Nadel- und Mischwald mit großen Lichtungen, auch in kleinen Feldgehölzen und selbst in den größeren Parks und Friedhöfen der Städte.
SCHON GEWUSST? Die Sperber-Weibchen sind größer und fast doppelt so schwer wie die Männchen.

Der Habicht ähnelt im Flugbild dem Sperber, jedoch sind Hals und Schwanz länger.

Der Sperber fliegt mit Serien von raschen Flügelschlägen und kurzen Gleitstrecken.

207 Wespenbussard

Pernis apivorus — Habichtverwandte

Mai–Sept

Männchen
Jungvogel

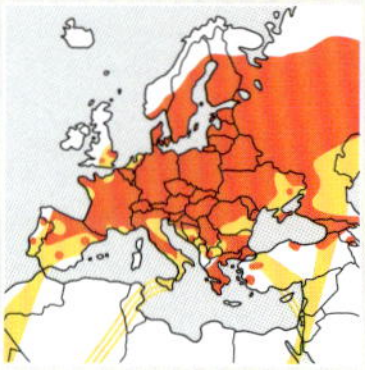

Zur Nahrungssuche fliegt der Wespenbussard oft an sonnigen Waldrändern oder Hecken entlang und achtet auf ein- und ausfliegende Insekten. Mit den langen und schmalen Krallen seiner Scharrfüße gräbt er Wespen- und Bienennester aus, um die sehr nahrhaften Larven zu verzehren.

MERKMALE 52–59 cm. Schlanker, bussardähnlicher Greifvogel mit taubenartigem Kopf, vor allem auf der Unterseite ungewöhnlich variabel gefärbt. Im Flug schmalere Flügel als Mäusebussard, Schwanz länger und schmaler mit zwei deutlichen Binden und einer breiteren Endbinde. Ruft melodisch, gedehnt „wii-luu" oder auch „wi-wi-lu".
VORKOMMEN In ausgedehnten, abwechslungsreichen Wäldern mit Altholzbereichen, Lichtungen, Wiesen und Waldrändern. Ausgeprägter Langstreckenzieher, überwintert im südlichen Afrika.

208 Mäusebussard

Buteo buteo — Habichtverwandte

ganzjährig

heller Mäusebussard

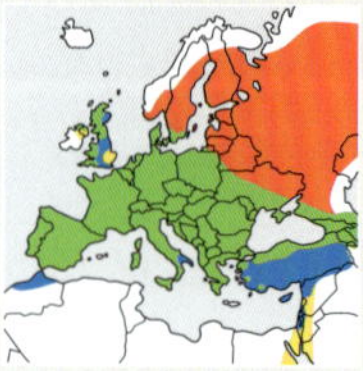

Mäusebussarde sind spezialisierte Kleinsäugerjäger, die vor allem Wühlmäuse, aber auch Waldmäuse, Spitzmäuse sowie junge Hasen und Kaninchen erbeuten; gelegentlich fangen sie auch Eidechsen, Blindschleichen oder Lurche. Im Winter sind tote Hasen und andere Verkehrsopfer entlang der Straßen wichtig.

MERKMALE 46–58 cm. Lange und breite Flügel, breite Kopf- und Halspartie und ziemlich kurzer Schwanz. Gefiederfärbung sehr variabel – von einheitlich schwarzbraun bis fast weiß – mit vielen Übergängen. Vielfach ein helles Brustband. Ruft weit hörbar, klingt klagend-miauend „hiiäh". Wird vom Eichelhäher häufig imitiert.
VORKOMMEN In ganz unterschiedlichen Landschaften, sofern wenigstens Waldinseln für die Horstanlage und offenes, nicht zu hoch bewachsenes Gelände für die Beutejagd vorhanden sind.

Der Wespenbussard hat schmalere Flügel und ist langschwänziger als der Mäusebussard.

Der Mäusebussard hat lange, breite Flügel und einen recht kurzen Schwanz.

209 Raufußbussard

Buteo lagopus — Habichtverwandte

Okt–April

Jungvogel
Brust gestrichelt

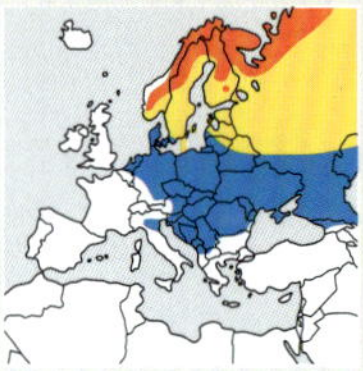

Die Bestandsdichte hängt wie beim Mäusebussard stark vom Angebot an Kleinsäugern ab, vor allem an Lemmingen. Im Brutgebiet sind Lemminge und andere Wühlmäuse die Hauptbeutetiere, daneben spielen auch junge Schneehasen und Hühnerküken eine Rolle. Die Winterernährung entspricht der des Mäusebussards.

MERKMALE 49–59 cm. Wie beim Mäusebussard sehr unterschiedliche Gefiederfärbung, jedoch stets mit weißer Schwanzbasis. Männchen meist mit 3–4 Schwanzbinden, Weibchen mit nur 1–2. Rüttelt viel häufiger als Mäusebussard.

VORKOMMEN Brütet in Skandinavien vor allem in der Übergangszone zwischen Fjällbirkenwald und Kahlfjäll, seltener in nordischen Wäldern mit altem, schütterem Nadel- und Mischwald. Im Winterhalbjahr oft im Norden Mitteleuropas.

210 Adlerbussard

Buteo rufinus — Habichtverwandte

März–Sept

Schwanz bei Altvögeln
oberseits ungebändert

Bei der Nahrungssuche fliegen Adlerbussarde oft über trockenen Feldern und rütteln häufig. Nicht selten stehen sie auf einem Leitungsmast und halten nach Kleintieren Ausschau. Wichtige Beutetiere sind Ziesel, Hamster, Wühl- und Rennmäuse, manchmal stehen auch Eidechsen und Insekten auf dem Speiseplan.

MERKMALE 51–62 cm. Größter und am meisten adlerartig wirkender Bussard. In Zeichnung und Färbung sehr unterschiedlich, Kopf, Hals und Schwanz jedoch meist hell rostfarben. Im Flug lange Flügel und markanter dunkler Bugfleck.

VORKOMMEN In trockenen Steppen und Halbwüsten. In Südosteuropa in waldreichen Landschaften mit Felsen für die Nestanlage und offenen Bereichen für die Beutejagd. Brütet in Mitteleuropa nur in Ostungarn regelmäßig, die erste dort bekannte Brut fand 1992 statt.

Der Raufußbussard wirkt im Flug eleganter als der Mäusebussard und rüttelt häufiger.

Der Adlerbussard ist der größte Bussard, er wirkt auch am meisten adlerartig.

211 Moorschneehuhn

Lagopus lagopus — Fasanenverwandte | ganzjährig

Schottisches Moorschneehuhn ganzjährig braun

Besonders im Frühjahr hört man die lauten und nasal gackernden Lautfolgen des Männchens, an die oft ein raues, mehrfach wiederholtes „Kobäh" angehängt wird. Während des Balzfluges startet der Hahn mit burrenden Flügelschlägen, nach einer Weile segelt er dann mit steif gehaltenen Flügeln und gespreizten Steuerfedern über dem Brutrevier.

MERKMALE 35–43 cm. Im Vergleich zum Alpenschneehuhn etwas größer, mit gröberem Schnabel; dunkle Gefiederanteile eher rotbraun als braungrau. Im Winter fast reinweiß. Unterart der Britischen Inseln (scoticus) in allen Kleidern einheitlich rostbraun, auch im Winter.
VORKOMMEN Charakterart nordischer Fjällbirkenwälder und Moore sowie in der Tundra. Wandert im Winter oft in dichtere Birkenwälder und lockeren Nadelwald. Im Winter manchmal zusammen mit dem Alpenschneehuhn.

213 Alpenschneehuhn

Lagopus muta — Fasanenverwandte | ganzjährig

Männchen im Winter

Vor allem die Männchen des Alpenschneehuhns rufen beim Auffliegen und während des Schaufluges tief und trocken knarrend „arr-arr-ka-karr", worauf ein ratterndes „rrrrrrr k k k k k kk" folgt. Die Hühner sind nicht besonders scheu und lassen den vorsichtigen Beobachter oft recht nah herankommen. Sie ernähren sich vor allem von Knospen und Beeren der Zwergsträucher.

MERKMALE 31–35 cm. Je nach Jahreszeit und Geschlecht sehr unterschiedlich gefärbt. Im Winter bis auf schwarze Steuerfedern und (beim Männchen) schwarzen Zügelstreif reinweiß.
VORKOMMEN In den Hochlagen der Gebirge und in steinigen Tundragebieten bis hinab zum Meeresniveau; lebt in Mitteleuropa oberhalb der Baumgrenze, an reich strukturierten Hängen mit felsigen Matten und Steinhalden. Im Winter oft im Bereich der Baumgrenze.

Das Moorschneehuhn hat wie das Alpenschneehuhn stets ganz weiße Flügel.

Das Alpenschneehuhn unternimmt im Frühjahr eindrucksvolle Schauflüge.

214 Birkhuhn

Lyrurus tetrix — Fasanenverwandte

ganzjährig

Weibchen
braun, stark gebändert

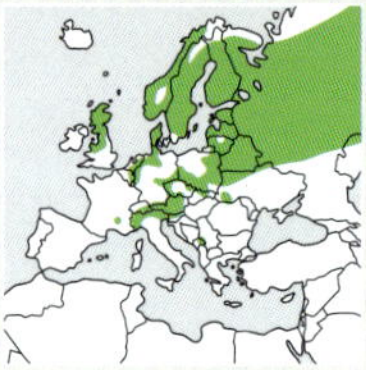

Die Gemeinschaftsbalz der Birkhühner findet ab Ende Februar auf Mooren, zugefrorenen Seen und anderen Freiflächen statt. Die Hähne umkreisen sich in geduckter Haltung und mit gefächertem Schwanz; sie balzen mit an- und abschwellendem „Kullern", oft unterbrochen von einem zischend-fauchenden „Tschuüsch".

MERKMALE 40–58 cm. Männchen mit sichelförmig nach außen gebogenen Steuerfedern („Spielhahnfedern"). Weibchen im Vergleich zur größeren und schwereren Auerhenne mit kürzerem, gekerbtem Schwanz, viel helleren Unterflügeln und graubraunem Gefieder.
VORKOMMEN In weiten Moor- und Heidelandschaften mit Baumgruppen sowie auf Kahlschlag- und Waldbrandflächen; in Mitteleuropa fast ausschließlich in den Alpen im Bereich der Baumgrenze, wo es in Zwerstrauchheiden und in Krüppelholzgeständen lebt. In Nordeuropa auch in offenen Wäldern mit Lichtungen, kleinen See und Mooren.

215 Auerhuhn

Tetrao urogallus — Fasanenverwandte

ganzjährig

Weibchen
rostroter Brustfleck

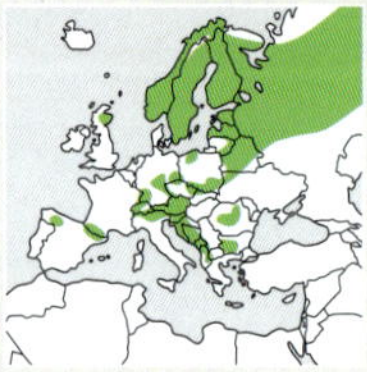

Die polternden Abfluggeräusche eines kurz vor dem Beobachter startenden Auerhahns können Wanderern einen gehörigen Schreck einjagen. Ab März findet die imposante Balz statt. Dabei nehmen die Hähne die bekannte Imponierhaltung ein; während der Balzstrophen äußern sie merkwürdige schleifende, wetzende, knallende und glucksende Laute. Für das Gelege scharrt das Weibchen eine flache Mulde. Auch um die Bebrütung und das Führen der Jungen kümmert sich das Weibchen alleine.

MERKMALE 54–90 cm. Männchen fast truthahngroß. Weibchen ähnlich Birkhenne, aber mit einfarbig rostrotem Vorderhals- und Brustfleck.
VORKOMMEN Ursprünglich in der lichten Taiga Sibiriens, in Mitteleuropa in alten, ruhigen Nadel- und Mischwäldern mit Mooren und anderen Freiflächen. Heute nur noch Restbestände in einigen Mittelgebirgen und im Alpenraum.

Der Birkhahn ist unverkennbar, im Flug zeigt er viel Weiß auf den Flügeln.

Der Auerhahn fällt vor allem durch seine Größe auf, er ist fast truthahngroß.

216

Haselhuhn

Tetrastes bonasia — Fasanenverwandte

ganzjährig

Weibchen
helle Kehle

Das Haselhuhn ist überwiegend ein Bodenvogel, steht aber auch in Sträuchern und Bäumen und läuft auch auf Ästen. Es flüchtet, wenn man es überrascht, bereits früh und fliegt meist hoch in einen dichten Nadelbaum, sodass man nur das typische Flügelburren mitbekommt. Fast das ganze Jahr über hört man den Gesang des Männchens, ein sehr hohes, rhythmisches Pfeifen.

MERKMALE 34–39 cm. Gedrungenes, kleines Huhn mit tarnfarbenem Gefieder und relativ langem Schwanz mit breiter, dunkler Endbinde. Kehle beim Männchen schwarz mit weißer Einrahmung.

VORKOMMEN In unterholzreichen, reich strukturierten Misch- und Nadelwäldern, besonders an dicht ewachsenen Fluss- und Bachufern mit Beeren und kätzchentragenden Sträuchern. In Mitteleuropa ist das Haselhuhn bis auf den Alpenraum und einige Mittelgebirge verschwunden.

217

Wachtel

Coturnix coturnix — Fasanenverwandte

Mai–Okt

lange Flügel,
spitzer Schwanz

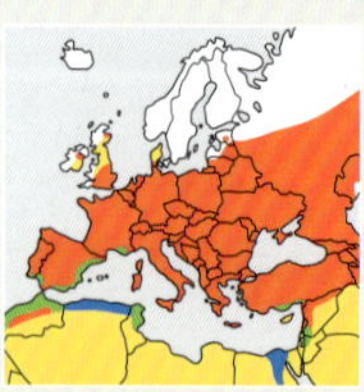

Wegen der überaus zurückgezogenen Lebensweise bekommt man die Wachtel kaum zu Gesicht, aber man hört sie häufig und zu jeder Tageszeit. Der Reviergesang des Männchens ist eine „pick-werwick"-Folge.

MERKMALE 16–18 cm. Kleinstes Huhn Europas, nur stargroß, wirkt fast schwanzlos. Gefieder tarnfarben gelbbraun, oberseits stark dunkel gemustert. Männchen mit schwarzer Kehlmitte.

VORKOMMEN In der offenen, warmen Feldflur mit Wintergetreide, hochgrasigen Wiesen, Klee- und Luzernefeldern oder verkrauteten Brachflächen. Langstreckenzieher, überwintert in Afrika.

SCHON GEWUSST? Die Wachtel ist der einzige Langstreckenzieher unter den europäischen Hühnern; sie zieht nach Afrika und kehrt erst im Mai zurück.

Das Haselhuhn lebt versteckt im Unterholz, beim Auffliegen hört man burrende Flügelgeräusche.

Die Wachtel, das kleinste europäische Huhn, fliegt kraftvoll mit schnellen Flügelschlägen.

218

Steinhuhn

Alectoris graeca — Fasanenverwandte

ganzjährig

Kehle weiß
Steuerfedern rotbraun

Steinhühner sind rein europäische Hühnervögel und leben in den reich strukturierten und unübersichtlichen alpinen Lebensräumen. Meist sind sie nur schwer zu entdecken. Sie drücken sich geschickt oder entfernen sich ungesehen „zu Fuß". Die Männchen balzen im Frühjahr mit mehrfach wiederholten „tschitti ti-tok"-Reihen.

MERKMALE 33–36 cm. Vom sehr ähnlichen südosteuropäischen Chukarhuhn (*Alectoris chukar*, lokal in den Alpen eingebürgert) vor allem durch den schmalen deutlichen Überaugenstreif (statt breiten, undeutlichen) und die weiße (statt gelblich weiße) Kehlfärbung unterschieden. Ruft beim Abflug oft rau, schrill und gepresst „pitschi-pitschi-pitschi witu".
VORKOMMEN An sonnigen, oft steilen Hängen mit felsigem und steinigem Untergrund mit vielen Zwergsträuchern in etwa 1500–2000 m Höhe. Sehr selten.

220

Rothuhn

Alectoris rufa — Fasanenverwandte

ganzjährig

kleines, weißes Kehlfeld

Noch im 19. Jahrhundert war das Rothuhn im Südwesten Deutschlands Brutvogel. Das Männchen wählt den Neststandort aus und scharrt an einer geschützten Stelle eine flache Mulde für das Gelege. Bei der Bebrütung des Geleges hilft es ebenfalls mit. Es singt rau und heiser „gotschek gotschek-tschek…". Auf den Britischen Inseln wurde die Art als Jagdwild eingebürgert.

MERKMALE 32–35 cm. Von Stein- und Chucarhuhn durch das kleine, weiße Kehlfeld und das breite, schwarz gefleckte Halsband unterschieden; wirkt insgesamt mehr braun. Ruft bei Störung oft seeschwalbenartig „tschrie-ech", sonst häufig rau „tschok-tschokorrr".
VORKOMMEN In offener, trockener, strukturreicher Landschaft mit niedrigen Büschen und Flächen mit kurzem Gras oder fast ohne Bewuchs für die Nahrungssuche; oft auf extensivem Kulturland.

Das Steinhuhn, seltener, scheuer Bewohner der Alpen, ist nicht leicht zu beobachten.

Das Rothuhn erinnert stark an das Stein- und Chukarhuhn, ist aber insgesamt brauner.

221

Rebhuhn

Perdix perdix — Fasanenverwandte

ganzjährig

Steuerfedern rostrot

Rebhühner bilden außerhalb der Brutzeit Familientrupps, die sich in harten Wintern oft zu größeren Verbänden zusammenschließen. In Mitteleuropa ist es weitverbreitet und war früher ein häufiger Brutvogel in der Feldflur. Es hat aber durch Intensivierung der Landbewirtschaftung fast überall sehr stark abgenommen.

MERKMALE 28–32 cm. Kleines, kompakt gebautes Huhn mit kurzem Schwanz und rundlichem Kopf. Gefieder ist überwiegend grau, Gesicht orange-braun. Dunkler, hufeisenförmiger Bauchfleck bei Weibchen schwächer ausgeprägt. Fliegt meist dicht über dem Boden, rostrote Steuerfedern oft auffallend. Der Reviergesang, ein heiseres, scharfes „girreck", wird meist vom Männchen vorgetragen.
VORKOMMEN In offener, trockener Kulturlandschaft des Tieflandes mit Brachland, Ackerrainen, Hochstaudenbereichen, Gräben und Hecken.

222

Jagdfasan

Phasianus colchicus — Fasanenverwandte

ganzjährig

Weibchen
Flanken dunkel gefleckt
langer Schwanz

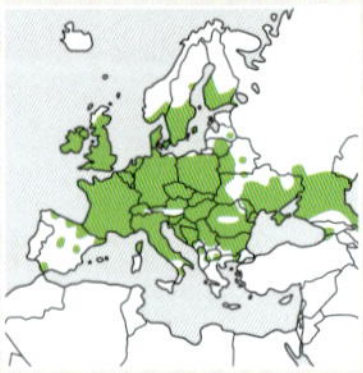

Seit Jahrhunderten wurden Vögel verschiedener Unterarten in weiten Teilen Europas ausgesetzt und haben vielerorts frei lebende Bestände gebildet. Allerdings können die Wärme liebenden Hühner (besonders die Küken) nicht überall ihre Bestände selbstständig erhalten, sondern werden durch Zufütterung und Aussetzungen von Volierenvögeln gestützt, um sie als Jagdwild nutzen zu können.

MERKMALE 55–90 cm. Männchen auffallend bunt mit „überlangem" Schwanz, Weibchen kleiner, etwas kurzschwänziger und mit tarnfarbenem Gefieder. Ruft im Flug oft hart und heiser „äch" oder „gögök". Reviergesang laut, explosiv „koh-krok", darauf ein Flügelburren.
VORKOMMEN Überwiegend asiatische Art, in Europa ursprünglich nur in Transkaukasien. Heute meist in der Kulturlandschaft und in Parks.

Das Rebhuhn lebt in offener Kulturlandschaft, es fliegt meist dicht über dem Boden.

Der scheue Jagdfasan ist trotz seines bunten Gefieders nur schwer zu beobachten.

223

Rohrdommel
Botaurus stellaris — Reiher

ganzjährig

wirkt im Flug gedrungen und eulenartig

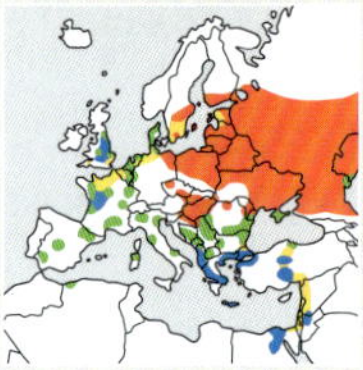

Rohrdommeln verraten sich erst durch den nebelhornartigen Reviergesang des Männchens. Sie leben sehr versteckt im Schilf und klettern dort langsam und schleichend. Bei Gefahr erstarren sie in einer senkrechten Haltung mit Kopf und Schnabel nach oben gereckt (Pfahlstellung). Sie verstärken die Tarnwirkung noch, indem sie sich im Rhythmus des schwankenden Schilfs seitlich hin und her bewegen.

MERKMALE 69–81 cm. Schilffarbener, untersetzter Reiher; erinnert im Flug etwas an eine Eule. Im Frühjahr dumpfes, in Abständen wiederholtes „uwuump", oft weit zu hören. Ruft im Flug rau „krau" – ähnlich dem Bellen eines Fuchses.
VORKOMMEN In ausgedehnten Schilfbeständen an Seeufern und in Sumpfgebieten. Überwintert zum Teil in Süd- und Westeuropa, oft im Brutgebiet. Manche Rohrdommeln verbringen den Winter auch in Mitteleuropa, gelegentlich kann man sie sogar am Alpenrand in schmalen Schilfstreifen beobachten.

224

Zwergdommel
Ixobrychus minutus — Reiher

Mai–Sept

Weibchen
Mantel braun, gestreift

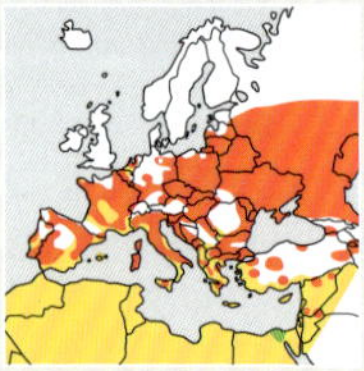

Zwergdommeln sind geschickte Kletterer im Halmenwald des Schilfröhrichts. Sie kommen dort zügig vorwärts, indem sie mit den überaus langen Zehen mehrere Halme gleichzeitig umfassen. Die Pfahlstellung beherrschen sie genauso gut wie Rohrdommeln. Standort für das kegelförmige, locker aus Halmen und Zweigen gebaute Nest ist oft eine dicht bewachsene Stelle im Rohrkolbenbestand knapp über dem Wasser.

MERKMALE 33–38 cm. Kleinste Reiherart Europas. Männchen mit schwarzem Mantel; Jungvögel stark gestreift. Im Flug helles Armflügelfeld auffallend. Reviergesang ähnlich fernem Hundegebell.
VORKOMMEN In dichten Schilfbeständen an Seen und Teichen, auch in schmalen Schilfstreifen, anders als Rohrdommel. Im westlichen Mitteleuropa sehr selten. Überwintert stets in Afrika.

Die Rohrdommel ist ein scheuer Reiher, den man im Schilf eher hört als sieht.

Die Zwergdommel sieht man mitunter auch am Tag knapp über dem Schilf fliegen.

225

Silberreiher

Ardea alba — Reiher

ganzjährig

Prachtkleid (links)
Schlichtkleid (rechts)

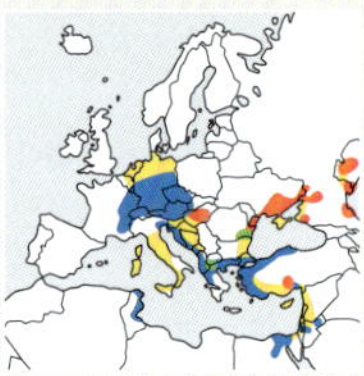

Die nächsten Brutkolonien des Silberreihers liegen am Neusiedler See in Österreich. In Deutschland ist der seltene Reiher längst keine Ausnahmeerscheinung mehr, sondern lässt sich inzwischen als regelmäßiger Gast und in steigender Anzahl an unterschiedlichen Gewässern beobachten und brütet bereits in geringer Zahl. Bei der Nahrungssuche sind die weißen Reiher sehr auffällig, denn sie pirschen oft ohne Deckung durch das Flachwasser.

MERKMALE 85–100 cm. Großer, sehr schlanker, eleganter Reiher mit ganz weißem Gefieder. Im Prachtkleid mit dunklem Schnabel und über die Flügel herabhängenden Schmuckfedern. In der Brutkolonie krächzende und heiser rollende Laute.

VORKOMMEN In ausgedehnten Schilfwäldern an Seen, Altwässern und in Flussmündungen. Jagt auch auf Wiesen und Feldern nach Mäusen.

226

Seidenreiher

Egretta garzetta — Reiher

Mai–Sept

Schlichtkleid (links)
Prachtkleid (rechts)

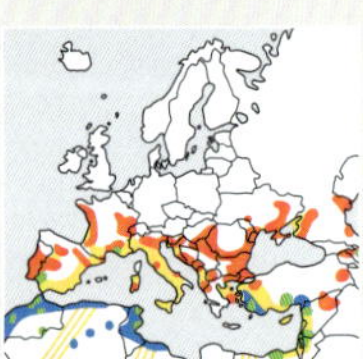

Bei der Nahrungssuche laufen Seidenreiher oft hektisch durch das flache Wasser und schnappen sehr rasch nach links und rechts nach aufgeschreckten Beutetieren. Wie Kuhreiher suchen auch sie gerne Weidevieh auf, um die von den großen Tieren aufgescheuchten Insekten zu fangen. Seidenreiher brüten in großen, gemischten Kolonien zusammen mit anderen Reiherarten.

MERKMALE 55–65 cm. Kleiner, schlanker, weißer Reiher, wirkt stets sehr elegant. Zehen gelb. Zur Paarungszeit auffällige Schmuckfedern aus zwei verlängerten Nackenfedern und filigranem, von den Schultern herabhängendem „Federmantel".

VORKOMMEN An busch- und baumbestandenen Rändern von flachen Seen, Flussufern und Lagunen, in Südeuropa inzwischen zunehmend in Reisfeldern. Brütet ausnahmsweise in Deutschland und Österreich.

Der Silberreiher fällt schon von Weitem durch seine Größe und das weiße Gefieder auf.

Der Seidenreiher ist deutlich kleiner als ein Graureiher, seine gelben Zehen sind typisch.

227 Graureiher

Ardea cinerea — Reiher

ganzjährig

Jungvogel
Gefieder mit wenig Kontrasten

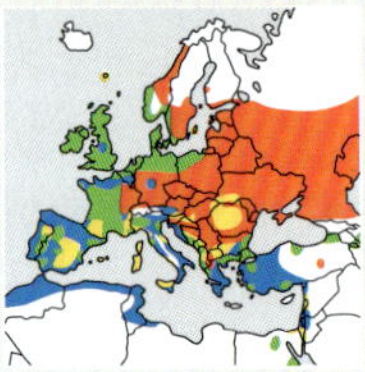

Wie viele andere Reiher schreitet auch der Graureiher bei der Nahrungssuche bedächtig und mit vorgestrecktem Hals im Flachwasser. Entdeckt er ein geeignetes Beutetier, stößt er mit seinem dolchartigen Schnabel blitzschnell zu. Häufig steht er aber auch unbeweglich im seichten Wasser oder auf einer Feuchtwiese.

MERKMALE 84–102 cm. Überwiegend grau. Langer und spitzer, gelblicher, zur Balzzeit orange gefärbter Schnabel. Segelt im Gegensatz zu Kranichen oder Störchen kaum; im Flug und am Boden meist eingezogener Hals. Flugruf heiser „kräich".

VORKOMMEN Brütet in Feldgehölzen, an Waldrändern oder in Auwäldern, oft auf Inseln in größeren Seen. Sucht Nahrung an Gewässern mit flachen Ufern oder an Gräben; fängt häufig auch mitten auf Wiesen und Feldern Mäuse.

228 Purpurreiher

Ardea purpurea — Reiher

April–Okt

Jungvogel (links)
Oberseite lehmbraun
Prachtkleid (rechts)

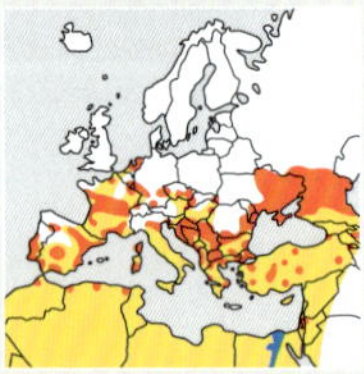

Purpurreiher tarnen sich meist vorzüglich im Halmengewirr. Sie sind mehr auf Deckung erpicht als Grau- und Silberreiher. Auch stehen sie weniger auf Bäumen. Bei der Beutesuche lauern sie oft gut gedeckt an Gräben oder kleinen, offenen Wasserstellen. Wenn Gefahr droht, verharren sie ähnlich wie Rohrdommeln.

MERKMALE 70–90 cm. Wirkt meist sehr schlank und dunkel. Langer, schmaler Schnabel, geht ohne Absatz in den Kopf über, sieht zusammen mit dem dünnen Hals schlangenartig aus. Jugendkleid überwiegend lehmbraun. Wirkt im Flug schlaksig, Hals eckig und „durchhängend".

VORKOMMEN Brütet nur in ausgedehnten Schilfarealen und Sumpfgebieten mit dichter Vegetation. In Mitteleuropa selten. Außerhalb der Brutzeit an offenen, deckungsbietenden Wasserstellen.

Der Graureiher fliegt meist mit eingezogenem Hals und segelt nicht wie ein Storch.

Der Purpurreiher wirkt im Flug sehr schlank und schlaksig, der Hals erscheint eckig.

229

Nachtreiher
Nycticorax nycticorax — Reiher

April–
Okt

Jungvogel
ähnlich Rohrdommel

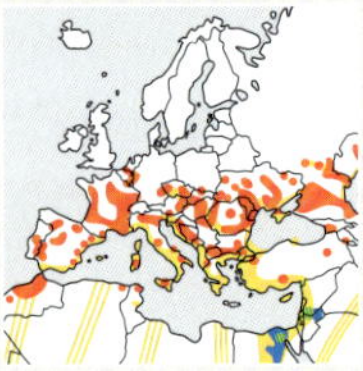

Nachtreiher sind vor allem nachts und in der Dämmerung aktiv. Bei Tag sieht man sie nur selten Nahrung suchen, denn dann stehen sie in kleinen Trupps auf Bäumen und schlafen. Im März bis April erscheinen die Reiher in ihren Brutbäumen, die sie sich mit Artgenossen und oft mit anderen Reiherarten teilen. Das Männchen beschafft das Material für das recht kleine Nest.

MERKMALE 58–65 cm. Gedrungener Reiher mit kurzem, kräftigem Schnabel. Im Prachtkleid 2–3 weiße fadenförmige Schmuckfedern. Ruft im Flug hohl und froschartig „quak" oder „koark".
VORKOMMEN Zur Brutzeit in baumbestandenen Sumpfgebieten und in Flussauen mit vielen Altwässern und dschungelartiger Vegetation. In Mitteleuropa sehr selten geworden, vor allem durch den fortgesetzten Ausbau von Wasserstraßen.

230

Rallenreiher
Ardeola ralloides — Reiher

Mai–
Aug

Schlichtkleid
Kopf und Halsseiten
streifig

Rallenreiher lieben die Deckung und sind bei der Jagd Einzelgänger. Ähnlich wie Rohrdommeln stehen sie häufig in Lauerstellung im dichten Schilf direkt über dem Wasser oder in geschützten Schwimmpflanzenbeständen. Die Nester befinden sich auf Bäumen, Büschen oder im Schilf, oft in gemischten Kolonien mit anderen Reihern wie Seiden- und Nachtreihern.

MERKMALE 40–49 cm. Unauffällig beigebrauner Reiher, der beim Auffliegen plötzlich überwiegend weiß wird, denn Flügel und Schwanz sind schneeweiß. Im Prachtkleid Kopf und Halsseiten ockergelb, im Schlichtkleid dort stärker gestrichelt.
VORKOMMEN Brütet in dichtem, oft mit Bäumen aufgelockertem Gebüsch nahe weiten Sümpfen – häufig in Flussdeltas und Verlandungszonen. Überwintert von Südeuropa bis ins tropische Afrika.

Der Nachtreiher ist hauptsächlich dämmerungsaktiv; tagsüber schläft er in Bäumen.

Der Rallenreiher wirkt am Boden recht schlicht, zeigt aber im Flug auffallendes Weiß.

231

Löffler

Platalea leucorodia — Ibisse

März–Okt

Jungvogel
Schnabel fleischfarben

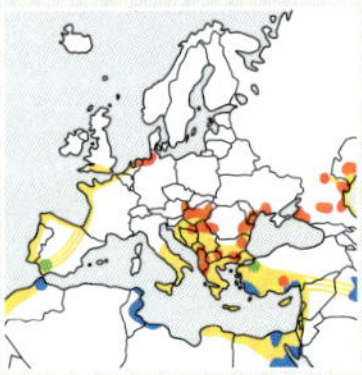

Seit den 1990er-Jahren brüten Löffler auch an der deutschen Nordseeküste in mehreren Kolonien. Bei der Nahrungssuche führen sie mit ihrem merkwürdig geformten Schnabel seitliche Pendelbewegungen im Flachwasser aus und wirbeln dadurch Kleintiere vom Gewässergrund hoch. Löffler sind Koloniebrüter; sie bauen umfangreiche Nester auf altem Schilf, oft direkt am Gewässerrand, gebietsweise auch auf höheren Büschen oder auf Bäumen.

MERKMALE 80–93 cm. Weißer Schreitvogel mit langem, löffelartigem Schnabel. Im Prachtkleid orangefarbener Brustlatz und herabhängender Nackenschopf. Im Jugendkleid schwarze Flügelspitzen und fleischfarbener Schnabel.
VORKOMMEN Brütet meist in Schilfwäldern des Binnenlandes (Neusiedler See), aber auch an der Meeresküste (Nordsee); überwintert im Mittelmeerraum und im nördlichen Afrika.

232

Rosaflamingo

Phoenicopterus roseus — Flamingos

ganzjährig

Jungvogel (links)
Oberseite einfarbig
grau-braun
Beine dunkel

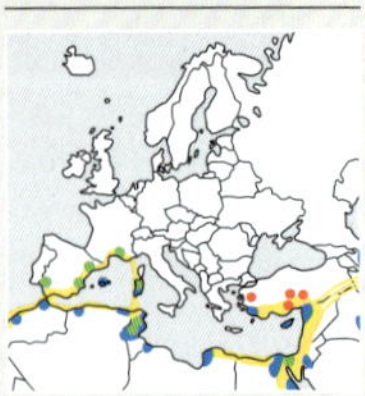

Mit ihrem ungewöhnlich geformten Schnabel, der als Seihapparat funktioniert, filtrieren Flamingos das Wasser. Dabei schreiten sie langsam vorwärts oder treten auf der Stelle, um kleine Wassertiere aufzuwirbeln. Das kegelförmige Nest besteht aus Schlamm.

MERKMALE 90–120 cm. Großer Stelzvogel mit merkwürdig geformtem Schnabel, Beine und Hals sehr lang. Im Flug schwarz-rotes Flügelmuster, etwas durchhängender Hals. Ruft gänseähnlich.
VORKOMMEN An großen, flachen, meist salzigen Seen und schlammigen Seichtwasserbereichen in Flussdeltas und an der Küste. In Deutschland nur in Westfalen; dort brütet auch der südamerikanische *Chileflamingo* 233.
SCHON GEWUSST? Der Rosaflamingo hält den Schnabel so, dass die Oberseite nach unten weist.

Der Löffler fliegt mit ausgestrecktem Hals und eingeschobenen Gleitstrecken.

Der Rosaflamingo ist im Flug schon von Weitem an seinem sehr langen Hals zu erkennen.

234

Weißstorch
Ciconia ciconia — Störche

März–Aug

brütet oft auf Schornsteinen

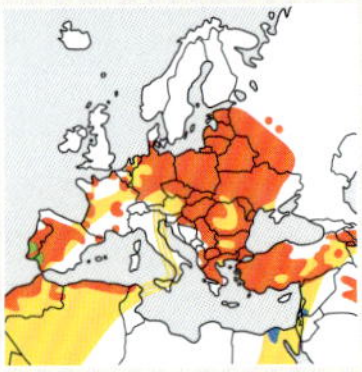

Nicht selten treffen sich die Partner des vorigen Jahres wieder auf demselben Schornstein, denn sie haben eine starke Bindung an den Horst. Mit der Brut können sie erst beginnen, wenn sie das Nest ausgebessert und gegen Artgenossen verteidigt haben.

MERKMALE 95–110 cm. Sehr großer, schwarz-weißer Stelzvogel mit langem Hals; Beine und Schnabel lang, rot. Im Jugendkleid Schnabel mit dunkler Spitze, Beine rosafarben. Fliegt wie Kranich mit ausgestrecktem Hals.
VORKOMMEN Brütet auf Gebäuden, oft auf einem extra angebrachtem Wagenrad, auf das die Störche ihr Nest bauen. Nahrungssuche auf Feuchtwiesen und anderen, extensiv genutzten Wiesen in offenen Tieflandgegenden.
SCHON GEWUSST? Der Storch ruft oder singt nicht. Am Nest klappern die Partner jedoch synchron mit dem langen Schnabel, wenn sie von der Nahrungssuche zurückkehren.

235

Schwarzstorch
Ciconia nigra — Störche

März–Okt

Jungvogel
Schnabel grünlich
Beine grünlich

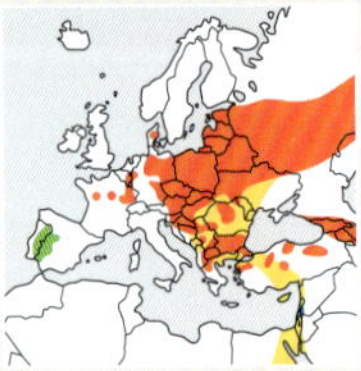

Schwarzstörche sind nicht so gesellig wie Weißstörche und treten außerhalb der Brutzeit meist einzeln oder in kleinen Trupps auf. Zur Nahrungssuche fliegen sie nicht selten an kleine Bäche. Der Schwarzstorchhorst steht meist in der Krone alter Bäume in ruhigen Wäldern; im Laufe der Jahre kann er durch ständige Ausbesserung sehr umfangreich werden.

MERKMALE 90–105 cm. Sehr großer, überwiegend schwarzer Schreitvogel; Schnabel und Beine kräftig rot, bei Jungvögeln grünlich. Im Flug unterseits bis auf weißen Bauch schwarz. Am Nest verschiedene schleifende und weinerliche Rufe, im Flug manchmal „füju". Klappert nur ausnahmsweise.
VORKOMMEN In alten, naturnahen Wäldern mit Mooren, Tümpeln und Bächen für die Nahrungssuche. Überwintert in Afrika nördlich des Äquators.

Der Weißstorch fliegt mit lang ausgestrecktem Hals, die Flügel sind schwarz-weiß.

Der Schwarzstorch, ein Bewohner ruhiger Wälder, ist von unten überwiegend schwarz.

236

Großtrappe
Otis tarda — Trappen

ganzjährig

Weibchen
Hals viel schlanker

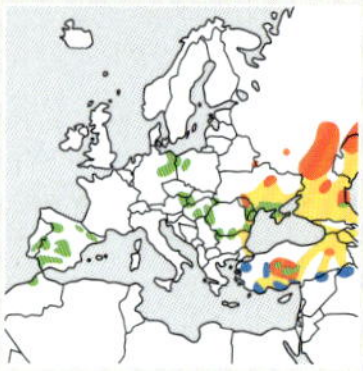

Die Großtrappe gehört zu den am meisten gefährdeten Vogelarten Europas und kommt bei uns nur noch lokal in Ostdeutschland und Ostösterreich vor. Während der eindrucksvollen Schaubalz verwandeln sich die einzeln agierenden Männchen in schneeweiße Riesenblüten. Die viel kleinere, eher hühnerähnliche *Zwergtrappe (Tetrax tetrax)* war früher Brutvogel im südöstlichen Mitteleuropa bis nach Ostdeutschland.

MERKMALE 75–105 cm. Truthahngroß und langbeinig, Männchen viel größer als Weibchen und oft nahezu doppelt so schwer; Weibchen viel zierlicher. Im Flug ausgestreckter Hals, gänseähnlich.
VORKOMMEN Ursprünglich in weiten, gerne etwas hügeligen Steppengebieten; heute in Europa vorwiegend in großflächigem, extensiv genutztem Kulturland mit wildkräuterreichem Brachland.

237

Kranich
Grus grus — Kraniche

März–Nov

Jungvogel
Kopf kontrastlos, gelblich braun

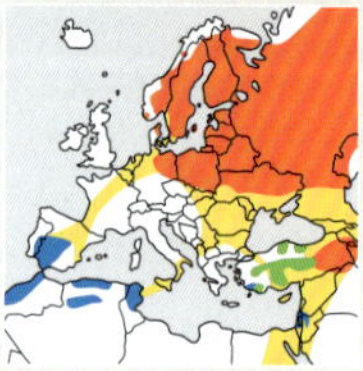

Im Frühjahr vollführen Kraniche beeindruckende Balztänze, indem sie mit gerecktem Hals majestätisch stolzieren, flügelschlagend in die Luft springen und sich immer wieder tief verbeugen. Sie überwintern zumeist auf der Iberischen Halbinsel, besonders in lichten Kork-und Steineichenbeständen der spanischen Dehesas.

MERKMALE 96–119 cm. Sehr großer, überwiegend grauer Schreitvogel mit relativ kurzem Schnabel und am Hinterende überhängendem Schmuckfederbausch.
VORKOMMEN In weiten Moor- und Verlandungsgebieten, aber auch in lichten Bruchwäldern inmitten von Sumpfgebieten und an einsamen Waldseen.
BEOBACHTUNGSTIPP Im Frühjahr und Herbst hört man oft erst die trompetenden Rufe, bevor man die Formation der ziehenden Kraniche am Himmel sieht. In Deutschland brüten sie hauptsächlich im Nordosten.

Die Großtrappe fliegt gänseähnlich mit ausgestrecktem Hals, die Flügel zeigen viel Weiß.

Der Kranich fliegt mit ausgestrecktem Hals, Trupps bilden häufig V-Formation.

238

Teichhuhn

Gallinula chloropus — Rallen

ganzjährig

Jungvogel unscheinbar bräunlich

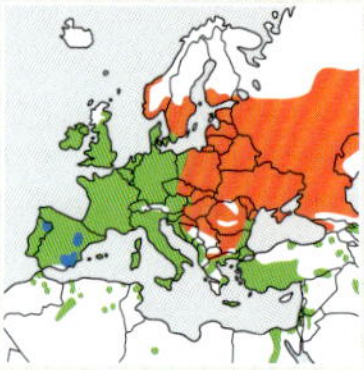

Teichhühner sind sehr vorsichtig und rennen bei Gefahr sofort in schützenden Bewuchs. Trotzdem können sie an Parkgewässern vertraut werden. Typisch sind ihre hühnerartigen Bewegungen und das häufige Schwanzzucken beim Laufen und Schwimmen. Das Nest steht meist gut versteckt im dichten Uferbewuchs über trockenem Boden oder Flachwasser, manchmal auch ziemlich deckungslos.

MERKMALE 27–31 cm. Schieferschwarz – bis auf das Weiß von Flankenband und äußeren Unterschwanzdecken. Schnabel und Stirnschild rot, Schnabelspitze gelb. Ruft rau, aber wohlklingend „kürrk", bei Gefahr durchdringender „kittek".

VORKOMMEN In der deckungsreichen Uferzone von stehenden und langsam fließenden Gewässern, aber auch an Gräben und kleinen Tümpeln. Vielerorts an unterschiedlichen Parkgewässern.

239

Blässhuhn

Fulica atra — Rallen

ganzjährig

Jungvogel überwiegend dunkelgrau, Kehle, Halsseiten und Brust weißlich, Stirnfeld fehlt

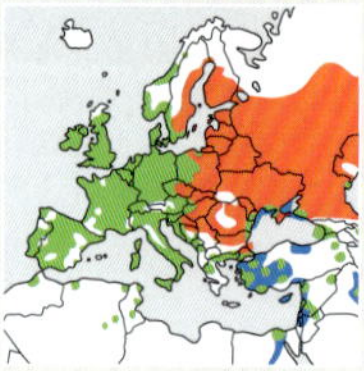

Das Blässhuhn schwimmt hoch auf dem Wasser und nickt ständig mit dem Kopf. Nicht selten taucht es nach einem kleinen Sprung. Bevor es von der Wasseroberfläche starten kann, muss es eine längere Strecke flügelschlagend über das Wasser laufen. In Parks und an Dampferstegen werden die Rallen futterzahm.

MERKMALE 36–42 cm. Schwarzer, rundlicher Wasservogel, schwimmt wie eine Ente auf dem Wasser. Bis auf weißen Schnabel und weißes Stirnschild schwarz. Umfangreiches Lautrepertoire, ruft kurz, hupend „köw", stimmlos „tsk" oder „tsi" sowie vokallos „tp".

VORKOMMEN An nährstoffreichen Gewässern mit üppiger Ufervegetation, auch an Parkteichen und -seen mitten in der Großstadt. Außerhalb der Brutzeit in oft großen, dicht geballten Scharen auf größeren Gewässern und an der Meeresküste.

Das Teichhuhn zuckt beim Laufen ständig mit dem Schwanz.

Das Blässhuhn erinnert auf dem Wasser an eine schwarze, rundliche Ente.

240

Wasserralle

Rallus aquaticus — Rallen

ganzjährig

Jungvogel
Kopf und Brust hell

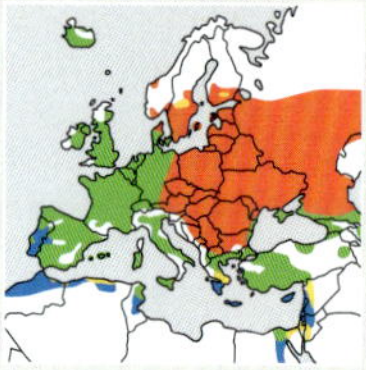

Meist sieht man die Wasserralle mit gestelztem, zuckendem Schwanz in Deckung rennen. Im Winter kommt sie auch aus dem Bewuchs hervor und steht dann frei auf Schlickflächen oder auf dem Eis.

MERKMALE 23–26 cm. Langer, etwas nach unten gebogener roter Schnabel; wirkt aus der Ferne oft schwarz. Oberseite olivbraun, schwarz gefleckt, Kopfseiten, Kehle und Brust blaugrau, Flanken und Bauch mit schwarz-weißer Bänderung. Ruft laut, ähnlich Hausschwein quiekend; Balzruf des Männchens monoton „küpp küpp küpp…".
VORKOMMEN Im Pflanzengewirr von Schilf- und Seggenbeständen, vor allem an Gewässerufern.
BEOBACHTUNGSTIPP Wie andere Rallen fliegt auch die Wasserralle mit hängenden Beinen auf, sie flüchtet aber meistens rennend.

241

Tüpfelsumpfhuhn

Porzana porzana — Rallen

April–Okt

Unterschwanzdecken gelblich

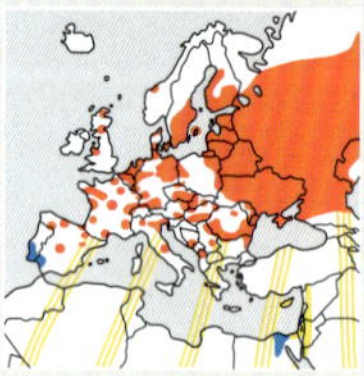

Bei der Nahrungssuche bleiben Tüpfelsumpfhühner möglichst in dichter Vegetation oder zumindest in unmittelbarer Nähe. Zu den Zugzeiten sieht man sie mitunter am Schilfrand laufen. Der Balzgesang von Männchen und (weniger schneidend und deutlich leiser) von Weibchen ist meist in der Dämmerung und nachts zu hören: ein monotones, peitschenartiges, im Sekundentakt wiederholtes „Huitt".

MERKMALE 19–22,5 cm. Knapp amselgroße Ralle mit weißer Fleckung auf Oberseite, Hals und Brust; Flanken wellig gebändert. Balzt nachts.
VORKOMMEN In der Verlandungszone von Flüssen und Seen mit gleichbleibend niedrigem Wasserstand (bis 30 cm), dort meist am Übergang vom Schilf zu Seggen- und Binsenbeständen. Überwintert vom Mittelmeerraum bis in das südliche Afrika.

Die Wasserralle lebt versteckt in dichtem Schilf, meist hört man sie rufen.

Das scheue Tüpfelsumpfhuhn wagt sich kaum aus der dichten Vegetation.

242

Kleinsumpfhuhn

Zapornia parva — Rallen

April–Sept

Weibchen beige, Kopf und Oberseite hell

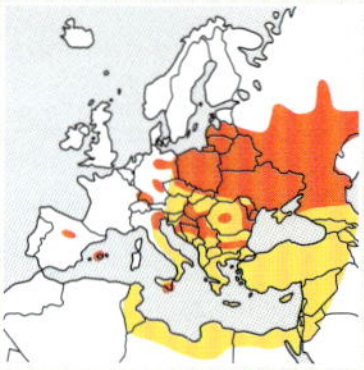

Im Vergleich zu anderen Kleinrallen schwimmt das Kleinsumpfhuhn bei der Nahrungssuche häufiger. Dabei pickt es Nahrungsbestandteile von aus dem Wasser ragenden Pflanzen ab. Nicht selten klettert es geschickt im Pflanzengewirr. Das sehr ähnliche *Zwergsumpfhuhn* ist in Mitteleuropa ein sehr seltener Bewohner von überschwemmten Wiesen. Im Vergleich zu anderen Sumpfhühnern schwimmen beide Kleinrallen bei der Nahrungssuche häufiger.

MERKMALE 17–19 cm. Sehr kleine Ralle, nur etwa halb so schwer wie Amsel. Kleines, rotes Abzeichen direkt an der Schnabelbasis; Oberseite mit hellbraunen Längsstreifen. Männchen unterseits blaugrau. Nächtlicher Balzgesang, eine abfallende Reihe froschähnlich quakender Laute.
VORKOMMEN In großen, dichten Schilf-, Rohrkolben- und Seggenbeständen. In Mitteleuropa vor allem am Neusiedler See. Überwintert in Afrika.

244

Wachtelkönig

Crex crex — Rallen

April–Sept

Flügeldecken rotbraun

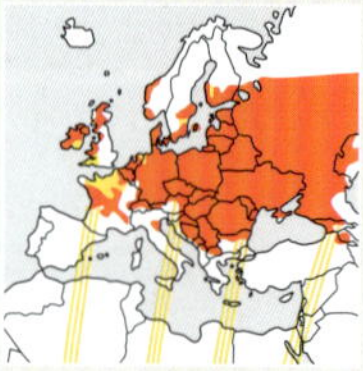

Den scheuen Wachtelkönig sieht man nur ausnahmsweise einmal. Bei Anwesenheit hört man jedoch ständig sein zweisilbiges, trocken und hölzern klingendes Schnarren. Am sichersten bekommt man diese Ralle Anfang Mai zu Gesicht, wenn die Vegetation noch nicht so hoch steht. Dann sieht man mitunter den Vogel schnell und geduckt über eine Freifläche laufen.

MERKMALE 22–25 cm. Ähnlich wie das Rebhuhn, aber kleiner, schmaler und mit längeren Beinen und kräftigerem Schnabel. Oberseite gelblich braun mit dunkler Fleckung, Brust- und Kopfseiten überwiegend blaugrau.
VORKOMMEN In Feuchtwiesen, seltener auf Brachflächen oder in Getreide- und Kleefeldern.
BEOBACHTUNGSTIPP Reviergesang des Männchens ist ein im Sekundentakt vorgetragenes „rrerrp-rrerrp…".

Das Kleine Sumpfhuhn schwimmt manchmal bei der Nahrungssuche.

Der Wachtelkönig lebt sehr versteckt im Gras, meist hört man ihn nur.

245

Triel

Burhinus oedicnemus — Triele

März–Okt

Beine recht dick
Augen sehr groß und gelb

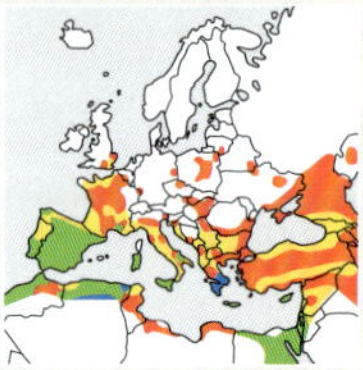

Der Triel ist ein dämmerungs- und nachtaktiver Ödlandvogel, der sich tagsüber unsichtbar macht. Dann ist er oft nur schwer auszumachen, denn er ruft kaum und drückt sich meist dicht an den Boden. Bei Gefahr läuft er nicht selten in geduckter Haltung (wie ein Regenpfeifer) davon.

MERKMALE 38–45 cm. Großer, kräftiger Watvogel mit langen gelben Beinen und kurzem gelbem Schnabel mit schwarzer Spitze. Männchen mit kontrastreich abgesetzter weißer Flügelbinde. Im Flug schwarz-weißes Flügelmuster auffallend, erinnert etwas an Zwergtrappe. Ruft vorwiegend nachts „külie" oder klagend „krürrieh", ähnlich Großem Brachvogel, jedoch meist rauer.
VORKOMMEN Auf trockenen, sonnigen Flächen mit spärlichem Bewuchs, vor allem in Heide- und Steppengebieten; auch auf trockenen Kulturflächen.

246

Rotflügel-Brachschwalbe

Glareola pratincola — Brachschwalbenverwandte

Mai–Sept

Jungvogel (oben)
Oberseite mit
Schuppenmuster

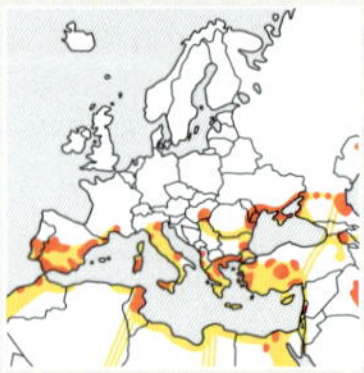

Brachschwalben fliegen bei der Insektenjagd rasant und wendig wie Seeschwalben oder große Rauchschwalben, manchmal wie Baumfalken. Sie unternehmen Sturzflüge und andere Flugmanöver und unterbrechen den Ruderflug immer wieder hoch in der Luft segelnd.

MERKMALE 24–28 cm. Wirkt am Boden stehend etwas regenpfeiferartig, Körper aber deutlich lang gestreckter, Beine und Schnabel kürzer. Im Flug gegabelter Schwanz, kastanienbraune Unterflügeldecken (wirken aber aus der Ferne oft schwarz) sowie weißer Armschwingen-Hinterrand typisch. Ruft zur Brutzeit seeschwalbenähnlich „kirrik" oder „kerretek-kitek".
VORKOMMEN Brütet in Kolonien auf offenen, spärlich bewachsenen Flächen in Steppen- und Halbwüsten. In Mitteleuropa (nur in Ungarn regelmäßig) meist in Salzpfannen und an Salzseen.

Der Triel erinnert an einen großen Regenpfeifer, seine Flügelschläge wirken steif.

Die Rotflügel-Brachschwalbe zeigt im Flug die braunen Unterflügeldecken.

247

Stelzenläufer

Himantopus himantopus — Säbelschnäblerv. | April–Sept

Schnabel gerade, nadelartig dünn

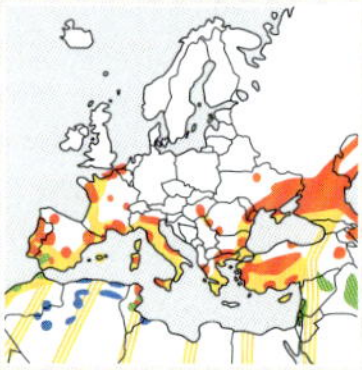

Stelzenläufer können dank ihrer extrem langen Beine auch in tieferem Wasser nach Nahrung suchen. Viele Brutplätze sind nur wenig beständig oder entstehen neu, sodass das Verbreitungsmuster starken Schwankungen unterliegt. In Deutschland ist der Stelzenläufer ein Ausnahmegast. Mitunter kommt es zu Bruten.

MERKMALE 33–36 cm. Zierlicher, eleganter Watvogel mit extrem langen Beinen; Gefieder schwarz-weiß. Männchen mit schwarzer, grünlich glänzender Oberseite; Mantel und Schulterfedern bei Weibchen eher bräunlich. Zur Brutzeit sehr stimmfreudig: ruft bei Gefahr laut, etwas quäkend „kjick-kjick-kjick…", daneben kläffend „ki-eck".
VORKOMMEN An Steppenseen, Küstenlagunen ohne Gezeitenwechsel und in Salzsümpfen, aber auch in Salinen, Reisfeldern und an Fischweihern.

248

Säbelschnäbler

Recurvirostra avosetta — Säbelschnäblerv. | März–Nov

Jungvogel (rechts) oberseits bräunlich

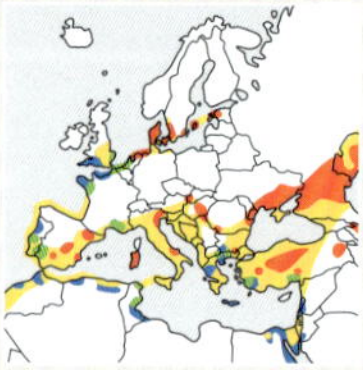

Die geselligen Säbelschnäbler gehen meist truppweise im Flachwasser oder im weichen Schlick auf die Suche nach Würmern und Kleinkrebsen, dabei führen sie mit dem Kopf und eingetauchtem, leicht geöffnetem Schnabel seitliche Pendelbewegungen aus.

MERKMALE 42–46 cm. Eleganter Watvogel mit langen, bläulich grauen Beinen und langem, dünnem, aufwärts gebogenem Schnabel. Im Flug auffällig schwarz-weißes Flügelmuster. Ruft melodisch flötend „plütt".
VORKOMMEN Brütet an flachen Sandstränden, salzigen oder brackigen Lagunen und an Steppenseen; nur selten im Binnenland. Überwintert vor allem in Südwesteuropa und Nordafrika.
BEOBACHTUNGSTIPP Säbelschnäbler fallen durch ihre seitlichen Pendelbewegungen des Kopfes auf.

Der Stelzenläufer ist mit seinen extrem langen Beinen stets unverwechselbar.

Der Säbelschnäbler zeigt im Flug ein auffälliges schwarz-weißes Flügelmuster.

249

Austernfischer
Haematopus ostralegus — Austernfischer | ganzjährig

Schlichtkleid
weißes Kehlband

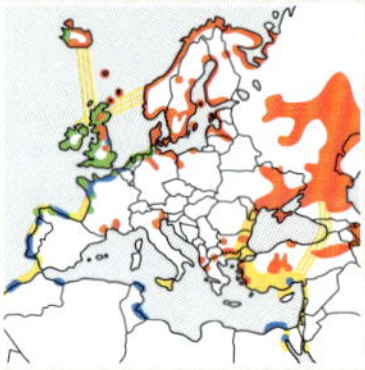

Austernfischer sind zu jeder Jahreszeit ausgesprochen gesellig. Außerhalb der Brutzeit schließen sie sich oft zu großen Scharen zusammen, die an der Küste umherziehen. Im Frühjahr bilden die Männchen Balzgruppen, wobei die Vögel in aggressiver Pose mit ausgestrecktem Hals und nach unten weisendem, geöffnetem Schnabel umherlaufen und laut trillern.

MERKMALE 39–44 cm. Recht großer, kräftig gebauter Küstenvogel mit langem rotem Schnabel und roten Beinen sowie kontrastreich schwarz-weißem Gefieder. Ruft laut und durchdringend, schrill „keliip" oder „kliliep", oft in Serien. Zur Balzzeit brachvogelartiger Triller.
VORKOMMEN An verschiedenartigen Küsten, vor allem aber im Gezeitenbereich von Sand- und Kiesstränden; gebietsweise auch entlang großer Flüsse und manchmal auf Wiesen und Weiden.

250

Kiebitz
Vanellus vanellus — Regenpfeiferverwandte | ganzjährig

Schlichtkleid
Kehle hell
Oberseite geschuppt
Federholle kürzer

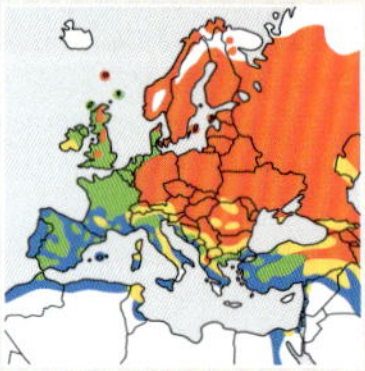

Die Flugbalz des Männchens beginnt mit einigen kurzen „wie-ip"-Rufen in horizontaler Flugweise, danach stürzt der Vogel mit einem klagenden, heiseren „Tchiä-witt-witt-witt-tchiäwie" halsbrecherisch in Richtung Boden und setzt dann den Schauflug im Zickzackkurs knapp über dem Boden fort. Während der Darbietung hört man ein wummerndes Flügelgeräusch.

MERKMALE 28–31 cm. Großer, stämmiger Regenpfeifer mit breiten, rundlichen Flügeln und langer dünner Federholle (bei Weibchen kürzer). Ruft heiser und etwas weinerlich „piä-wi", „wie-ip", „piuwitt" oder durchdringend „tschuech".
VORKOMMEN Ursprünglich ein Bewohner von Feuchtwiesen, Sümpfen und Mooren, heute vielfach auf Wiesen und Feldern, deren Bewirtschaftung beziehungsweise Nahrungsarmut kaum erfolgreiche Bruten zulässt.

Der Austernfischer ist ein stämmiger Küstenvogel mit schwarz-weißem Gefieder.

Der Kiebitz vollführt während der Balz rasante Flugmanöver.

251

Kiebitzregenpfeifer

Pluvialis squatarola — Regenpfeiferverwandte | ganzjährig

im Flug auffällige schwarze Achseln

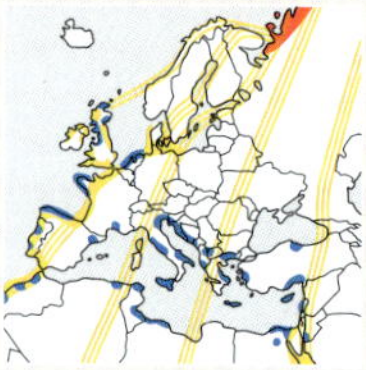

Kiebitzregenpfeifer wirken bei der Nahrungssuche im Watt sehr bedächtig. Typisch ist auch ihre geduckte Haltung. Dagegen steht der Goldregenpfeifer immer betont aufrecht. Das Nest liegt häufig auf einer kleinen Erhöhung. Dort schmilzt der Schnee schneller.

MERKMALE 26–29 cm. Größer und kräftiger gebaut als Goldregenpfeifer, Schnabel dicker. Im Prachtkleid auffallend schwarz-weiß, im Schlichtkleid ohne goldgelbe Oberseitentönung, im Jugendkleid oft ähnlich goldgelb wie Goldregenpfeifer. Ruft traurig flötend, deutlich dreisilbig „tlü-e-wie".

VORKOMMEN In feuchten Bereichen der Moos- und Flechtentundra. Außerhalb der Brutzeit truppweise auf dem Watt und auf Sandflächen vieler Küsten. Im Binnenland selten, dort meist auf größeren, kaum bewachsenen Schlammflächen.

252

Goldregenpfeifer

Pluvialis apricaria — Regenpfeiferverwandte | ganzjährig

Schlicht- und Jugendkleid, Oberseite goldgelb gefleckt
Unterseite ohne Schwarz

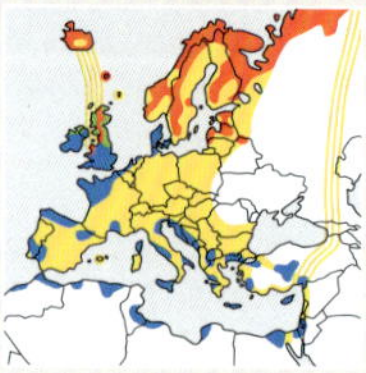

Der stimmungsvolle Gesang meist in hohem, gaukelndem Singflug vorgetragen. Wieder am Boden folgt oft ein hastig klingendes „Kerrülia-kerrülia-kerrülia…". In Mitteleuropa bewohnt der Goldregenpfeifer weite, einsame Hochmoore. In Deutschland ist die Art bis auf einen kleinen Restbestand ausgestorben.

MERKMALE 25–28 cm. Großer Regenpfeifer, wirkt etwas kindlich durch kompakte Gestalt mit rundlichem Kopf und kurzem Schnabel.

VORKOMMEN In den großen Mooren der Taiga, in der Tundra, in der feuchten Bergtundra des skandinavischen Fjälls sowie in weiten, feuchten Heiden.

BEOBACHTUNGSTIPP Der Goldregenpfeifer ruft wehmütig klagend „düh" oder „tlie" und balzt laut und melancholisch „dü-dii-u dü-dii-u…".

Der Kiebitzregenpfeifer ist wenig gesellig, im Watt wirkt er oft etwas bucklig.

Der Goldregenpfeifer unternimmt im Frühjahr hohe, gaukelnde Singflüge.

253

Flussregenpfeifer

Charadrius dubius — Regenpfeiferverwandte | April–Sept

Jugendkleid
Kopf hellbräunlich

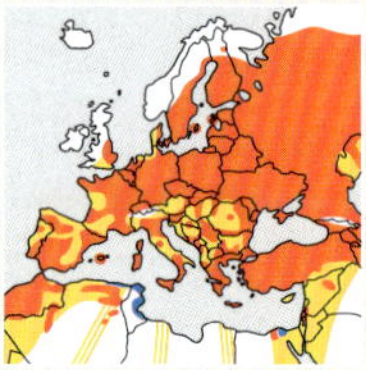

Ursprünglich ist der Flussregenpfeifer ein typischer Brutvogel der spärlich bewachsenen Uferbereiche und kurzlebigen Inseln von größeren Flüssen. Seit rund hundert Jahren haben Eingriffe an den Flüssen den Regenpfeifer nahezu heimatlos gemacht, sodass er sich neue geeignete Lebensräume erschließen musste.

MERKMALE 15,5–18 cm. Kleiner, zierlicher Regenpfeifer mit schlankem dunklem Schnabel und intensiv gelbem Lidring. Im Prachtkleid schwarzes Kopf- und Halsmuster. Ruft scharf, abfallend „piu", „pitt" oder „prih". Balzt heiser „grigrigrigriägriä…".

VORKOMMEN Brütet heute vor allem in Kies- und Sandgruben und anderen Entnahmestellen, in abgelassenen Fisch- und Klärteichen und sogar auf großen Baustellen mit Lastwagen-Verkehr.

254

Sandregenpfeifer

Charadrius hiaticula — Regenpfeiferverwandte | ganzjährig

Jungvogel
oberseits helle Federsäume, weißer Überaugenstreif

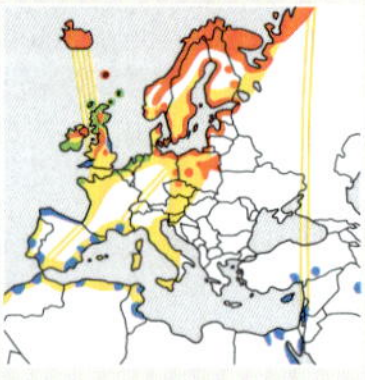

Der fledermausartig taumelnde Singflug des Männchens beschreibt Schlangenlinien in meist geringer Höhe über dem Boden; dabei hört man schnelle „tliia"- oder „tiliä"-Folgen. Zur Balzzeit legt das Männchen in Wassernähe mehrere flache Mulden an, von denen das Weibchen eine zum endgültigen Nistplatz bestimmt.

MERKMALE 17–19,5 cm. Im Vergleich zum Flussregenpfeifer etwas größer, kräftiger, mit dickerem, im Basisteil orangefarbenem Schnabel sowie mit kürzeren, orangefarbenen Beinen. Im Flug breiter weißer Flügelstreif auffallend. Ruft bei Störung weich und zweisilbig „tü-ip" (Flussregenpfeifer ruft einsilbig).

VORKOMMEN An offenen, flachen Kies- und Sandstränden sowie auf kurzgrasigen Wiesen und Weiden an der Küste, an Binnenseen und -flüssen; auch im Fjäll und in der Tundra (Unterart *tundrae*).

Der Flussregenpfeifer balzt im Frühjahr im fledermausartigen Schauflug.

Der Sandregenpfeifer fällt im Flug durch seinen breiten, weißen Flügelstreif auf.

255 Seeregenpfeifer

Charadrius alexandrinus — Regenpfeiferv. | April–Okt

Weibchen
dunkle Abzeichen am Kopf, Brustseiten graubraun

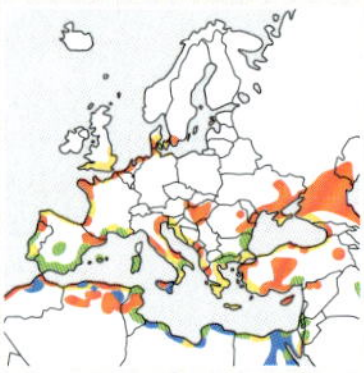

Seeregenpfeifer brüten oft in lockeren Kolonien. Das Männchen dreht für das aus drei Eiern bestehende Gelege eine einfache Mulde in den Sand oder den weichen Schlammboden. Scharfe „tjekke-tjekke-tjekke"-Serien sowie ein rollendes „Drürirreerre" begleiten den schmetterlingsähnlichen Singflug des Männchens.

MERKMALE 15–17 cm. Im Vergleich zu Fluss- und Sandregenpfeifer heller, weniger kontrastreich gefärbt und hochbeiniger, Brustband vorne offen, Schnabel und Füße dunkel. Männchen im Prachtkleid mit schwarzen Brustseitenflecken, Scheitel- und Nacken rostbraun gefärbt. Jungvögel blass. Ruft weich, klar „djit", „drrt" und klagend „tü-iet".
VORKOMMEN Auf salzhaltigen Böden mit spärlicher Vegetation an der Küste wie im Binnenland, an Sandstränden und in Dünengelände.

256 Mornellregenpfeifer

Charadrius morinellus — Regenpfeiferverwandte | April–Sept

Jungvogel
Oberseite mit beige-weißem Schuppenmuster

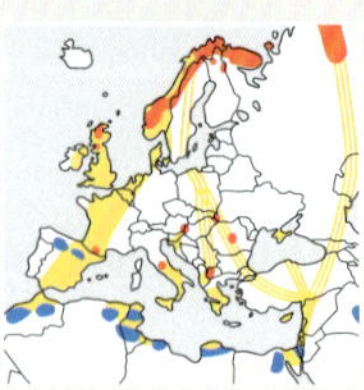

Beim Mornellregenpfeifer sind die Geschlechterrollen vertauscht. Die Weibchen unternehmen kreisende Singflüge und werben um die Männchen. Um die Bebrütung des Geleges kümmert sich entweder nur das Männchen oder es erhält Unterstützung von seiner Partnerin. Die Jungen führt das Männchen häufig ganz allein.

MERKMALE 20,5–24 cm. Weibchen etwas größer und kontrastreicher gefärbt. Breite helle Überaugenstreifen, die sich im Nacken treffen. Im Schlichtkleid überwiegend blassgelblich braun. Im Jugendkleid sind die Ränder der Oberseitenfedern beigeweiß.
VORKOMMEN Brütet auf trockenen und steinigen Hochflächen der skandinavischen Fjällkette sowie in der Flechtentundra. In Mitteleuropa nur wenige Brutplätze in den Ostalpen, sonst seltener, aber regelmäßiger Durchzügler.

Der Seeregenpfeifer wirkt hell und großköpfig, im Flug fällt der weiße Flügelstreif auf.

Der Mornellregenpfeifer lebt im kargen Fjäll, die Weibchen unternehmen Singflüge.

257

Odinshühnchen

Phalaropus lobatus — Schnepfenverwandte | Mai–Sept

Jugendkleid (oben) gelbliche Längsstreifen
Schlichtkleid (unten) grau, oberseits weiße Längsstreifen

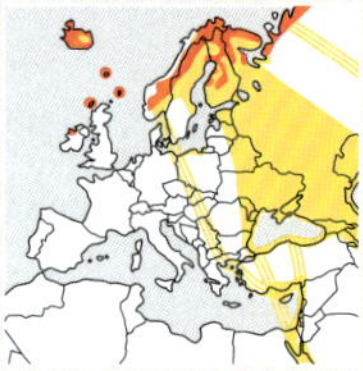

Bei der Nahrungssuche im Wasser drehen sich Odinshühnchen wie Kreisel um die eigene Achse und wirbeln dabei kleine Wassertiere an die Oberfläche. Die Weibchen werben um die Männchen und vertreiben Konkurrentinnen. Das Nest ist eine einfache, mit etwas Pflanzenmaterial ausgekleidete Mulde auf einer Seggenbülte.

MERKMALE 17–19 cm. Kleiner, zarter Watvogel mit sehr feinem, etwa kopflangem, geradem Schnabel. Im Prachtkleid unverwechselbar. Im Jugendkleid oberseits mit gelblicher Längsstreifung. Ruft nachdrücklich, etwas nasal „krit-krit" und blässhuhnähnlich „kerrek", beim Schwimmen kurz „pirr".

VORKOMMEN An kleinen Seen und Tümpeln in der Birken- und Weidenzone des Fjälls, aber auch in weiten Mooren der nördlichen Taiga. In Mitteleuropa gelegentlich zu den Zugzeiten auf küstennahen Gewässern.

258

Thorshühnchen

Phalaropus fulicarius — Schnepfenverwandte | ganzjährig

Jungvogel
Oberseite schwach gelblich gestreift

Obwohl die in Mitteleuropa als Ausnahmegäste erscheinenden Thorshühnchen in der Regel einzeln auftreten, sind die Vögel das ganze Jahr über gesellig. Sie rufen höher und klarer als Odinshühnchen. Wie bei der Schwesterart sind Bebrütung des Geleges und Betreuung der Jungen alleinige Aufgabe des Männchens.

MERKMALE 20–22 cm. Etwas größer und weniger zierlich gebaut als Odinshühnchen, Schnabel etwas kräftiger und breiter. Weibchen im Prachtkleid unverkennbar, Männchen weniger intensiv und kontrastreich gefärbt, unterseits weiß gefleckt. Im Schlichtkleid oberseits ungemustert grau.

VORKOMMEN An Süß- oder Brackwassertümpeln in der hochnordischen, küstennahen Tundra. Überwintert auf dem offenen Atlantik. Im Winter selten auf der Nordsee, nur ausnahmsweise im Binnenland.

Das Odinshühnchen dreht sich bei der Nahrungssuche wie ein Kreisel um sich selbst.

Das Thorshühnchen ist nicht so zierlich gebaut wie das Odinshühnchen.

259

Brachvogel

Numenius arquata — Schnepfenverwandte

März–Nov

Jungvogel (oben)
Schnabel kürzer

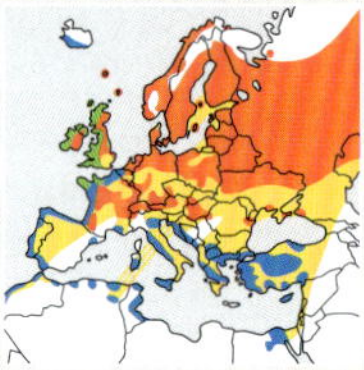

Die sehr ortstreuen Brachvögel erscheinen Jahr für Jahr an ihrem angestammten Brutplatz, auch wenn er längst kaum noch genügend Bruterfolg zulässt. Die laut flötenden und trillernden Gesangsstrophen sind melodisch und stimmungsvoll, sie werden vom Männchen in auf- und absteigendem Singflug vorgetragen.

MERKMALE 48–57 cm. Der größte Watvogel Europas; Schnabel sehr lang und abwärtsgebogen, bei Männchen etwas kürzer. Im Flug weißer Rückenkeil, wirkt etwas möwenähnlich. Ruft häufig laut und klar „kür-lie" oder „güi-güi-güi".
VORKOMMEN Ursprünglich in ausgedehnten, offenen Mooren, auf Feuchtwiesen und feuchten Heideflächen. Brütet heute meist auf Mähwiesen und sogar Äckern. Außerhalb der Brutzeit oft an der Küste, aber auch an Seeufern im Binnenland.

260

Regenbrachvogel

Numenius phaeopus — Schnepfenverwandte

April–Sept

weißer Rückenkeil im Flug

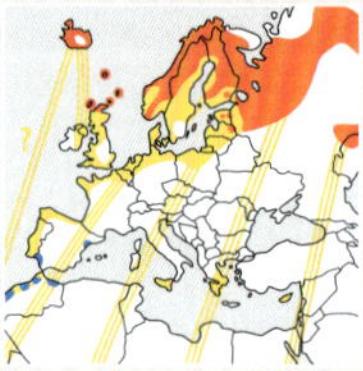

Die Gesangsstrophen erinnern an die des Brachvogels, der Klangcharakter ist jedoch etwas härter und weniger stimmungsvoll. Als Nistplatz wählen Regenbrachvögel eine trockene Stelle, gerne auf einem mit Zwergsträuchern bewachsenen Strang in einem Moor, das sie häufig mit dem Goldregenpfeifer teilen.

MERKMALE 37–45 cm. Deutlich kleiner als Brachvogel, und daher im Flug schnellere Flügelschläge, Schnabel meist deutlich kürzer. Gefieder dunkler als bei der Vergleichsart, Kopf gestreift. Flugruf flötend, klingt kichernd „bibibi…".
VORKOMMEN In nordischen Moorgebieten von der Nadelwaldzone bis in die Fjällregion, auf feuchten Heideflächen, frischen Kahlschlägen und in der Tundra. Zu den Zugzeiten meist an der Küste – regelmäßig einzeln oder in kleinen Gruppen. Überwintert an den afrikanischen Küsten.

Der Brachvogel unternimmt im Frühjahr auf- und absteigende Singflüge.

Der Regenbrachvogel fliegt mit recht schnellen Flügelschlägen.

261 Uferschnepfe

Limosa limosa — Schnepfenverwandte | März–Sept

im Flug viel Weiß

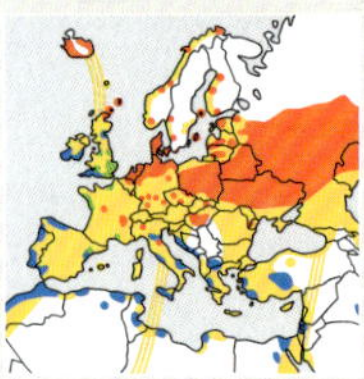

Die durch hohes Gras stolzierende Uferschnepfe erinnert in ihrer Gestalt entfernt an einen Storch. Den Singflug, der in oft großer Höhe stattfindet, begleiten laute, jammernde „grutte-grutte"- und „dewäida-dewäida"-Folgen, am Brutplatz hört man energische „Widewide…".

MERKMALE 37–42 cm. Großer, eleganter und im Flug sehr auffälliger Watvogel mit langem Schnabel und langen Beinen. Im Prachtkleid vorne rostbraun, Weibchen oft etwas weniger intensiv gefärbt. Im Jugendkleid Kopf und Brust orangebeige. Im Flug weißer Schwanz mit schwarzer Endbinde. Ruft nasal „geg" oder „wäd".
VORKOMMEN In Moor- und feuchten Heidegebieten sowie in der Grassteppe. Heute meist auf hochgrasigen Wiesen. Außerhalb der Brutzeit vorwiegend auf Schlammflächen im Binnenland. In Deutschland nur noch in der Norddeutschen Tiefebene größere, stabile Brutbestände.

262 Pfuhlschnepfe

Limosa lapponica — Schnepfenverwandte | ganzjährig

Jungvogel
Oberseite und Brust mit Beigeton

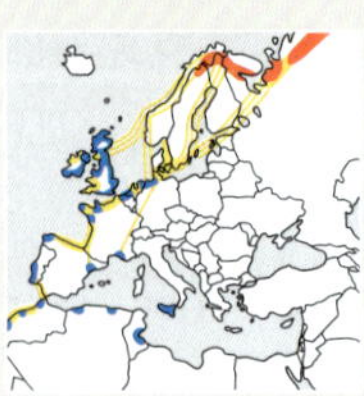

Pfuhlschnepfen wirken bei der Nahrungssuche lebhafter als Uferschnepfen. Sie halten sich häufig im festeren, sandigen Schlick auf. Am Brutplatz hört man von singfliegenden Männchen ein rhythmisches „Küwee-küwee-küwee…". Das Nest liegt auf einem trockenen Strang oder kleinen Hügel im nassen Moor.

MERKMALE 33–41 cm. Etwas kleiner und weniger hochbeinig als Uferschnepfe, Schnabel erkennbar aufwärtsgebogen. Männchen im Prachtkleid unterseits kräftig ziegelrot, Weibchen mit orangebrauner Brust.
VORKOMMEN Brütet im hohen Norden in feuchter Tundra und auf Mooren in der Taigazone. Außerhalb der Brutzeit truppweise im Wattenmeer.
BEOBACHTUNGSTIPP Die Pfuhlschnepfe ruft im Flug nasal jammernd gähgähgähgäh…" oder „kivik.

Die große Uferschnepfe zeigt im Flug viel Weiß auf Flügeln und Schwanz.

Die Pfuhlschnepfe erinnert, über dem Watt fliegend, an den Regenbrachvogel.

263

Bekassine

Gallinago gallinago — Schnepfenverwandte | ganzjährig

sehr langer Schnabel, Gefieder tarnfarben

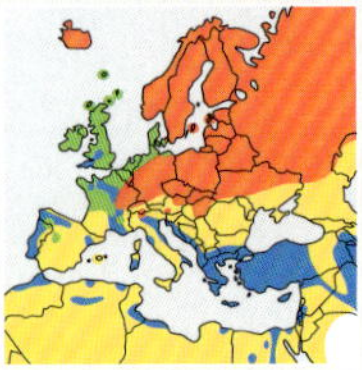

Bekassinen fliegen oft wenige Meter vor dem Beobachter plötzlich hoch, um im Zickzackflug rasch Höhe zu gewinnen. Der Gesang ist ein taktfest wiederholtes „Tücka-tücka-tücka…" oder „Djepe-djepe-djepe…". Daneben produzieren Bekassinen im hohen Balzflug ein anschwellendes, vibrierend-summendes „Wwwwwwww…" („Meckern"), beim Auffliegen rufen sie oft heiser „ätsch".

MERKMALE 23–28 cm. Mittelgroßer Watvogel mit bräunlicher, hell gestreifter Oberseite. Ruft beim Auffliegen nasal „ätsch" oder „ätch", dann oft breiter, weißer Armflügel-Hinterrand sichtbar.

VORKOMMEN In Moorgebieten und Feuchtwiesen mit dichtem, nicht zu hohem Bewuchs. Außerhalb der Brutzeit häufig an Seeufern und auf anderen deckungsreichen Feucht- und Nassflächen, aber nicht selten auch an kleinen Tümpeln und Gräben.

264

Doppelschnepfe

Gallinago media — Schnepfenverwandte | April–Nov

kräftig gebaut

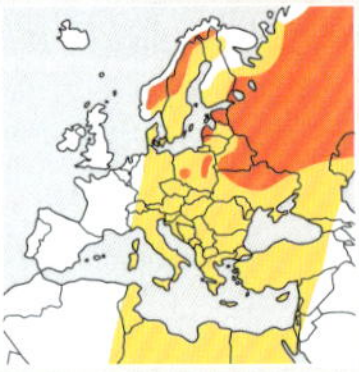

Die Männchen treffen sich ähnlich Birkhähnen oder Kampfläufern an traditionellen Plätzen zur abendlichen Arenabalz. Jedes Männchen steht auf einer Grasbülte, reckt sich hoch, wölbt die Brust vor, zieht den Hals ein und hält den Schnabel schräg nach oben. Dabei äußern die Rivalen merkwürdige bibbernde, hell trommelnde und zwitschernde Lautfolgen.

MERKMALE 26–30 cm. Im Vergleich zur Bekassine deutlich größer, kompakter und mit kürzerem Schnabel. Erinnert beim Auffliegen eher an Waldschnepfe als an Bekassine. Fliegt stumm auf, mit gerader Flugbahn, viel Weiß am Außenschwanz.

VORKOMMEN In nassen, bültenreichen Moorgebieten und auf Feuchtwiesen. Früher auch in Mitteleuropa weitverbreitet, heute bis auf Ostpolen seltener Gast. Rastet auch auf trockenem Boden.

Die Bekassine fliegt häufig im Zickzack-Kurs, im Balzflug „meckert" sie.

Die Doppelschnepfe ist größer und kompakter als die Bekassine, der Schnabel ist kürzer.

265 Zwergschnepfe

Lymnocryptes minimus — Schnepfenverwandte | ganzjährig

Oberseite mit kräftigen, gelblichen Längsbändern

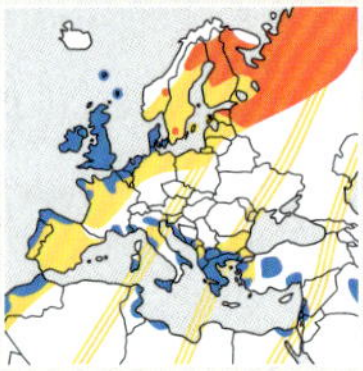

Im Gegensatz zur Bekassine fliegt die Zwergschnepfe stumm und geradlinig auf, um bald wieder zu landen. Die Flügelschläge sind flatternd und die Flugweise etwas zögerlich. Während des Singfluges, der in komplizierten Bahnen verläuft, tragen die Männchen ihren dreiteiligen Gesang vor, dessen mittlerer Teil an die Geräusche galoppierender Pferde erinnert.

MERKMALE 18–20 cm. Kleinste Sumpfschnepfe, nur lerchengroß und mit viel kürzerem Schnabel als Bekassine. Keilförmiger Schwanz ohne Weiß.
VORKOMMEN Auf weiten, sehr feuchten bis nassen Mooren mit Seggen und Wollgräsern sowie in der Strauchtundra. Außerhalb der Brutzeit auf überschwämmten Fächen, aber auch an kleinen Tümpeln und Gräben.
BEOBACHTUNGSTIPP Zwergschnepfen fliegen oft unmittelbar vor den Füßen des Beobachters stumm auf.

266 Waldschnepfe

Scolopax rusticola — Schnepfenverwandte | ganzjährig

Flügel breit, gerundet

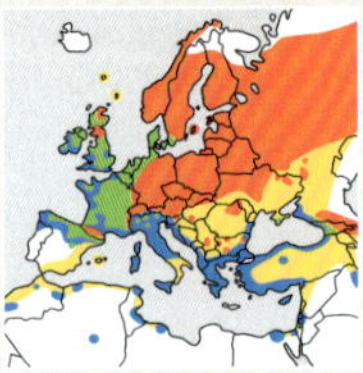

Die oft knapp vor dem Beobachter hochfliegende Waldschnepfe erinnert zunächst an einen kleineren Hühnervogel. Sie fliegt aber ohne dessen burrendes Fluggeräusch. Bei der Balz fliegt das Männchen in der Höhe der Baumwipfel auf festgelegtem Kurs über dem Brutterritorium und äußert dabei abwechselnd ein tiefes Quorren und ein hohes, scharfes „Pisst".

MERKMALE 33–38 cm. Gedrungener, taubengroßer und dickköpfiger Waldvogel. Oberseite rotbraun mit feiner Musterung, wirkt wie altes Laub. Im Flug recht langsame Flugweise; breite, abgerundete Flügel und langer gerader Schnabel auffallend.
VORKOMMEN In ganz unterschiedlichen, aber ausgedehnten Wäldern ohne intensive Forstwirtschaft, aber mit feuchten Bereichen und artenreicher Bodenschicht sowie mit Lichtungen und Schneisen, häufig an Moorrändern.

Die Zwergschnepfe ist nur etwa so groß wie eine Lerche.

Die Waldschnepfe fliegt während der abendlichen Balz in Baumwipfelhöhe.

267

Rotschenkel

Tringa totanus — Schnepfenverwandte

ganzjährig

Jungvogel (oben) Oberseite mit beigefarbenen Feder rändern und orangefarbenen Beinen

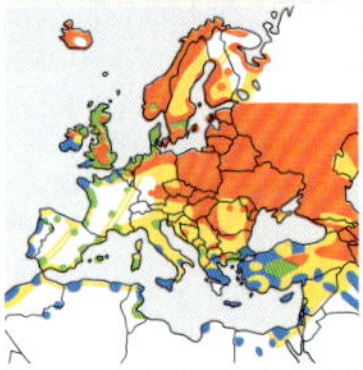

Ein laut flötendes „Djü-ü" oder „Djü-ü-ü", gehört zu den häufigsten Vogelstimmen an der Küste. Vor allem in Brutplatznähe warnen Rotschenkel oft anhaltend „tjicktjicktjick…". Die Gesangsstrophen klingen jodelnd. Da Rotschenkel nur kleine Reviere beanspruchen, kommt es oft zur Bildung von lockeren Brutkolonien.

MERKMALE 24–27 cm. Mittelgroßer Watvogel mit roten Beinen und roter Schnabelbasis. Im Prachtkleid oberseits grob dunkel gefleckt, im Schlichtkleid unscheinbar braungrau. Im Flug sind vor allem der breite, weiße Flügelhinterrand und die ständigen, durchdringenden Rufe auffällig.
VORKOMMEN Ursprünglich in Moorgebieten, Feuchtwiesen und an Kiesbänken von großen Flüssen. Zur Zugzeit in oft großen Trupps an der Küste. In Deutschland heute vorwiegend auf den Salzwiesen der Küste, im Süden sehr selten, dort zur Zugzeit auch im Binnenland anzutreffen.

268

Dunkelwasserläufer

Tringa erythropus — Schnepfenverwandte

April–Okt

Schlichtkleid kräftig rote Beine und hellgraue Oberseite, weißer Bauch ungemustert

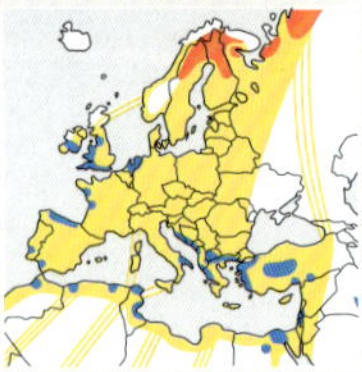

Bei der Nahrungssuche waten Dunkelwasserläufer oft bis zum Bauch im tieferen Wasser und schwimmen sogar gelegentlich. Dabei treten sie häufig in dichten Trupps auf, die sich recht schnell vorwärtsbewegen. Der Gesang – nur am Brutplatz zu hören – klingt wehmütig: „kürrewi…kürrewi… kürrewi…"

MERKMALE 29–33 cm. Etwas größer und vor allem langbeiniger als Rotschenkel, Schnabel ebenfalls länger. Im Prachtkleid bis auf ovales weißes Rückenabzeichen (nur im Flug sichtbar) fast ganz schwarz. Im Jugendkleid ist die Unterseite gleichmäßig gebändert. Ruft im Flug scharf, zweisilbig „tjü-it".
VORKOMMEN In Mooren am Nordrand der Taigazone und in der feuchten Tundra. Außerhalb der Brutzeit in Trupps an flachen Gewässerufern, an Prielen und Brackwasserbereichen im Bereich der Meeresküste.

Der Rotschenkel gehört zu den häufigsten und stimmfreudigsten Küstenvögeln.

Der Dunkle Wasserläufer fällt durch Eleganz und reißenden Flug auf.

269 | **Grünschenkel** | April–Okt
Tringa nebularia — Schnepfenverwandte

Schlichtkleid
Oberseite hellgrau
Vorderhals weiß

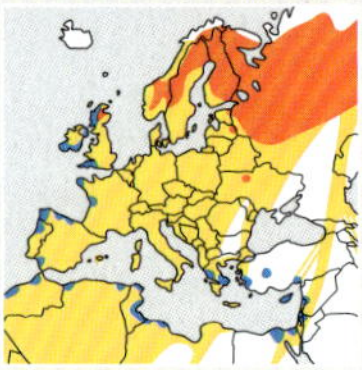

Grünschenkel waten häufig im Flachwasser, um nach Nahrung zu suchen. Dabei rennen sie oft mit geöffnetem Schnabel hinter kleinen Fischen her. Typisch ist der dreisilbige, hart flötende Flugruf „tjütjütjü". Während des Singfluges balzen die Männchen mit weit tragenden „klürri klürri klürri…"-Reihen; Störungen am Brutplatz werden mit scheltendem „Kjükjükjü…" quittiert.

MERKMALE 30–34 cm. Großer Wasserläufer mit meist deutlich aufgeworfenem Schnabel und langen grünlichen Beinen. Im Prachtkleid oberseits mit großen, unregelmäßigen Flecken. Im Jugendkleid Oberseite mit hellen Federrändern. Im Flug fällt der weiße Rückenkeil auf.
VORKOMMEN In Moor- und Heidegebieten mit wenigen Büschen und Bäumen, im Fjäll und in der Tundra. Außerhalb der Brutzeit häufig an der Flachküste, meist einzeln oder in kleinen Trupps auch im Binnenland.

270 | **Teichwasserläufer** | April–Sept
Tringa stagnatilis — Schnepfenverwandte

Schlichtkleid
Beine grünlich
Oberseite recht einheitlich grau

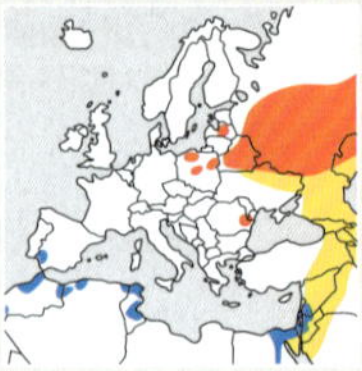

Teichwasserläufer sieht man bei der Nahrungssuche meist einzeln oder in zerstreuten Trupps. Das Bodennest, eine flache Mulde mit etwas Gras und Blättern ausgelegt, liegt gewöhnlich gut versteckt.

MERKMALE 20–25 cm. Graziler, langbeiniger Wasserläufer mit sehr feinem dunklem Schnabel. In der Färbung ähnlich dem Grünschenkel, jedoch nur wenig größer als ein Bruchwasserläufer. Im Prachtkleid Oberseite markant dunkel gefleckt. Ruft im Flug klagend „kiü", oft 3- bis 4-mal wiederholt, weniger scharf als der Grünschenkelruf.
VORKOMMEN In feuchten Wiesen und Sümpfen der Steppenzone in der Nähe von Gewässern. Brütet in Mitteleuropa nur vereinzelt in Polen.
BEOBACHTUNGSTIPP Teichwasserläufer sieht man oft in Gesellschaft anderer Watvögel.

Der Grünschenkel fällt schon von Weitem auf, denn er ist groß, hell und stimmfreudig.

Der Teichwasserläufer ähnelt dem größeren Grünschenkel.

271

Waldwasserläufer
Tringa ochropus — Schnepfenverwandte

ganzjährig

Jungvogel (oben) Sprenkelung deutlicher, erinnert an Bruchwasserläufer

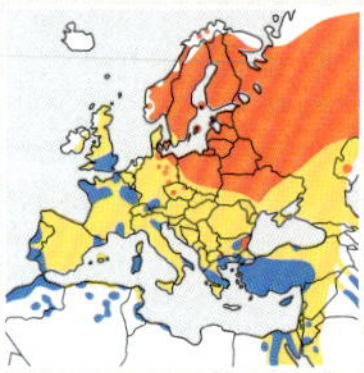

Als einziger europäischer Watvogel nistet der Waldwasserläufer regelmäßig in Vogelnestern, oft in vorjährigen Drosselnestern. Die rhythmischen Gesangsstrophen des Waldwasserläufers lassen sich mit „gegjärluid-gegjärluid-gegjärluid…" wiedergeben. Sie werden in hohem Singflug oder von einer Warte aus vorgetragen.

MERKMALE 20–24 cm. Kurzbeiniger und gedrungener als Bruchwasserläufer, oberseits im Prachtkleid dunkler und mit nur feiner, weißer Sprenkelung. Im Flug schneeweißer Bürzel, kontrastiert zu dunklen Flügeln. Ruft klar, laut „klüiet-wit-wit".
VORKOMMEN In lichten Baumbeständen am Rande von Mooren und Gewässern und in feuchten Bruchwäldern. In Deutschland vor allem im Nordosten. Außerhalb der Brutzeit an Gewässerufern, regelmäßig auch an Gräben und Tümpeln, gelegentlich sogar bei Winterkälte.

272

Bruchwasserläufer
Tringa glareola — Schnepfenverwandte

April–Okt

im Flug helle Flügelunterseite

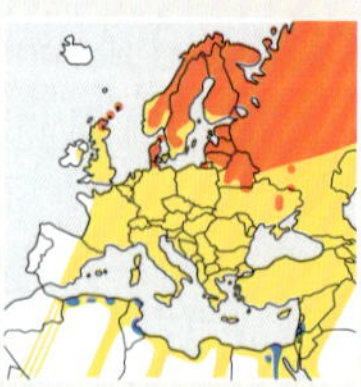

Der Gesang, meist in hohem Singflug vorgetragen, besteht aus abfallenden, etwas an Heidelerche erinnernden Strophen: „de triede triede…" Das Nest befindet sich meist am Boden, selten in einem Drosselnest.

MERKMALE 18,5–21 cm. Im Vergleich zum Rotschenkel deutlich kleiner, Beine gelblich grün, deutlicher, heller Überaugenstreif. Im Prachtkleid oberseits grob hell-dunkel gefleckt. Im Schlichtkleid grauer, Brust fein gestrichelt, Beine eher gelblich.
VORKOMMEN In großen Mooren mit einzelnen Bäumen und in lichten, versumpften Wäldern, auch in der Strauchtundra. Außerhalb der Brutzeit meist im Binnenland an schlammigen Gewässerrändern. In Mitteleuropa bis auf kleine Restvorkommen in Polen als Brutvogel verschwunden.
BEOBACHTUNGSTIPP Achten Sie auf das durchdringende helle „jiffjiffjiff" beim Auffliegen und im Flug.

Der Waldwasserläufer fällt im Flug durch seinen schneeweißen Bürzel auf.

Der Bruchwasserläufer balzt in hohem Singflug mit jodelndem Gesang.

273 Flussuferläufer
Actitis hypoleucos — Schnepfenverwandte | April–Okt

Jungvogel (oben) oberseits helle Federränder

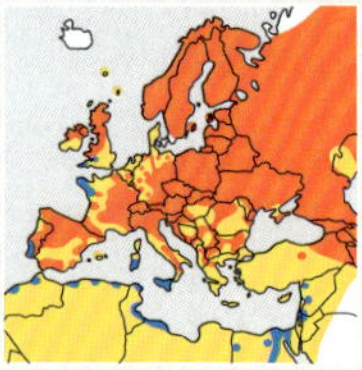

Flussuferläufer fliegen abwechselnd mit Serien hastig zuckender, flacher Flügelschläge und kurzer Gleitstrecken mit steif nach unten gehaltenen Flügeln niedrig über dem Wasser. Am Ufer stehend warnen sie oft mit hohem, durchdringendem „Hiied". Die meist im Flug vorgetragenen Gesangsstrophen ähneln den Rufen.

MERKMALE 18–20,5 cm. Kleiner und kurzbeiniger Wasserläufer mit kräftigem Schnabel. Weiß der Unterseite zieht vor dem Flügelbug keilförmig nach oben. Im Flug weißer Flügelstreif auffallend. Ruft im Flug hoch und scharf „hie-di-di-hie-di-di…".
VORKOMMEN An bewaldeten Ufern und auf Inseln von naturnahen Flüssen, oft im Bergland. Außerhalb der Brutzeit an den Ufern von ganz unterschiedlichen Gewässertypen, hauptsächlich aber an Kies- und Felsufern von Binnengewässern. In Deutschland spärlicher Brutvogel.

274 Terekwasserläufer
Xenus cinereus — Schnepfenverwandte | April–Sept

Prachtkleid zwei schwarze Längsstreifen im Schulterbereich

Die wenigen Brutpaare Finnlands brüten in brackigen Küstengebieten des Bottnischen Meerbusens. Trotz ihres plumpen Aussehens sind Terekwasserläufer bei der Nahrungssuche agiler als die sonst ähnlichen Flussuferläufer. Oft sieht man sie auf Treibholz stehen. Der trillernde Flugruf, ein 3- bis 5-silbiges „Lülülülü…", erinnert etwas an den Regenbrachvogel.

MERKMALE 22–25 cm. Erinnert in Gestalt und Haltung an den etwas kleineren Flussuferläufer, jedoch mit sehr langem, deutlich aufgeworfenem Schnabel und steiler Stirn. Beine kurz, gelblich oder orangefarben. Oberseite hell braungrau mit zwei schwarzen Längsstreifen.
VORKOMMEN An sandigen, schlammigen und moorigen Flussufern und auf kleinen Flussinseln, in der Taiga Nordosteuropas. Außerhalb der Brutzeit an fließenden und stehenden Gewässern.

Der Flussuferläufer ist zur Zugzeit häufig an Fluss- und Seeufern anzutreffen.

Der Terekwasserläufer erinnert bis auf den Schnabel an den Flussuferläufer.

275

Knutt

Calidris canutus — Schnepfenverwandte

April–Okt

Schlichtkleid (vorn) unauffällig hellgrau und weiß
Jungvogel (oben) oberseits markant geschuppt

Im Watt bleiben nahrungssuchende Trupps von Knutts viel dichter beisammen als Alpenstrandläufer. Sie bewegen sich dabei langsam, aber beständig vorwärts. Dicht fliegende Schwärme sehen aus wie Wolken. In Bodennähe haben sie meist eine gestreckte Form, in der Höhe dagegen erscheinen die Schwärme eher oval.

MERKMALE 23–26 cm. Großer, gedrungener Strandläufer mit geradem, kurzem Schnabel und kurzen grünlichen Beinen. Nahrungssuche bedächtiger als beim Alpenstrandläufer. Männchen im Prachtkleid unterseits leuchtend rostbraun. Ruft im Flug weich und gedämpft: „knut-knut".
VORKOMMEN In der steinigen Tundra, meist in Gewässernähe. In Deutschland häufiger Durchzügler im Wattenmeer, vor allem an der Nordsee, wo sich nicht selten riesige Scharen auf den Schlammflächen versammeln.

276

Sanderling

Calidris alba — Schnepfenverwandte

ganzjährig

Prachtkleid (unten) Brust und Oberseite überwiegend rostbraun

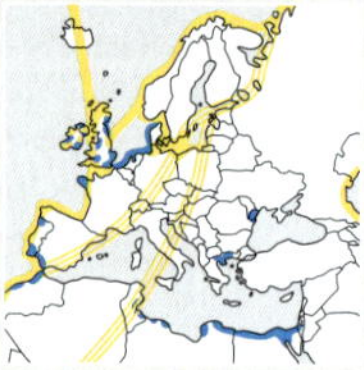

Häufig sieht man Sanderlinge mit sehr schnellen Trippelschritten eilig unmittelbar an der Wasserlinie entlanglaufen. Vor den anlandenden Wellen weichen die an aufgezogenes Spielzeug erinnernden Vögel geschickt aus. Das kleine Nest steht meist auf einer Erhöhung zwischen Flechten und Kriechweiden in der offenen, steinigen Tundra.

MERKMALE 18–21 cm. Etwas größer und gedrungener als Alpenstrandläufer, aber mit relativ kurzem geradem Schnabel. Jungvögel oberseits kräftig schwarz-weiß gefleckt. Im Flug breiter weißer Flügelstreif. Ruft im Flug scharf „klit".
VORKOMMEN In der offenen, steinigen Moos- und Flechtentundra der Arktis. Außerhalb der Brutzeit an fast allen Küsten weltweit; regelmäßig treten sie in den Wattengebieten der Nordsee auf – vorwiegend als Durchzügler im Mai und von Juli bis Oktober.

Der Knutt bildet im Watt oft große, dichte Schwärme, die an Wolken erinnern.

Der Sanderling ist im Schlichtkleid sehr hell, er bevorzugt Sandstrände.

277

Alpenstrandläufer
Calidris alpina — Schnepfenverwandte

ganzjährig

Jungvogel
weiße V-Zeichnung auf Schultern und Mantel

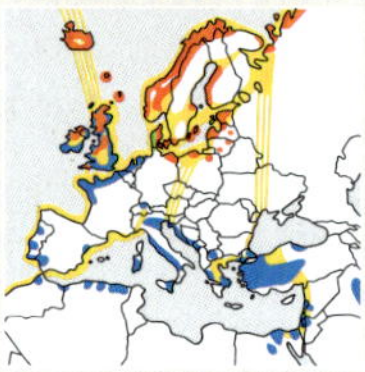

Größere fliegende Trupps erinnern an Wolken, die steigen und fallen und immer wieder ihre Form ändern. Am Brutplatz hört man von den singfliegenden Männchen schnurrende und trillernde Reihen. Das flache Nest ist im Bodenbewuchs gut versteckt.

MERKMALE 17–21 cm. Zur Zugzeit einer der häufigsten Watvögel, dient als „Standard-Strandläufer" für die Bestimmung der übrigen *Calidris*-Arten. Schnabel recht lang, an der Spitze etwas abwärtsgebogen. Im Prachtkleid mit großem, schwarzem Bauchfleck. Ruft trillernd-surrend „trrrü".
VORKOMMEN Brütet keineswegs in den Alpen, sondern in der Tundra, auf Mooren sowie auf Strand- und Salzwiesen. Außerhalb der Brutzeit vorwiegend im Wattenmeer; erscheint zur Zugzeit in kleinen Trupps auch auf binnenländischen Schlammflächen. Nur noch wenige Brutpaare im Nordosten Deutschlands.

278

Sichelstrandläufer
Calidris ferruginea — Schnepfenverwandte

April–Okt

Jungvogel (oben)
recht einheitliches Schuppenmuster auf der Oberseite,
Prachtkleid im Flug (links)
Bürzel mit schwärzlicher Querbänderung

Sichelstrandläufer suchen im Vergleich zum Alpenstrandläufer oft in tieferem Wasser Nahrung. Sie bilden nie so riesige Scharen. Trotzdem sind sie gesellig und suchen bei der Nahrungssuche oft den losen Anschluss zu ähnlich großen Watvögeln.

MERKMALE 19–21,5 cm. Hochbeiniger und mit längerem, deutlicher abwärts gebogenem Schnabel als Alpenstrandläufer. Im Prachtkleid Kopf und Unterseite ziegelrot. Im Flug ungeteilter weißer Bürzelbereich (siehe Alpenstrandläufer). Ruft wohlklingend, rollend „küritt" oder „tirrip".
VORKOMMEN Brütet in der feuchten, seggenbestandenen Tundra, oft in der Nähe eines Tümpels. Als Durchzügler regelmäßig auf Schlammflächen in allen europäischen Ländern. In Deutschland sieht man Sichelstrandläufer vor allem im August und September, seltener im Mai.

Der Alpenstrandläufer bildet außerhalb der Brutzeit im Wattenmeer große Schwärme.

Der Sichelstrandläufer ist weniger gesellig als der Alpenstrandläufer.

279

Meerstrandläufer
Calidris maritima — Schnepfenverwandte

Aug–Mai

Prachtkleid rostbraun auf Oberseite und Scheitel

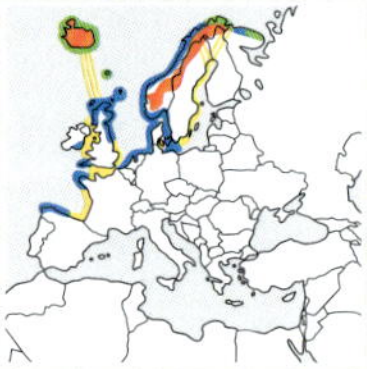

In ihrer dunklen Tarntracht wirken Meerstrandläufer wie „lebendig gewordene“ Steine. In Deutschland sind sie regelmäßige, aber nicht häufige Durchzügler und Wintergäste an der Nordseeküste, seltener an der Ostsee. Während des Singfluges äußert das Männchen schwirrende, flötende und zwitschernde Tonfolgen.

MERKMALE 19–22 cm. Wenig größer, aber kurzbeiniger und gedrungener als Alpenstrandläufer. Im Prachtkleid Oberseitenfedern schwarz, rostbraun und weiß gemustert, Beine und Schnabelbasis gelblich. Jungvögel mit hellen Flügelfedersäumen. Ruft im Flug „kütt“ oder „küt-tit“.
VORKOMMEN Brütet auf kargen, steinigen Hochflächen und in der steinigen Küstentundra. Sonst truppweise an felsigen und steinigen Küsten, zur Nahrungssuche gerne in der Spritzwasserzone – an der Nordsee, seltener an der Ostsee.

280

Sumpfläufer
Calidris falcinellus — Schnepfenverwandte

Mai–Sept

Jungvogel (oben) oberseits ähnliche V-Zeichnung wie junge Alpenstrandläufer

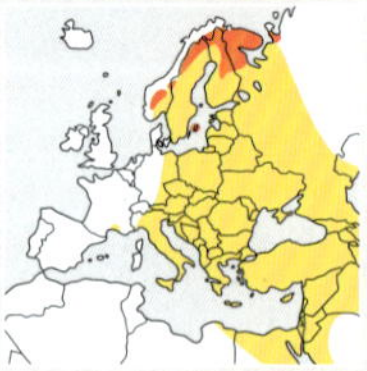

Sumpfläufer treten außerhalb der Brutzeit einzeln oder in kleinen Trupps auf. Sie suchen nicht selten die Gesellschaft von Alpenstrandläufern, bei denen sie durch ihre deutlich langsameren Bewegungen auffallen.

MERKMALE 15–18 cm. Kleiner und kurzbeiniger als Alpenstrandläufer. Schnabel recht lang, im Basalteil gerade, an der Spitze abgeplattet und deutlich abwärtsgeknickt. Streifiges Kopfmuster, das an Bekassine erinnert, auch im Schlichtkleid. Ruft im Flug trocken trillernd „trriiet“.
VORKOMMEN Brütet vor allem in nassen, oft seggenbestandenen, weiten Niederungsmooren, in Sibirien in der feuchten Tundra. Erscheint auf dem Zug vorwiegend im östlichen Teil Mitteleuropas.
SCHON GEWUSST? Am Brutplatz unternehmen die Männchen Singflüge mit sirrenden Gesangsstrophen.

Der Meerstrandläufer wirkt gedrungen, er ist an steinigen Küsten anzutreffen.

Sumpfläufer brüten in weiten, nassen Niederungsmooren.

281 Zwergstrandläufer

Calidris minuta — Schnepfenverwandte | Mai–Okt

Schlichtkleid oberseits grau

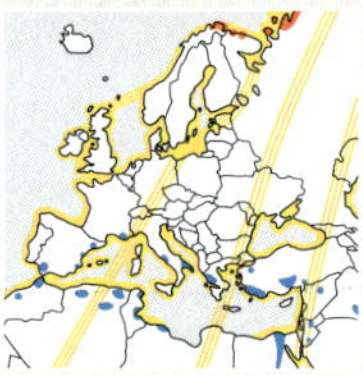

Meist sieht man Zwergstrandläufer in geduckter Haltung emsig im Schlamm picken. Aufgrund ihrer geringen Körpergröße sind ihre Bewegungen rascher und wirken energischer als die des Alpenstrandläufers, mit dem sie im Herbst gemeinsam zu sehen sind.

MERKMALE 14–15,5 cm. Kleinster Strandläufer Europas, elegant und wohlproportioniert, mit kurzem, geradem Schnabel und schwarzen Beinen. Jungvögel im Herbst oberseits mit auffälliger weißer V-Zeichnung. Fliegt noch rasanter und wendiger als Alpenstrandläufer. Ruft im Flug hoch und scharf „kip" oder „titt", deutlich heller als Sanderling. Singt im Flug dünne „svie-svie-svie"-Folgen.
VORKOMMEN Brütet in der Küstentundra und auf kleinen Inseln, häufig in Gewässernähe. Auf dem Zug in Trupps an der Meeresküste, meist im Watt, aber auch auf Schlammflächen des Binnenlandes.

282 Temminckstrandläufer

Calidris temminckii — Schnepfenverwandte | April–Okt

Jungvogel oberseits helles Schuppenmuster

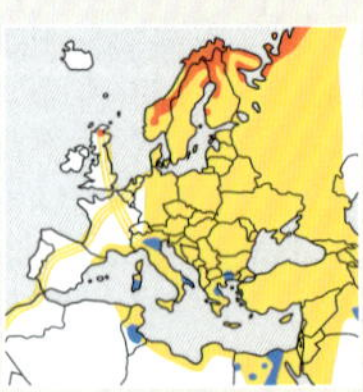

Im Gegensatz zum Zwergstrandläufer halten sich Temminckstrandläufer eher auf bewachsenen Schlammflächen auf. Bei Störung fliegen sie unter häufigen Trillerrufen himmelwärts, während Zwergstrandläufer knapp über dem Wasser davonfliegen. Am Brutplatz balzen die singfliegenden Männchen mit schwirrenden Flügeln, dabei äußern sie rhythmisch an- und abschwellende Trillerfolgen „sirrrrrrrr…".

MERKMALE 13,5–15 cm. Etwa so groß wie Zwergstrandläufer, aber deutlich lang gestreckter und kurzbeiniger. Kopf, Brust und Oberseite meist graubraun; Beine grünlich gelb bis bräunlich, aber nicht schwarz. Im Schlichtkleid Oberseite einfarbig braungrau. Ruft im Flug kurz trillernd und schwirrend, oft mehrfach „tirr".
VORKOMMEN Brütet in der Tundra, in Skandinavien vor allem in der Birken- und Weidenzone des Fjälls. Auf dem Zug an deckungsreichen Ufern.

Der Zwergstrandläufer brütet vor allem in der Küstentundra.

Der Temminckstrandläufer erinnert von Weitem an einen kleinen Flussuferläufer.

283

Steinwälzer

Arenaria interpres — Schnepfenverwandte | ganzjährig

Jungvogel
Oberseite mit hellrostbraunen Federrändern

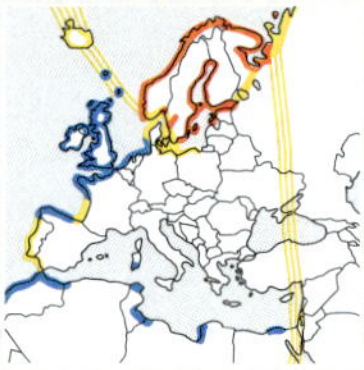

Steinwälzer laufen bei der Nahrungssuche oft in kleinen Trupps bedächtig und etwas wackelnd auf Fels- oder Sandboden. Dabei untersuchen sie das Seegras oder Zwischenräume im Geröll. Mit ihrem kurzen, kräftigen Schnabel können sie Steine und Tang umdrehen und sogar Seepocken und Schnecken aufmeißeln.

MERKMALE 21–24 cm. Gedrungener Watvogel mit kurzen, gelblich roten Beinen. Im Prachtkleid recht bunt und auffällig. Im Schlichtkleid ohne orange- bis rostbraune Gefiederpartien. Im Flug auffällige Oberseitenmusterung oft sichtbar. Ruft nasal stotternd „tük-tük-e-tük-tük", bei Gefahr zu einem durchdringenden Zetern beschleunigt.
VORKOMMEN Brütet an steinigen Küsten und in der Tundra, häufig in einer Möwen- oder Seeschwalbenkolonie. Außerhalb der Brutzeit in kleinen Trupps an steinigen und felsigen Küsten, nicht selten an Hafenmolen.

284

Kampfläufer

Philomachus pugnax — Schnepfenverwandte | März–Okt

Jungvogel
Oberseite mit markantem Schuppenmuster

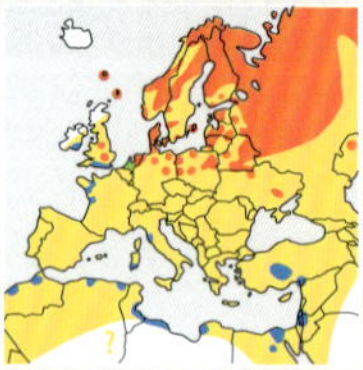

Kampfläufer balzen im Frühjahr in Gruppen auf traditionellen Plätzen. Die stummen Rituale finden meist auf Mooren oder kurzgrasigen Flächen statt. Hier flattern sie mit den Flügeln, machen Luftsprünge und ducken sich mit gespreiztem Kragen und hängenden Flügeln. Wie bei anderen Vögeln mit Gruppenbalz üblich, obliegt das Brutgeschäft allein dem Weibchen.

MERKMALE 22–32 cm. Mittelgroßer Watvogel mit kleinem Kopf und mittellangem, leicht nach unten gebogenem Schnabel, Beine gelblich bis rötlich. Männchen stets deutlich größer und im (sehr variablen) Prachtkleid viel farbenfroher als Weibchen. Im Schlichtkleid Männchen und Weibchen oberseits braungrau gefleckt.
VORKOMMEN In weiten Mooren, auf Feuchtwiesen und auf Heideflächen mit Nassstellen sowie Salzwiesen mit Gräben und Tümpeln an der Küste.

Der im Prachtkleid auffällige Steinwälzer verdankt seinen Namen seiner Nahrungssuche.

Der Kampfläufer trägt variablen, stets eindrucksvollen Federschmuck auf Kopf und Hals.

285 | **Falkenraubmöwe** | Aug–Sept

Stercorarius longicaudus — Raubmöwen

Jungvogel
schlanker und grauer als junge Schmarotzerraubmöwe, deutliche Bänderung am Unterschwanz

Im Frühjahr erscheinen Falkenraubmöwen im Brutgebiet, wenn oft noch viel Schnee liegt. Erst im Juni beginnen sie mit der Brut. Der Bruterfolg hängt vom Vorkommen des Hauptbeutetieres, des Berglemmings, ab. Am Brutplatz hört man laute, ratternde Serien „krrr-krrr-krrr-kri-kri-kri" und ein scharfes „Kriek-kriek".

MERKMALE 35–41 cm. Die kleinste Raubmöwe, etwa lachmöwengroß, wirkt im Flug äußerst leicht, elegant und graziös; lange Schwanzspieße, die sich im Flug locker und wellenförmig bewegen. Recht schmale Flügel.
VORKOMMEN Nur zur Brutzeit an Land, sonst auf der Hochsee, meidet auf dem Zug Küsten. Brütet in der trockenen, arktischen und subarktischen Tundra sowie in der Bergtundra der skandinavischen Fjällkette. Sehr selten als Durchzügler an der Nord- und Ostseeküste Mitteleuropas.

286 | **Schmarotzerraubmöwe** | April–Okt

Stercorarius parasiticus — Raubmöwen

Jungvögel
mittlere Steuerfedern etwas verlängert, spitz, helle und dunkle Variante

Schmarotzerraubmöwen jagen anderen Seevögeln die Nahrung ab. Die rasante Flugweise erinnert mit ihren schnellen Wendungen bei der Verfolgung von kleineren Seevögeln an Falken. Am Brutplatz sind Schmarotzerraubmöwen sehr aggressiv, stürzen sich vehement auf Eindringlinge, auch Menschen, und äußern dabei nasal miauende Rufe „i-i-i-i-ähr".

MERKMALE 37–44 cm. Größe wie Sturmmöwe, aber kompakter gebaut, wirkt oft falkenähnlich rasant. Schwanzspieße zugespitzt. Im Pracht- und Jugendkleid gibt es Varianten mit heller und dunkler Gefiederfärbung sowie Zwischenformen.
VORKOMMEN Brütet in feuchter Tundra und auf Moorflächen in Küstennähe sowie auf unbewachsenen Schären in Skandinavien. Außerhalb der Brutzeit meist auf dem Meer. Vor allem im September an der deutschen Nordseeküste.

Die Falkenraubmöwe wirkt im Flug leicht, graziös und sehr elegant.

Die Schmarotzerraubmöwe zeigt bei der Verfolgungsjagd rasante Flugmanöver.

287

Spatelraubmöwe

Stercorarius pomarinus — Raubmöwen

April–Okt

Jungvogel
Flügelunterseite mit zwei hellen Feldern

Gelegentlich segeln Spatelraubmöwen wie Falken. Sie jagen seltener anderen Vögeln die Beute ab, wie es Schmarotzerraubmöwen häufig tun, dafür töten sie aber mehr Seevögel. Am Brutplatz hört man lange Serien hoher, nasaler, durchdringender Laute: „gíwär gíwär gíwär…", sie warnen tief und rau „käk".

MERKMALE 42–50 cm. Etwas größer und viel gedrungener als Schmarotzerraubmöwe, ebenfalls mit deutlichem weißem Handflügelfeld. Schwanzspieße im Prachtkleid löffelförmig verbreitert und verdreht. Zwei Farbvarianten: eine (deutlich häufigere) helle mit dunkler Kappe und eine dunkle, bis auf die weißen Flügelabzeichen einheitlich schwarzbraun gefärbte Variante.
VORKOMMEN Brütet in der küstennahen Tundra Nordrusslands. Als Durchzügler regelmäßig an der deutschen Nordseeküste, vor allem im Oktober.

288

Skua

Stercorarius skua — Raubmöwen

Aug–Okt

Jungvogel (oben)
dunkler braun, besonders unterseits rotbraun getönt, hintere Unterseite ungebändert

Skuas erlangen – wie andere Raubmöwen auch – einen großen Teil ihrer Nahrung, indem sie andere Seevögel so lange im Flug bedrängen, bis diese ihre gerade erbeutete Nahrung fallen lassen oder auch auswürgen.

MERKMALE 50–58 cm. Silbermöwengroß, aber viel gedrungener. Altvögel bräunlich mit meist heller Fleckung. Im Flug stets großes weißes Flügelfeld ober- und unterseits bei Alt- und Jungvögeln.
VORKOMMEN Brütet auf Inseln nahe der Küste oder in küstennahen Moorgebieten, meist in der Nähe einer Seevogelkolonie. Außerhalb der Brutzeit auf der Hochsee, nach Stürmen gelegentlich an der Nordseeküste.
BEOBACHTUNGSTIPP Skuas segeln häufiger als die anderen Raubmöwen und können daher bei schlechter Sicht mit Greifvögeln verwechselt werden.

Die Spatelraubmöwe fliegt ruhig, sie wirkt im Flug groß mit kräftiger Brustpartie.

Die Skua erkennt man im Flug an ihrer Größe und den großen, weißen Flügelfeldern.

289

Zwergmöwe

Hydrocoloeus minutus — Möwenverwandte | ganzjährig

Jungvogel (oben) schwärzliches Flügelband, dunkler Fleck hinter dem Auge

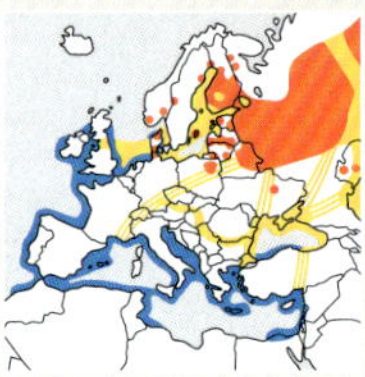

Zwergmöwen erinnern in ihrer eleganten, wendigen Flugweise an Sumpfseeschwalben *(Chlidonias)*: Sie stoßen ständig zur Wasseroberfläche hinab, um kleine Wassertiere aufzupicken, oder stehen auf Pfosten im Wasser. Nicht selten kommt es zu Brutansiedelungen fernab des normalen Verbreitungsgebiets der Art.

MERKMALE 24–28 cm. Kleinste Möwe Europas. Im Prachtkleid mit schwarzer Kapuze bis zum Hinterhals, im Schlichtkleid nur noch schwärzlicher Ohrfleck übrig. Im Flug dunkle Flügelunterseite mit schmalem hellem Hinterrand, bei Jungvögeln oberseits dunkles Diagonalband vor allem im Flug auffällig. Ruft seeschwalbenähnlich „keck“ oder „kikik“, während der Balz im Flug rhythmisch „gjäk-ki-gja-ki-gjä-ki…“.
VORKOMMEN An nährstoffreichen, flachen Seen, brütet in kleinen Kolonien, meist im Anschluss an nistende Möwen oder Seeschwalben. Im Winter meist auf dem Meer.

290

Dreizehenmöwe

Rissa tridactyla — Möwenverwandte | ganzjährig

Jungvogel oberseits dunkles Zickzackband und breites, dunkles Nackenband

Dreizehenmöwen fliegen leicht und elegant, bei ruhigem Wetter mit schnellen Flügelschlägen. Bei Sturm gleiten sie in großen Kurven mit etwas nach unten gebogenen Flügeln und erinnern daher an Sturmtaucher. Das laute, oft ohrenbetäubende Geschrei an den Vogelfelsen stammt vor allem von ihnen: ein nasales „Kiti-wääik“.

MERKMALE 37–42 cm. Stämmig gebaute, mittelgroße Möwe; Schnabel gelb, leicht abwärtsgebogen, Füße recht kurz, schwarz; Flügelspitzen tiefschwarz. Im Schlichtkleid mit grauer Nackenfärbung, die an einen Schal erinnert, und großem, verwaschenem Ohrfleck.
VORKOMMEN Brütet auf den nordischen Vogelfelsen, gebietsweise wie in Norwegen auf Fenstersimsen nah am Wasser; in Mitteleuropa nur auf Helgoland. Außerhalb der Brutzeit meist auf der Hochsee, erscheint nach Stürmen regelmäßig und in geringer Zahl an der Nordseeküste.

Die kleine Zwergmöwe erinnert mit ihrer Flugweise an die Sumpfseeschwalben.

Die Dreizehenmöwe fällt durch ihre leichte und elegante Flugweise auf.

291 Lachmöwe

Chroicocephalus ridibundus — Möwenv. | ganzjährig

Jungvogel (oben) oberseits viel Braun, dunkle Schwanzbinde

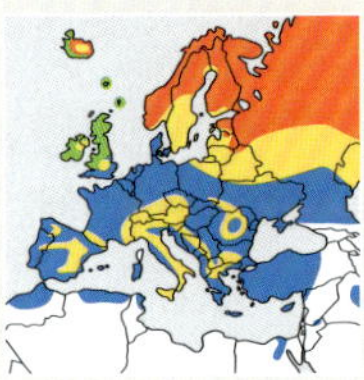

In den oft großen Brutkolonien der Lachmöwen herrscht oft ein ohrenbetäubendes Geschrei. Häufig rufen sie durchdringend und hoch „chärrr", „chriiiär" oder auch kurz „kik" und scharf „kekek".

MERKMALE 35–39 cm. Die häufigste Möwe im Binnenland. In allen Kleidern weißes, keilförmiges Flügelabzeichen am äußeren Handflügel. Im Prachtkleid braune Kapuze, wirkt von Weitem schwarz; Schnabel und Beine dunkelrot. Im Schlichtkleid mit breitem, dunklem Ohrfleck.
VORKOMMEN In Europa weitverbreitet und meist häufig. Zur Brutzeit in Feuchtgebieten im Binnenland und an der Küste, nicht selten große Brutkolonien in Verlandungszonen. Außerhalb der Brutzeit oft große Scharen an Seen und Parkteichen.
SCHON GEWUSST? Das Weibchen wählt den Nistplatz aus, gerne auf einer kleinen Insel oder Bülte.

292 Schwarzkopfmöwe

Ichthyaetus melanocephalus — Möwenv. | April–Sept

Jungvogel graues Armflügelfeld, schwarze Schwanzendbinde

In Mitteleuropa beginnen Schwarzkopfmöwen ihre Bruten meist in der zweiten Maihälfte, also etwas später als Lachmöwen. Die Nester ähneln denen der Sturmmöwe. Beide Altvögel bebrüten die meist drei Eier und füttern die Jungen rund drei Wochen lang im Nest. Die Rufe klingen tief, nasal und klagend „geäää".

MERKMALE 37–40 cm. Im Vergleich zur Lachmöwe etwas größer, mit längeren, dunkleren Beinen und kräftigerem Schnabel. Flügelspitzen bei Altvögeln weiß. Im Prachtkleid ausgedehnte schwarze Kapuze und weiße „Augenklammern", Schnabel und Beine kräftig rot. Im Schlichtkleid insgesamt sehr hell, aber mit dunkler Strichelzeichnung auf Oberkopf und Ohrdecken.
VORKOMMEN Ursprünglich vor allem am Schwarzen Meer, heute bis Mitteleuropa vorgedrungen. Brütet in manchen Lachmöwenkolonien.

Die Lachmöwe erkennt man im Flug an dem weißen Keil auf dem Außenflügel.

Die Schwarzkopfmöwe hat nicht so spitze Flügel wie die Lachmöwe.

293

Silbermöwe

Larus argentatus — Möwenverwandte

ganzjährig

Jungvogel (einjährig) hellgraues Flügelfeld Schnabel rosa mit schwarzer Spitze

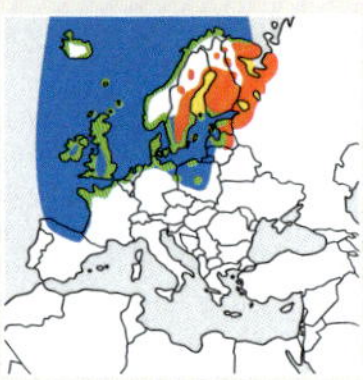

Im Winterhalbjahr besuchen Silbermöwen zur Nahrungssuche oft Häfen und Müllplätze. Häufig hört man von ihnen tiefe, laute und durchdringende Folgen: „kiiejä- kiiejä- kiiejä-kiä-kjau-kjau-kjau".

MERKMALE 54–60 cm. Die häufigste „Seemöwe". Oberseite hellgrau, kontrastiert mit dem Schwarz der Handschwingen, Beine stets rosafarben. Im Prachtkleid weißer Kopf, im Schlichtkleid kräftige Kopfstrichelung.
VORKOMMEN Vorwiegend an der Küste, als Brutvogel aber immer weiter im mitteleuropäischen Binnenland. Brütet meist auf Strandwiesen und in Dünengelände, oft auf kleinen Inseln und Klippen vor der Küste.
BEOBACHTUNGSTIPP Silbermöwen gehören zu den Möwenarten, die häufig und ausdauernd Schiffen folgen. Dabei kann man beobachten, mit welcher Perfektion sie den Segel- und Gleitflug beherrschen.

294

Mittelmeermöwe

Larus michahellis — Möwenverwandte

ganzjährig

Jungvogel (oben) Kopf und Unterseite recht hell Prachtkleid (unten)

Früher führte man Mittelmeer- und Steppenmöwe als Unterarten der „Weißkopfmöwe", die ihrerseits lange als Unterart der Silbermöwe galt. Heute räumt man allen drei Formen Artrang ein, denn sie unterscheiden sich deutlich voneinander und kommen gebietsweise auch gemeinsam vor, ohne sich zu vermischen.

MERKMALE 52–58 cm. Im Vergleich zur Silbermöwe stets gelbe Beine, längere Flügel mit größerem Schwarzanteil, im Schlichtkleid kaum gestrichelter Kopf. Die *Steppenmöwe (Larus cachinnans)* hat blassgelbe Beine, ist jedoch hochbeiniger und insgesamt schlanker und hat einen schlankeren Schnabel. Ruft recht tief, nasal.
VORKOMMEN An der Küste und an Binnengewässern, breitet sich nach Norden aus. Brütet regelmäßig in Süddeutschland an den großen Seen.

Die Silbermöwe ist die häufigste „Seemöwe“, sie begleitet oft Schiffe.

Die Mittelmeermöwe wirkt wegen ihrer langen Flügel eleganter als die Silbermöwe.

296 Mantelmöwe

Larus marinus — Möwenverwandte

ganzjährig

Jungvogel
1. Winter (oben)
3. Winter (Mitte)
Prachtkleid (unten)

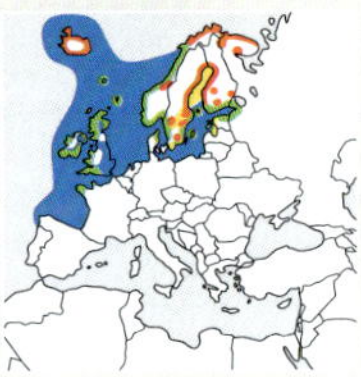

Nach der Nahrungssuche im Watt ruhen die Mantelmöwen auf Sandbänken. Grünland, auch direkt an der Küste, wird gemieden. Die Nester stehen oft etwas exponiert auf kleinen Erhebungen, auf Inseln möglichst an der höchsten Stelle. Der oft umfangreiche Bau besteht aus Gras, Heidekraut, Tang und Federn.

MERKMALE 61–74 cm. Die größte und kräftigste Möwe. Großer, langer Kopf mit hohem, sehr kräftigem Schnabel; Beine rosafarben. Im Flug langsame, bedächtige, wuchtig wirkende Flügelschläge. Im Schlichtkleid nur schwache Kopfstrichelung. Ruft tiefer und rauer als andere Großmöwen, heiser „krau-krau-krau".
VORKOMMEN Brütet vor allem auf kleinen Inseln an der Felsküste. Sonst ganzjährig an der Nord- und Ostsee; in Deutschland seit Mitte der 1980er-Jahre regelmäßiger Brutvogel in wenigen Paaren.

297 Heringsmöwe

Larus fuscus — Möwenverwandte

ganzjährig

Jungvogel
Oberseite dunkel
deutliches Schuppenmuster

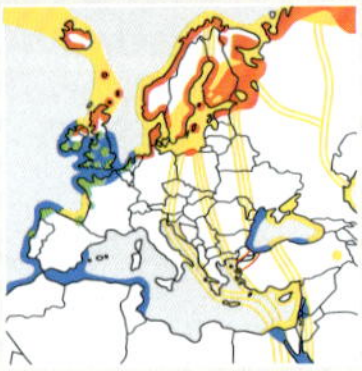

Heringsmöwen sind gesellig. Man trifft sie oft zusammen mit anderen Möwenarten. Sie besuchen relativ selten Müllplätze, jagen dort aber häufig anderen Möwen das gefundene Futter ab. Im Winter halten sie sich meist im Küstenbereich und auf offener See auf.

MERKMALE 48–56 cm. Ähnlich kleiner Mantelmöwe, aber mit gelben Beinen und deutlich schwächerem Schnabel; wirkt im Flug schlanker und weniger wuchtig. Unterart *fuscus* (Baltikum) oberseits so dunkel wie Mantelmöwe. Ruft ähnlich Silbermöwe, aber tiefer und rauer.
VORKOMMEN Heringsmöwen brüten nicht selten in gemischten Kolonien zusammen mit Silbermöwen, meist in Dünengelände oder auf Inseln in Küstennähe.
SCHON GEWUSST? Manche Populationen der Heringsmöwe ziehen im Herbst bis nach Ost- und Südafrika.

Die Mantelmöwe ist die größte Möwe, sie fliegt mit wuchtigen Flügelschlägen.

Die Heringsmöwe zeigt nur wenig Weiß in der Spitze der langen Flügel.

298 Eismöwe

Larus hyperboreus — Möwenverwandte | Okt–April

Jungvogel
Schnabel rosa mit schwarzer Spitze
Gefieder beige- bis sandbraun

Nicht selten fangen Eismöwen Krabbentaucher in der Luft und verschlucken sie sofort. Mitunter zwingen sie die Alken durch Angriffe zu ständigem Tauchen bis zur Erschöpfung. Gelegentlich töten Eismöwen auch neugeborene Robben oder jagen Eiderenten die Nahrung ab. Sie verzehren aber hauptsächlich Fische, Krebstiere und Seevögel.

MERKMALE 63–68 cm. In der Größe zwischen Silber- und Mantelmöwe, im Alterskleid reinweiße Flügelspitzen. Mantel oberseits hellgrau. Im Schlichtkleid starke Strichelung von Kopf, Hals und Brust. Ruft ähnlich Silbermöwe, aber rauer und etwas tiefer.
VORKOMMEN Brütet oft hoch auf Klippen und Felswänden kleiner Inseln, die vor Raubfeinden Schutz bieten. Gerne an steilen, mit Gras bewachsenen Südhängen der Küste und im Binnenland. In Mitteleuropa recht selten, aber alljährlich in geringer Zahl an der Nordseeküste.

299 Sturmmöwe

Larus canus — Möwenverwandte | ganzjährig

Jungvogel
rundlicher Kopf

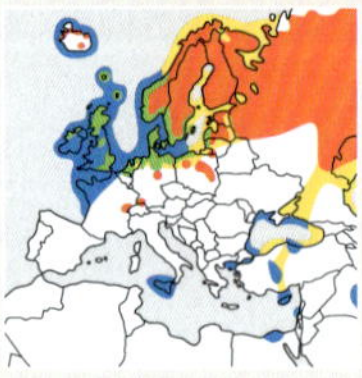

Während die Paare im Binnenland oft einzeln brüten und höhere Verluste durch Nesträuber erleiden, bilden Sturmmöwen an den Küsten häufig kleine Kolonien von rund zehn Paaren. Das Nest steht meist in kurzem Gras, auf sandigem, moorigem oder felsigem Untergrund.

MERKMALE 40–46 cm. Mittelgroße, wohlproportionierte Möwe mit weißlichem, rundem Kopf und dunklen Augen. Schnabel schlank, grüngelb, Beine gelblich grün. Im Schlichtkleid mit dunkler Strichelung an Kopf und Hals. Ruft meist höher als Silbermöwe, häufig das ganze Jahr über lachend „kliii-ä-kliii-ä“, gefolgt von „keja-keja“-Folgen.
VORKOMMEN Brütet hauptsächlich auf Strand- und Moorwiesen, in Dünengelände, auf felsigen Klippen sowie auf kleinen, küstennahen Inseln; lokal in Mitteleuropa auch im Binnenland. Sonst ganzjährig an der Küste und häufig auch an Binnenseen und auf Kulturflächen.

Die Eismöwe ist größer als die Silbermöwe und wirkt stets sehr hell.

Die Sturmmöwe ist deutlich kleiner, schlanker und rundköpfiger als die Silbermöwe.

300 | **Raubseeschwalbe** | April–Okt
Hydroprogne caspia — Möwenverwandte

Jungvogel
Kappe mit weißer Strichelung, reicht an den Kopfseiten weiter nach unten Beine heller

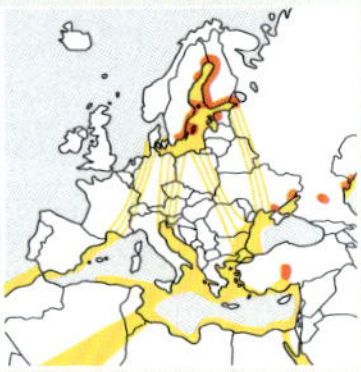

Die Flugweise der Raubseeschwalbe wirkt möwenartig und geschmeidig, beim Stoßtauchen jedoch sehr rasant. Zur Zugzeit sieht man Raubseeschwalben gelegentlich an Seen oder Fischteichen Mitteleuropas.

MERKMALE 48–55 cm. Größte Seeschwalbe, so groß wie eine Heringsmöwe, mit sehr kräftigem, rotem Schnabel, Beine und Füße schwarz. Flügel sehr lang, unterseits dunkle Handschwingen; Flügelschläge langsam und tief. Im Schlichtkleid Kopfkappe weiß gesprenkelt. Ruft im Flug reiherartig tief, rau und barsch „krää-är" oder „tchäägrää".
VORKOMMEN Brütet auf unzugänglichen Halbinseln direkt am Meer sowie auf kleinen Inseln an der Küste oder seltener in großen Binnenseen.
SCHON GEWUSST? In Deutschland brütet nur noch ein winziger Restbestand an der Küste Mecklenburg-Vorpommerns.

301 | **Zwergseeschwalbe** | April–Sept
Sternula albifrons — Möwenverwandte

Jungvogel
oberseits dunkelbraunes Wellenmuster
Schnabel dunkel mit gelblicher Basis

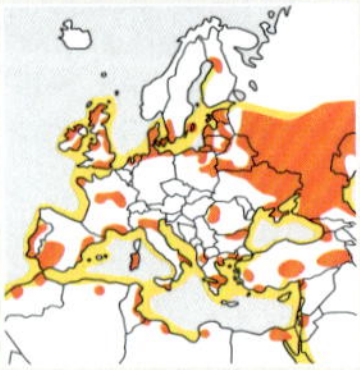

Die Zwergseeschwalbe bevorzugt für ihre Brut genau die Strandabschnitte, die auch für Menschen am attraktivsten sind. Diese Vorliebe hat zusammen mit hoher Störanfälligkeit vielerorts zum Verschwinden der Art geführt. Ihr Rüttel- und Tauchverhalten erinnert an das der viel größeren Küstenseeschwalbe. .

MERKMALE 21–25 cm. Die kleinste Seeschwalbe Europas. Kurzer, stark gegabelter Schwanz und schlanke, spitze Flügel. Stets mit weißem Stirnfleck, im Prachtkleid scharf begrenzt. Die Flügelschläge wirken hastig und etwas ruckartig. Ruft scharf, kratzend „krit-krit", „kirri-ik" oder, bei drohender Gefahr, „kirri-kit kirri-kit…".
VORKOMMEN Brütet auf Sand- und Kiesstränden der Küste, von küstennahen Inseln sowie an ruhigen Stränden von Seen und großen Flüssen, oft in der Nachbarschaft von Kolonien größerer Seeschwalben und Möwen.

Die Raubseeschwalbe fliegt mit langsamen, möwenartig tiefen Flügelschlägen.

Die Zwergseeschwalbe fliegt mit hastigen, etwas ruckartigen Flügelschlägen.

302 Flussseeschwalbe

Sterna hirundo — Möwenverwandte

April–Sept

Jungvogel
Oberseite gebändert
anfangs gelbbraun

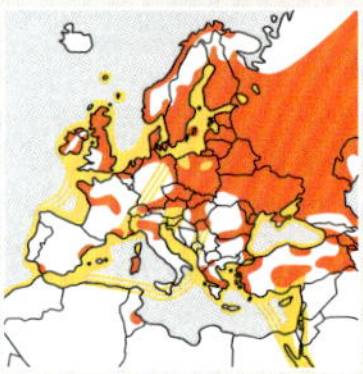

In Deutschland sind die Binnenlandvorkommen der Flussseeschwalbe bis auf kleine bedrohte Restbestände erloschen. Die meisten Jungen von Binnenlandbrütern werden heute auf künstlichen Nistinseln geboren, denn geeignete natürliche Brutplätze an Flüssen und Seen fehlen inzwischen so gut wie vollständig.

MERKMALE 34–37 cm. Sehr ähnlich der Küstenseeschwalbe, aber Kopf und Schnabel sowie Beine länger. Altvögel mit orangerotem Schnabel meist mit dunkler Spitze. Im Schlichtkleid mit heller Stirn. Ruft am Brutplatz schnell „kirikirikiri…", kurz „kit" oder „chriiärr".
VORKOMMEN Brütet meist auf flachen Inseln in Küstennähe und auf ungestörten Stränden und Sandbänken; im Binnenland auf Kiesinseln und an Kiesstränden von Flüssen sowie auf kleinen Inseln in größeren Seen und an geschützten, ungestörten Ufern von Seen und Teichen.

303 Küstenseeschwalbe

Sterna paradisaea — Möwenverwandte

April–Okt

Jungvogel
oberseits mit nur
wenig Gelbbraun

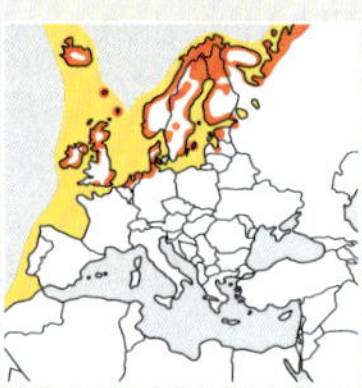

Die Küstenseeschwalbe ist mit bis zu 30 000 km jährlicher Flugstrecken-Rekordhalter in Sachen Vogelzug. Ihre Winterquartiere liegen vorwiegend am Packeisrand südlich von Afrika. Die seltene *Rosenseeschwalbe (Sterna dougallii)* brütet an wenigen Küsten Nordwesteuropas. Sie erscheint mitunter an der Nordseeküste.

MERKMALE 33–39 cm. Wirkt am Boden kleiner, schlanker und zierlicher als die Flussseeschwalbe, Schnabel kürzer und Kopf rundlicher, Beine sehr kurz, wirkt beinlos. Altvögel mit einheitlich rotem Schnabel. Jungvögel oberseits mit nur wenig Gelbbraun. Schlichtkleid erst im Winterquartier. Ruft höher und weniger rau als Flussseeschwalbe.
VORKOMMEN Brütet meist auf kleinen, spärlich bewachsenen Inseln, direkt auf der Sand-, Fels- oder Kiesküste in Mitteleuropa oder an einsamen, nährstoffarmen Binnengewässern im hohen Norden Europas.

Die Flussseeschwalbe wirkt im Flug sehr hell, schlank und elegant.

Die Küstenseeschwalbe ist noch langschwänziger als die Flussseeschwalbe.

305

Brandseeschwalbe

Thalasseus sandvicensis — Möwenverwandte | März–Okt

Jungvogel oberseits kräftig dunkel gewellt

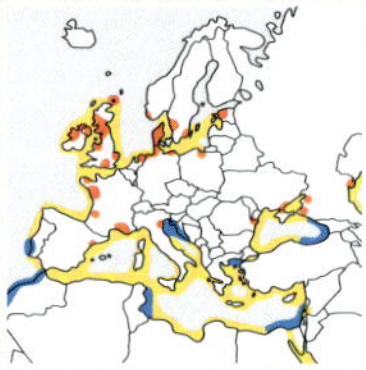

Brandseeschwalben fliegen bei der Fischjagd höher über dem Wasser als Fluss- und Küstenseeschwalben und sie zeigen noch vehementeres Stoßtauchen. Trupps kündigen sich häufig zuerst akustisch an – meist mit lauten, rauen, kratzigen, rebhuhnähnlichen „kirräk"-Rufen.

MERKMALE 37–43 cm. Recht große, oft sehr hell wirkende Seeschwalbe mit struppigem Schopf am Hinterkopf. Langer, schlanker Schnabel mit gelber Spitze. Im Schlichtkleid mit weißer Stirn. Die ähnliche *Lachseeschwalbe (Gelochelidon nilotica)* mit kurzem, etwas möwenartigem, schwarzem Schnabel ist in Mitteleuropa äußerst selten.
VORKOMMEN Das ganze Jahr über stark an die Küste gebunden. Brütet auf störungsfreien Sandflächen oder flachen, höchstens spärlich bewachsenen Inseln in Küstennähe. In Deutschland an der Nordseeküste mehrere große Kolonien. Überwintert im Mittelmeergebiet oder an den afrikanischen Küsten.

307

Trauerseeschwalbe

Chlidonias niger — Möwenverwandte | April–Sept

Schlichtkleid (ab Juni) dunkler Brustseitenfleck

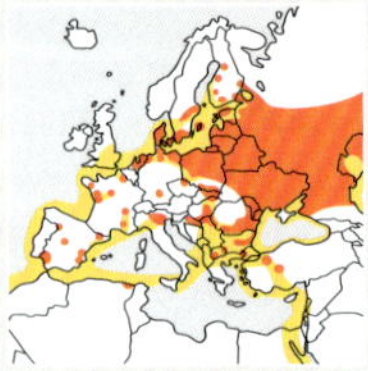

Im Vergleich zu den weißen Seeschwalben fangen Trauerseeschwalben ihre Beutetiere nicht stoßtauchend, sondern sie erbeuten Insekten, die sie in der Luft fangen, viel häufiger aber direkt aber vom Wasser aufpicken.

MERKMALE 22–26 cm. Kleine, auffallend dunkle Seeschwalbe; Flügel recht kurz und relativ breit, Schwanz nur leicht gekerbt. Im Prachtkleid Kopf, Hals und Unterseite schwarz, Flügel, Rücken und Schwanz aschgrau. Ruft meist nasal, scharf „kik", „kik-kik".
VORKOMMEN Brütet in Kolonien an vegetationsreichen Seen, Fischteichen, Altwässern und langsam fließenden Flüssen. Durchzügler in Mitteleuropa meist im Mai.
BEOBACHTUNGSTIPP Die geselligen Trauerseeschwalben sieht man oft truppweise wie Schwalben in wendigem, unstetem Flug über dem Wasser fliegen.

Die Brandseeschwalbe wirkt groß und fliegt bei der Nahrungssuche recht hoch.

Die Trauerseeschwalbe wirkt sehr dunkel, sie fliegt oft niedrig über dem Wasser.

308 Weißflügel-Seeschwalbe

Chlidonias leucopterus — Möwenverwandte | Mai–Sept

Schlichtkleid
recht helle Oberseite
nur zart gestrichelte Kappe

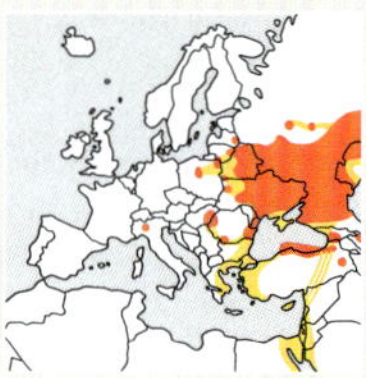

Häufig nutzen Weißflügel-Seeschwalben für die Nestanlage Überschwemmungen wie bei den in Nordostdeutschland festgestellten Bruten in den 1990er-Jahren. Beide Partner bauen ein recht umfangreiches und stabiles Nest aus grünen Blättern und Stängeln auf einer Erhebung im dichten Schwimmpflanzenteppich.

MERKMALE 20–24 cm. In Größe und Gestalt weitgehend wie Trauerseeschwalbe, aber mit rundlicherem Kopf, kleinerem Schnabel und etwas breiteren Flügeln. Im Prachtkleid kontrastreich schwarz-weiß. Im Jugendkleid oberseits recht dunkel. Ruft laut und rau „krek" oder auch „kwek".
VORKOMMEN Brütet an üppig bewachsenen Seen mit ausgedehnten Schwimmblattbereichen und seichter Verlandungszone. Zur Zugzeit auch an offeneren, seichten Gewässern und an Lagunen sowie in der Gezeitenzone.

309 Weißbart-Seeschwalbe

Chlidonias hybrida — Möwenverwandte | April–Sept

Schlichtkleid
Hinterscheitel dicht schwarz gestrichelt, geht in dunklen Ohrfleck über

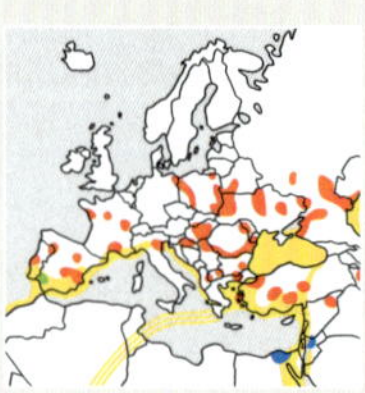

Außerhalb der Brutzeit trifft man Weißbart-Seeschwalben auch an offenen Seen und Stauseen sowie an der Küste an. Als Durchzügler treten sie im Binnenland Mitteleuropas vor allem im Mai auf. Im westlichen Mitteleuropa ist die Art nur ausnahmsweise Brutvogel. Ruft rau schnarrend „krrrt".

MERKMALE 24–28 cm. Im Vergleich zu anderen Sumpfseeschwalben größer und weniger zierlich. Erinnert im Flug eher an die weißen Seeschwalben, Gefieder jedoch dunkler. Im Prachtkleid mit blutrotem Schnabel, schwarzer Kappe und weißen Wangen. Jungvögel oberseits markant gemustert.
VORKOMMEN An Seen und in Süßwassersümpfen des Tieflandes, aber auch an Fischteichen mit Schwimmblatt-Teppichen und üppig bewachsenen Ufern wie in den ungarischen Teichgebieten. Überwintert am Mittelmeer.

Die Weißflügel-Seeschwalbe zeigt im Flug schwarze Unterflügeldecken.

Die Weißbartseeschwalbe ist nicht so zierlich wie die übrigen Sumpfseeschwalben.

310 Trottellumme

Uria aalge — Alke

ganzjährig

Schlichtkleid
Unterseite, vorderer Hals und von dunklem Strich geteilte Wangen weiß

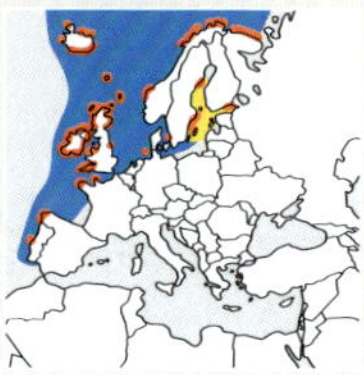

In Deutschland brütet die Trottellumme nur auf Helgoland. Außerhalb der Brutzeit halten sich die Lummen meist auf der Hochsee auf, in den Gewässern um Helgoland jedoch ganzjährig. Die ähnliche *Dickschnabellumme (Uria lomvia)*, Brutvogel im hohen Norden, wird nur selten im Bereich der Nordsee gesichtet. Ruft kehlig „arrr".

MERKMALE 38–46 cm. Schwarz-weißer, etwa entengroßer Küstenvogel mit bräunlicher Oberseite und weißer Unterseite. Im Schlichtkleid Unterseite, vorderer Hals und die von einem dunklen Strich geteilten Wangen weiß.
VORKOMMEN Brütet meist auf hohen, oft senkrechten Klippen mit schmalen Felsbändern oder Absätzen – an der Küste oder auf vorgelagerten Inseln.
BEOBACHTUNGSTIPP Es gibt eine Variante mit schmalem, weißem Augenring und „Lidstrich" (Ringellumme).

312 Tordalk

Alca torda — Alke

ganzjährig

Schlichtkleid
Kopfseiten weiß ohne weißen Zügelstreif, recht langer, spitzer Schwanz

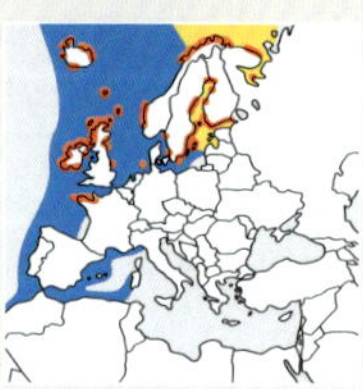

Tordalken brüten häufig zusammen mit Trottellummen in gemischten Kolonien. Sie wählen lieber weniger ausgesetzte Nistplätze als die Lummen und ziehen ihren Nachwuchs gerne unter Felsvorsprüngen, großen Steinen oder sogar in kleinen Höhlen groß. In Deutschland brüten wenige Paare auf dem Helgoländer Lummenfelsen.

MERKMALE 38–43 cm. Hoher, schmaler, stumpf endender Schnabel, mit weißer Binde vor der Spitze. Im Prachtkleid mit weißem Zügelstreif. Im Vergleich zur Trottellumme vorne viel gedrungener mit kürzerem, dickerem Hals, größerem Kopf, kantigerem Hinterkopf und spitzerem Hinterende. Ruft am Brutplatz tief knarrend „goärrr".
VORKOMMEN Zur Brutzeit in Kolonien auf Felsklippen, sonst auf dem Meer. In Mitteleuropa regelmäßig in den Gewässern um Helgoland anzutreffen.

Die Trottellumme wirkt im Flug rundrückig, die Füße überragen den Schwanz.

Der Tordalk wirkt im Flug weniger rundrückig als die ähnliche Trottellumme.

313

Gryllteiste
Cepphus grylle — Alke

ganzjährig

Schlichtkleid großenteils weiß, Flügelabzeichen bleibt erhalten

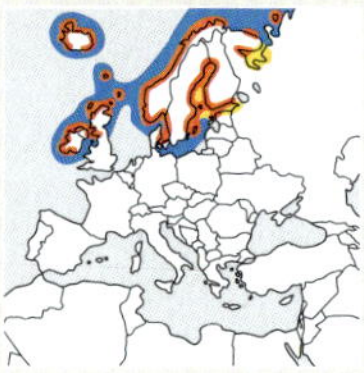

Als einzige der Alken Europas legen Gryllteisten in der Regel zwei Eier. Diese liegen in einer flach ausgekratzten Mulde mit etwas Nistmaterial. Als Brutplatz dient meist eine Höhle oder Halbhöhle, die häufig zwischen Felsblöcken am Fuß der Steilfelsen liegt.

MERKMALE 32–38 cm. Schnabel dunkel, gerade, schlank und spitz. Im Prachtkleid mit samtschwarzem Gefieder, großen, weißen Flügelabzeichen und kräftig roten Füßen. Bei Jungvögeln Flügelabzeichen dunkel gebändert. Ruft merkwürdig hoch und fein pfeifend-zirpend „ssiiirrp".
VORKOMMEN Brütet an felsigen Küsten und auf kleinen Inseln. Im Winter vielfach in Kolonienähe auf dem Meer, erscheint regelmäßig an der deutschen Ostseeküste.
BEOBACHTUNGSTIPP Gryllteisten erinnern knapp über dem Wasser fliegend an Samtenten-Männchen, zeigen jedoch schwirrende Flügelschläge.

314

Papageitaucher
Fratercula arctica — Alke

ganzjährig

Jungvogel Schnabel kleiner, Kopfseiten düster grau

Papageitaucher brüten in großen und oft dichten Kolonien. Beide Partner graben mit Schnabel und Füßen eine Erdhöhle oder sie übernehmen die fertige Röhre eines Sturmtauchers, Kaninchens oder auch eines Artgenossen. Der nur starengroße *Krabbentaucher (Alle alle)* brütet in oft riesigen Kolonien an hochnordischen Klippen; er erscheint mitunter in der Deutschen Bucht.

MERKMALE 28–34 cm. Hoher, überaus bunter Schnabel, nur aus der Nähe auffällig, Schnabel im Schlichtkleid kleiner und vorwiegend gelblich. Im Flug geschlossenes, schwarzes Halsband und dunkle Unterflügel kennzeichnend. Ruft am Brutplatz knurrend „arr".
VORKOMMEN Zur Brutzeit an steilen Grashängen über der Felsküste, danach auf der Hochsee. In Deutschland nur selten auf der Nordsee. Noch im 19. Jahrhundert war der Papageientaucher Brutvogel auf Helgoland.

Die Gryllteiste fliegt mit schwirrenden Flügelschlägen, dabei fällt das ovale Flügelfeld auf.

Der Papageitaucher zeigt im Flug ein geschlossenes schwarzes Halsband.

316

Sterntaucher
Gavia stellata — Seetaucher

Sept–Mai

Jungvogel (oben)
Kopf und Hals überwiegend grau
Schlichtkleid (unten)

Der Sterntaucher kann auch an kleinen Seen brüten, denn er benötigt zum Start von der Wasseroberfläche deutlich weniger Anlaufstrecke als die größeren Seetaucher. Der von Männchen und Weibchen im Duett vorgetragene Gesang am Brutplatz klingt etwas schaurig „orro-u" oder mehr jammernd „aaaaau".

MERKMALE 55–67 cm. Kleinster und schlankster Seetaucher. Kopf meist schräg nach oben gehalten, Schnabel leicht aufgeworfen. Wirkt recht hell, roter Halsfleck erscheint nicht selten nur dunkel. Ruft im Flug gänseartig „gwah-gwah-gwah…".
VORKOMMEN Brütet meist an kleinen und oft flachen Seen in Moorgebieten und in der Tundra. Alljährlicher Durchzügler und Wintergast an der deutschen Nord- und Ostseeküste sowie – seltener – auf Binnenseen.

317

Prachttaucher
Gavia arctica — Seetaucher

Aug–Mai

Jungvogel (oben)
oberseits mehr bräunlich, deutlicher geschuppt
Schlichtkleid (unten)

Nicht selten treffen sich Prachttaucher von mehreren Seen, um im Trupp zu fischen. Bei ihren „Schwimmspielen" tänzeln sie mit hochgerecktem Kopf umeinander, bis sie, wie auf Kommando, alle gleichzeitig wegtauchen. Die Lautäußerungen des Prachttauchers am Brutplatz (Reviergesang) sind sehr stimmungsvoll, man hört oft laute, klagende „Kluui-klo-kluui-klo…"-Serien.

MERKMALE 63–75 cm. Meist waagrecht gehaltener Kopf, gerader Schnabel, Gefieder kontrastreich.
VORKOMMEN Brütet an oft tiefen und fischreichen Seen; außerhalb der Brutzeit meist in Küstengewässern, im Winter auch regelmäßig auf Binnenseen Mitteleuropas zu finden.
BEOBACHTUNGSTIPP Im Prachtkleid sieht der Prachttaucher auffallend adrett aus mit schwarzem Fleck auf Kinn und Kehle, schwarz-weißer Vorderseitenstreifung und auffälliger weißer Fensterung auf der Oberseite.

Der Sterntaucher wirkt recht schlank, er hält den Kopf oft schräg nach oben.

Der Prachttaucher hält beim Schwimmen Kopf und Schnabel meist gerade.

318

Eistaucher

Gavia immer — Seetaucher

Aug–Mai

Jungvogel
Gefieder bräunlich
oberseits deutliches
Schuppenmuster

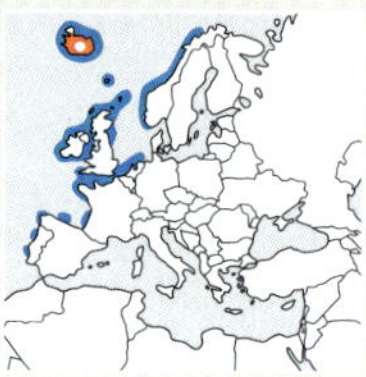

Die lauten, heulend-klagenden bis gelächterartigen Gesangsdarbietungen der Eistaucher klingen ausgesprochen schaurig. Lautäußerungen dieser Art dienen der Filmindustrie häufig als „Hintergrundmusik".

MERKMALE 73–88 cm. Im Vergleich zum meist deutlich kleineren Prachttaucher dickere Halspartie, größerer Kopf und steilere, etwas eckig wirkende Stirn. Im Prachtkleid dunkelgrün glänzender, schwarzer Hals. Im Schlichtkleid halber Halsring und weißlicher Augenring.
VORKOMMEN Vor allem Nordamerika. Außerhalb der Brutzeit meist auf küstennahen Gewässern, gelegentlich bei Helgoland, selten auf Inlandseen.
SCHON GEWUSST? Der ähnliche *Gelbschnabeltaucher*, Brutvogel im äußersten Nordosten Europas, ist regelmäßiger, seltener Wintergast an der Norwegischen Küste.

320

Zwergtaucher

Tachybaptus ruficollis — Lappentaucher

ganzjährig

Schlichtkleid
wenig Kontraste
heller Fleck im
Schnabelwinkel

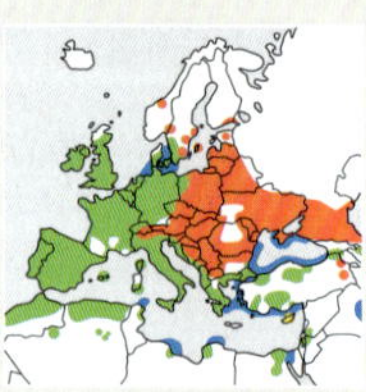

Der Reviergesang des Zwergtauchers wird von Männchen und Weibchen im Duett vorgetragen: Vorwiegend zur Balz und Brutzeit hört man laute, aber weiche, etwas vibrierende Trillerreihen. Die Kontaktrufe klingen wie „bie-ib", Alarmruf ist ein scharfes „wit-wit". Das Nest ist eine schwimmende Plattform aus Pflanzenteilen.

MERKMALE 23–29 cm. Der kleinste Lappentaucher Europas, kompakt und kurzschnäblig, erinnert an ein Entenküken, besonders wenn das „Heck"-Gefieder bei Kälte stark gesträubt ist. Im Prachtkleid Kopfseiten und Vorderhals kastanienbraun.
VORKOMMEN Brütet auf Tümpeln, Teichen und kleineren Seen, aber auch an dicht bewachsenen Ufern von größeren Seen und langsam fließenden Flüssen. Im Winterhalbjahr in Ufernähe auf Seen, sogar auf wenig bewachsenen Stauseen und Kanälen, auch mitten in Großstädten.

Der Eistaucher fällt durch seinen großen Kopf mit Dolchschnabel auf.

Der Zwergtaucher erinnert wegen seiner geringen Größe oft an ein Entenküken.

321 Haubentaucher

Podiceps cristatus — Lappentaucher | ganzjährig

Schlichtkleid
dunkle Kopfplatte
helle Wangen

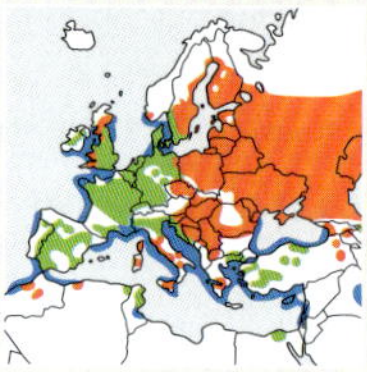

Haubentaucher vollführen zur Brutzeit eindrucksvolle Balzspiele, oft mit Nistmaterial im Schnabel. Dabei schwimmen die Partner mit gesträubtem Kopf- und Halsschmuck Brust an Brust, richten sich hoch auf und schütteln ihren Kopf (Pinguintanz). Männchen und Weibchen bauen ein flaches, schwimmendes Nest meist gut versteckt im Schilf.

MERKMALE 59–73 cm. Europas größter Lappentaucher, schlanke Gestalt mit dünnem Hals und langem Schnabel. Im Prachtkleid unverkennbar durch auffälligen Kopf- und Halsschmuck. Im Jugendkleid mit gestreiften Kopfseiten. Ruft bellend „wreck-wreck-wreck“, laut „korr“ und trompetend „ää-ää“.
VORKOMMEN Brütet an verschilften Ufern größerer Seen und Teiche, mitunter auch auf einem Stausee mit dürftigem Uferbewuchs. Im Winterhalbjahr oft truppweise auf Seen, Stauseen und Flüssen.

322 Rothalstaucher

Podiceps grisegena — Lappentaucher | ganzjährig

Schlichtkleid
grauer Hals, heller abgesetzte Wangen,
gelbe Schnabelbasis

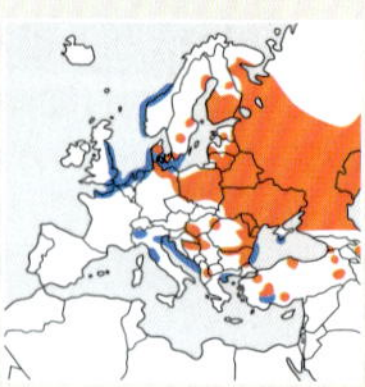

Rothalstaucher verraten sich zur Brutzeit durch ihre kräftigen und abwechslungsreichen Lautäußerungen, die Balz und Revierverteidigung begleiten. Man hört oft schweineähnlich quiekende oder auch wiehernde Laute, die etwas an die Wasserralle erinnern, manche Rufe klingen unheimlich. Der Rothalstaucher lebt zur Brutzeit recht versteckt, jedoch hört man ihn häufig.

MERKMALE 40–46 cm. Kleiner und gedrungener als Haubentaucher, Schnabel dunkel mit gelber Basis. Im Prachtkleid rotbrauner Hals und weiße Wangen. Jungvögel mit gestreiften Kopfseiten.
VORKOMMEN Brütet meist an kleinen, oft flachen und nährstoffreichen Gewässern mit üppigem Bewuchs aus Unterwasserpflanzen und einem Schilfgürtel. Im Winterhalbjahr auf größeren Seen Mitteleuropas und auf dem küstennahen Meer. In Deutschland seltener Brutvogel.

Der Haubentaucher wirkt im Flug sehr langgestreckt und auffallend dünn.

Der Rothalstaucher wirkt von Weitem deutlich kompakter als der Haubentaucher.

323 | ## Schwarzhalstaucher
Podiceps nigricollis — Lappentaucher | ganzjährig

Schlichtkleid, steile Stirn, Kopfkappe reicht bis unter das Auge

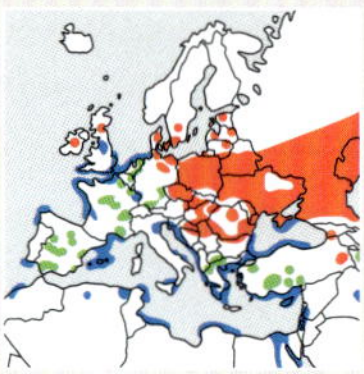

Oft brüten mehrere Schwarzhalstaucher-Paare gemeinsam, mitunter schließen sich sogar über einhundert Paare zu einer Kolonie zusammen, nicht selten im Schutz der Nester von Lachmöwen oder Trauerseeschwalben.

MERKMALE 28–34 cm. Wirkt durch leicht aufgeworfenen Schnabel und steile Stirn „stupsnasig". Im Prachtkleid herabhängende, kräftig gelbe Ohrbüschel und schwarzer Hals typisch. Ruft am Brutplatz ansteigend „krüü-it".
VORKOMMEN Brütet auf Seen mit dicht bewachsenen Ufern und Schwimmblattbeständen. Im Winterhalbjahr auf größeren Seen oder an der Küste. Brütet n Deutschland nur gebietsweise, meist starke jährliche Schwankungen.
BEOBACHTUNGSTIPP Auf dem Brutgewässer sieht man Schwarzhalstaucher im Vergleich zu Zwergtauchern häufiger auf der freien Wasserfläche, obwohl sie fleißig tauchen und mehr Zeit unter als über Wasser verbringen.

324 | ## Ohrentaucher
Podiceps auritus — Lappentaucher | Sept–Mai

Schlichtkleid (oben) flacher Scheitel dunkle Kappe

Wie bei vielen Lappentauchern werden beim Ohrentaucher die Jungen anfangs häufig im Rückengefieder transportiert, wo sie bequem gefüttert werden können und vor Feinden wie großen Hechten sicher sind. Ohrentaucher nisten wie Schwarzhalstaucher gerne im Schutz von Kolonien der wehrhaften Lachmöwen. Ruft häufig klagend „djiär".

MERKMALE 31–38 cm. Wirkt wie ein kleiner, kurzschnäbliger Haubentaucher. Im Prachtkleid goldgelbe, aufgerichtete Ohrbüschel. Am Brutplatz auf- und absteigende Trillerreihen, die in ein nasales Jammern übergehen.
VORKOMMEN Brütet auf flachen Seen mit üppiger Vegetation und oft nur kleiner Freiwasserzone, seltener in geschützten Meeresbuchten, in Lappland auch auf vegetationsarmen Bergseen. In Deutschland regelmäßiger, aber seltener Wintergast an der Küste, in geringer Zahl auch auf den größeren Binnenseen bis zum Alpenrand.

Der Schwarzhalstaucher zeichnet sich durch spitzen Scheitel und steile Stirn aus.

Der Ohrentaucher fällt schon von Weitem durch seinen flachen Scheitel auf.

325

Höckerschwan
Cygnus olor — Entenverwandte

ganzjährig

Jungvogel
Gefieder braungrau
Schnabel bleigrau, ohne Höcker

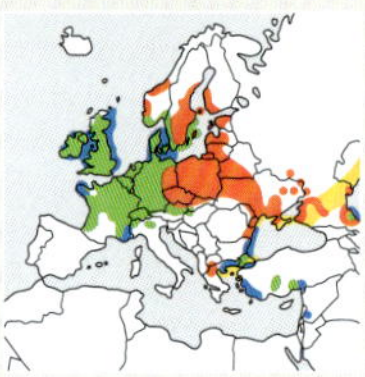

Männliche Höckerschwäne versuchen, sehr große Reviere zu verteidigen, damit sich die künftige Familie ausreichend mit Nahrung versorgen kann. Häufig gelingt das bei den großen Beständen nicht mehr.

MERKMALE 140–160 cm. Oft elegant S-förmig gebogener Hals. Schnabel rotorangefarben mit schwarzem Höcker (bei Weibchen kleiner); relativ langer, spitzer Schwanz, vor allem beim Gründeln auffallend. Wenig lautfreudig, selten schnarchende, zischende und fauchende Laute, jedoch lautes, singend-wummerndes Fluggeräusch.
VORKOMMEN Oft zahlreich auf Seen und Teichen, vielfach auf Parkteichen mitten in der Großstadt.
SCHON GEWUSST? Die Höckerschwäne unserer Gewässer stammen fast ausschließlich von entkommenen oder ausgesetzten Vögeln ab, die sich ab 1950 stark vermehrten.

326

Singschwan
Cygnus cygnus — Entenverwandte

Okt–April

Jungvogel (oben)
Gefieder grau
Schnabel rosa mit schwarzer Spitze

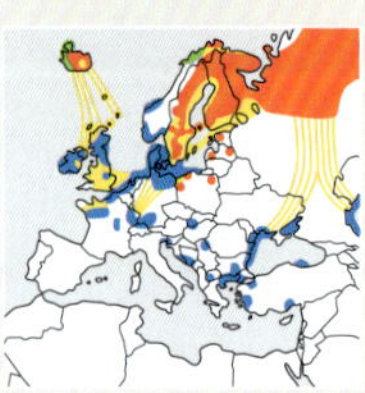

Die Rufe des Singschwans sind tiefer und klingen kräftiger trompetend als beim Zwergschwan. Oft hört man von fliegenden Vögeln hupende Folgen von 3–4 Silben. Viele junge Singschwäne schließen sich bereits mit zwei Jahren zu Paaren zusammen. Sie brüten aber kaum vor dem vierten Lebensjahr.

MERKMALE 140–160 cm. Hält den Hals meist aufrecht. Gelb-schwarzer Schnabel ohne Höcker. Durch eisenhaltiges Wasser häufig Kopf und Hals mit schmutzig-rostfarbenem Anflug.
VORKOMMEN Brütet an Seen in Mooren und in der Tundra. Seit ein paar Jahren wenige Brutpaare in Norddeutschland und Sachsen. Als Wintergast an der Nord- und Ostseeküste, auf küstennahen Gewässern und Feldern; gelegentlich auch an großen Seen in Süddeutschland.

Der Höckerschwan schwimmt oft mit elegant S-förmig gebogenem Hals.

Der Singschwan hält seinen langen Hals beim Schwimmen meist aufrecht.

327

Zwergschwan

Cygnus bewickii — Entenverwandte

Okt–April

Jungvogel (oben)
recht kurzer Hals
heller Schnabelfleck
vorne eher rundlich

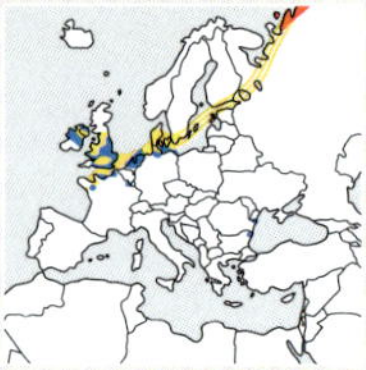

Zwergschwäne sind noch stimmfreudiger als Singschwäne. Ihre Rufe sind etwas höher und klingen weich bellend, auch werden sie meist schneller gereiht. Häufig hört man von fliegenden Vögeln einzelne kräftige, gänseähnliche „onk"-Rufe. Wandernde Zwergschwäne fliegen meist in Keilformation oder in schräger Reihe.

MERKMALE 115–127 cm. Insgesamt kompakter gebaut als die beiden größeren Schwäne, erinnert vor allem im Flug an Gänse. Gelber Bereich des Schnabels überdeckt vorwiegend die Schnabelbasis und zieht nicht keilförmig nach vorne wie beim Singschwan.
VORKOMMEN Brütet auf kleinen Gewässern in der Tundra Nordrusslands. Überwintert auch in Norddeutschland. Nahrungssuche auf küstennahen, feuchten Wiesen, Weiden und Feldern mit Wintergetreide. Nur wenige von ihnen erscheinen im Binnenland Mitteleuropas.

328

Graugans

Anser anser — Entenverwandte

ganzjährig

Östliche Unterart
rubrirostris
Schnabel rosa

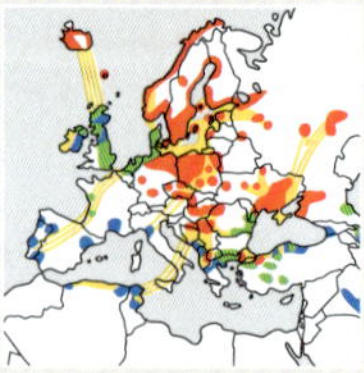

Die Graugans ist die Stammform unserer weißen Hausgans. Durch die Verhaltensstudien von Nobelpreisträger Konrad Lorenz wurde die Gans weltbekannt. Die Graugans ist auch (neben der Waldsaatgans) diejenige Vogelart, auf deren Rücken der kleine Nils Holgersson in Selma Lagerlöfs Erzählung durch ganz Schweden gereist ist.

MERKMALE 74–84 cm. Die größte und kräftigste „graue Gans". Massiver, keilförmiger Schnabel, bei der westlichen Unterart *anser* blass orangefarben, in Mitteleuropa jedoch häufig Mischformen. Im Flug oberseits leuchtend hellgraues Flügelfeld und zweifarbige Unterflügel auffallend. Ruft im Flug durchdringend und tief „aahng-ahng-ang". Männchen rufen höher als Weibchen.
VORKOMMEN In Feuchtgebieten, brütet häufig an schilfbestandenen Seen. Brutbestände sind in Mitteleuropa vielerorts durch verwilderte Ziervögel entstanden.

Der Zwergschwan wirkt im Flug weniger langhalsig und erinnert eher an eine Gans.

Die Graugans fällt im Flug durch das leuchtend hellgraue Flügelfeld auf.

329

Waldsaatgans

Anser fabalis — Entenverwandte

Sept–März

Tundrasaatgans
Schnabel und Hals kürzer, orangefarbene Schnabelbinde schmaler

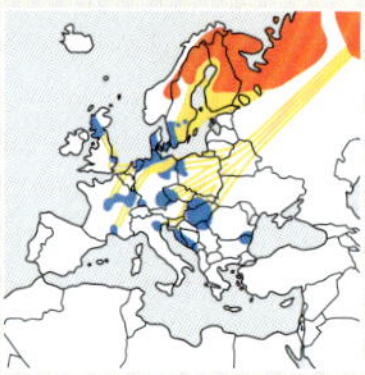

Saatgänse sind wenig ruffreudig. Beide Unterarten unterscheiden sich auch stimmlich recht deutlich voneinander: Weibliche Waldsaatgänse rufen tief, meist zweisilbig, nasal „gang-gang", die Rufe der Männchen sind etwas höher „kajak". Tundrasaatgänse rufen meist dreisilbig und noch etwas höher „kajajak".

MERKMALE 69–88 cm. Recht dunkle, braune Gans mit orangefarbenen Beinen. Bei der nah verwandten *Tundrasaatgans (A. serrirostris)* sind Schnabel und Hals kürzer, recht ähnlich der Kurzschnabelgans.
VORKOMMEN Brütet in ausgedehnten Moorgebieten mit kleinen Seen in der Taigazone (Waldsaatgans) oder in der feuchten Tundra (Tundrasaatgans). Beide Arten als Wintergäste in Deutschland, Waldsaatgans sehr viel seltener; meist auf ungestörten Wiesen und Feldern, in der Nähe von Gewässern (sichere Übernachtung).

330

Kurzschnabelgans

Anser brachyrhynchus — Entenverwandte

Okt–Mai

kurzer Schnabel wirkt dreieckig
rosafarbene Schnabelbinde

Kurzschnabelgänse sind stark an ihre Brutplätze gebunden. Mitunter werden die Nester über Jahrzehnte Jahr für Jahr benutzt. Das Weibchen baut ein kleines Nest aus Gräsern und anderen Tundrapflanzen, das Männchen bewacht den Brutplatz. Beide führen und bewachen die Jungen gemeinsam, wie bei vielen anderen Gänsearten üblich.

MERKMALE 64–76 cm. Im Vergleich zur sehr ähnlichen Tundrasaatgans etwas kleiner und kurzhalsiger, Beine rosafarben. Im Flug Oberseite von Flügeln (hell blaugrau) und Schwanz recht hell. Viel ruffreudiger als Saatgänse, ihre Stimmen klingen recht ähnlich, sind aber höher.
VORKOMMEN Brütet in der Tundra und im schluchtenreichen Bergland, nicht selten in lockeren Kolonien. Überwintert an der Nordsee, meist auf Salzwiesen und Feldern; selten in Trupps anderer Gänse im Binnenland.

Die Saatgans ist recht groß und wirkt dunkel, besonders an Kopf und Hals.

Die Kurzschnabelgans zeigt ähnlich der Graugans auf der Flügeloberseite viel Weiß.

331

Blässgans
Anser albifrons — Entenverwandte

Okt–April

Jungvogel
weiße Blässe fehlt
Schnabel rosafarben mit dunkler Spitze

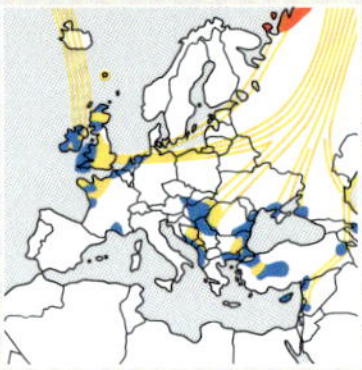

Die bei uns auftretenden Blässgänse gehören der nordsibirischen Unterart *albifrons* an, die in Mittel- und Westeuropa sowie in Südosteuropa überwintert. Grönländische Brutvögel (Unterart *flavirostris*) ziehen dagegen zu den Britischen Inseln, oft nach Irland oder Schottland.

MERKMALE 64–78 cm. Weiße Stirn; im Stehen auffallend kräftige, dunkle Bauchbänderung. Vögel der Unterart *flavirostris* etwas größer, oberseits dunkler und mit längerem, orange- statt rosafarbenem Schnabel. Ruft höher, melodischer und weniger rau als Saatgans „kiu-ju".
VORKOMMEN Brütet an Seen und Flüssen in der mit Seggen bestandenen Bergtundra und an steinigen Küsten. Im Winterquartier auf offenem Agrarland und in Steppengebieten, auch auf Salzwiesen an der Küste. Regelmäßiger Durchzügler und Wintergast in Norddeutschland.

332

Zwerggans
Anser erythropus — Entenverwandte

Okt–April

Jungvogel
gelber Lidring, kein Weiß auf der Stirn

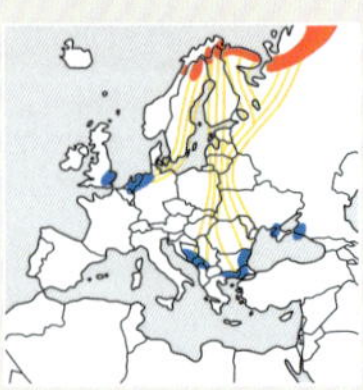

Die Bestände der in Nordskandinavien brütenden Zwerggänse haben bedenklich abgenommen – vor allem, da die Vögel auf ihren Wanderungen nach Südosteuropa stark bejagt werden. Um die Art in Europa vor dem Aussterben zu bewahren, versucht man, Jungvögel mithilfe von Weißwangengänsen als Zieheltern auf neue Überwinterungsgebiete in Mitteleuropa zu prägen.

MERKMALE 56–66 cm. Kleiner und kompakter als Blässgans, kaum größer als Stockente, wirkt etwas kindlich. Weiß der Blässe reicht bis zum Vorderscheitel, markanter gelber Lidring. Ruft meist noch deutlich höher als Blässgans, etwas quiekend „kjü-jü" oder „kjü-jü-jü".
VORKOMMEN Brütet in feuchten Fjällgebieten der Birken- und Weidenzone, meist nah am Wasser. Im Winter oft in eher trockenen Steppengebieten, kaum an der Küste.

Die Blässgans ist im Flug auch an ihren hohen, melodischen Rufen erkennbar.

Die Zwerggans ist kaum größer als eine Stockente, ihre Flugrufe sind quiekend.

333

Kanadagans

Branta canadensis — Entenverwandte

ganzjährig

schwarzer Hals, kontrastreich abgesetztes helles Kopffeld

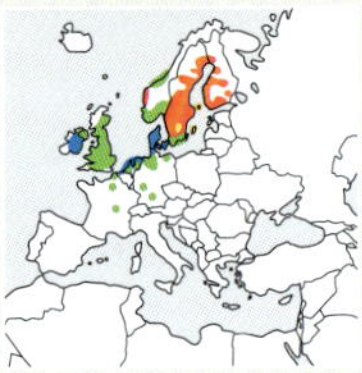

Bereits Mitte des 17. Jahrhunderts wurden die ersten Kanadagänse von Nordamerika nach Europa gebracht und ausgesetzt. Seither hat sich die Art nach weiteren Aussetzungsaktionen über viele europäische Länder ausgebreitet und frei brütende Populationen etabliert.

MERKMALE 90–100 cm. Eine große, langhalsige Gans mit heller Brust und bräunlicher Körperfärbung. Ruft häufig laut und durchdringend, besonders im Flug melodisch trompetend „ah-honk", die zweite Silbe deutlich höher. **VORKOMMEN** In Mitteleuropa vorwiegend Parkvogel, brütet aber auch an anderen Gewässern, verteidigt oft große Reviere. Skandinavische Brutvögel ziehen im Herbst nach Süden, um im Ostseebereich zu überwintern. **SCHON GEWUSST?** Mischlinge zwischen Kanada- und Graugans kommen immer wieder vor, wodurch Hybridvögel mit unterschiedlichen Merkmalen entstehen.

334

Weißwangengans

Branta leucopsis — Entenverwandte

Okt–Mai

auffallend weißes Gesicht, schwarzer Hals kontrastreich abgesetzt

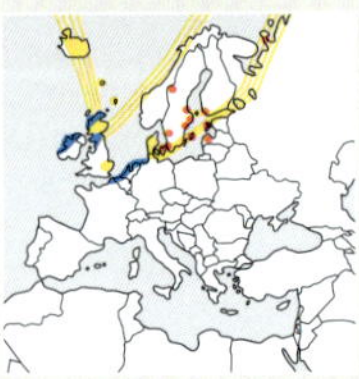

Wegen des starken Raubtierdrucks, besonders vom Eisfuchs, nisten Weißwangengänse oft auf kleinen Inseln oder auf steilen, unzugänglichen Klippen oder ausgesetzten Felsvorsprüngen. Auf der Insel Gotland brüten die Gänse auf kleinen Inseln mit Gras- und Kräuterbewuchs.

MERKMALE 58–70 cm. Mittelgroße Gans mit recht kurzem, dickem Hals. Wirkt aus der Ferne oben schwarz, unten hell. Im Flug starker Kontrast zwischen schwarzer Brust und hellem Bauch sowie heller Flügeloberseite. **VORKOMMEN** Brütet in der arktischen Tundra, häufig im Bereich von Flusstälern oder Fjorden, seit rund 30 Jahren auch im Ostseeraum, vor allem in Südschweden, seit einigen Jahren zunehmend in Norddeutschland. **BEOBACHTUNGSTIPP** Weißwangengänse sind im Trupp sehr stimmfreudig, rufen heiser „gäk" oder „kak". Im Herbst oft große Schwärme an der Küste.

Die Kanadagans fällt durch ihre Größe und die laut trompetenden Rufe auf.

Die Weißwangengans erscheint zur Zugzeit in großen Scharen an der Küste.

335

Ringelgans
Branta bernicla — Entenverwandte

Sept–Mai

dunkelbäuchige Unterart *bernicla*

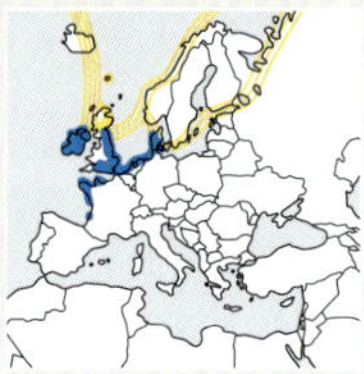

Oft sieht man Ringelgänse in dichten Scharen auf dem Meer vor der Küste nach Entenart gründeln. Ihre Nahrung suchen sie gerne auf Salzmarschen und im Seichtwasser. Bei Beunruhigung und im Flug rufen Ringelgänse tief und kehlig-rollend „rott", weshalb sie an unserer Küste „Rottgans" genannt werden.

MERKMALE 55–62 cm. Kleine dunkle Gans mit kurzem, schwarzem Schnabel, weißem Halsring und weißem „Heck". Die überwiegend graubraune dunkelbäuchige Unterart *bernicla*, wirkt insgesamt auffallend dunkel.
VORKOMMEN Brütet fast weltweit an den flachen arktischen Küsten mit Tundravegetation. Die Unterart *bernicla* aus Nordrussland überwintert meist im deutsch-niederländischen Wattenmeer und in Südengland. Die *Hellbäuchige Ringelgans*, Unterart *hrota* aus Grönland, überwintert in Dänemark und auf den Britischen Inseln.

336

Nilgans
Alopochen aegyptiaca — Entenverwandte

ganzjährig

dunkler Augenfleck
lange, rosafarbene Beine

Nilgänse stammen aus Afrika und sind seit dem 17. Jahrhundert in Europa eingebürgert – zunächst in England, wo sie heute alltägliche Wasservögel an Seen und in vielen Parkanlagen sind. Inzwischen brüten verwilderte Parkvögel auch vielerorts in Deutschland.

MERKMALE Gefieder graubraun bis zimtbraun. Im Flug ähnliches Flügelmuster wie Rostgans, jedoch breitere, mehr abgerundete Flügel. Im Weibchen- und Schlichtkleid ohne Halsring und mit mehr Weiß im Gesicht. Ruft häufig „onk häh häh häh", daneben zischende Laute.
VORKOMMEN Brütet an ganz unterschiedlichen Gewässern, meist an Seen und Parkteichen, aber auch an größeren Flüssen und in Erlenbrüchen.
BEOBACHTUNGSTIPP Anders als andere Gänse fliegen Nilgänse auf Bäume und stehen dort auf Ästen.

Die Ringelgans der hellbäuchigen Unterart *(hrota)* wirkt schwarz-weiß.

Die Nilgans erinnert im Flug an die Rostgans, hat jedoch weniger spitze Flügel.

337 Brandgans

Tadorna tadorna — Entenverwandte | ganzjährig

Jungvogel oberseits überwiegend braungrau, Schnabel graurosa

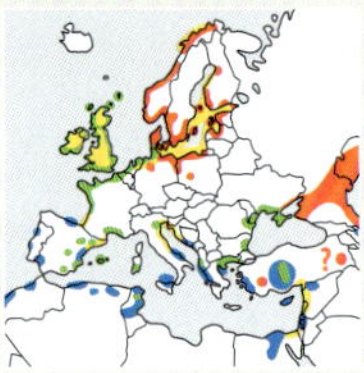

Brandgänse benützen ganz unterschiedliche Höhlungen für die Nestanlage, häufig Kaninchen- oder Fuchsbaue, Erdlöcher in Dämmen und Böschungen und sogar alte Tonnen, Fässer oder Milchkannen. Die Rufe der Männchen sind dünn pfeifend-zwitschernd „tju-tju-tju…", die der Weibchen, oft im Flug geäußert, viel tiefer und härter „gäg-äg-äg-äg" oder „ak-ak-ak-ak".

MERKMALE 55–65 cm. Auffällig bunter, aus der Ferne schwarz-weiß wirkender Entenvogel der Küstenregionen. Kopf und Hals grünschwarz, Schnabel leuchtend rot, breites, kastanienbraunes Brustband. Männchen mit kräftigem Schnabelhöcker. Im Schlichtkleid deutlich matter gefärbt.
VORKOMMEN Häufiger Brutvogel an der Nord- und Ostseeküste. An den Mauserplätzen im deutschen Wattenmeer (Großer Knechtsand) alljährlich in großen Scharen.

338 Rostgans

Tadorna ferruginea — Entenverwandte | ganzjährig

Weibchen und Schlichtkleid ohne schwarzen Halsring

Rostgänse sind in ihrem Brutverhalten sehr anpassungsfähig. Sie nisten in unterschiedlichen Höhlungen und Nischen, manchmal von Gebäuden oder auch in Fuchsbauen oder Baumhöhlen. Nicht selten brüten sie auch hoch in Felswänden auf schmalen Simsen, die sie nur durch geschickte Flugmanöver ansteuern können.

MERKMALE 58–70 cm. Eine Halbgans mit brandgansähnlicher Gestalt und überwiegend rostfarbenem Gefieder. Im Flug schwarze Schwungfedern und kontrastierend weiße Flügeldecken auffallend. Ruft rollend „tschorr" oder nasal hupend.
VORKOMMEN Brütet in offener Landschaft, vor allem an Brack- oder Salzwasserseen in Steppengebieten, aber auch in Tälern und sogar auf Hochebenen des Berglandes. In Deutschland bereits fest etablierter Bestand von entflogenen Vögeln, vor allem in Nordrhein-Westfalen.

Die Brandgans wirkt im Flug auffällig schwarz-weiß, die Flügel sind lang und spitz.

Die Rostgans zeigt im Flug starke Kontraste zwischen Schwungfedern und Flügeldecken.

339

Schwarzkopf-Ruderente

Oxyura jamaicensis — Entenverwandte | ganzjährig

Weibchen
Wangen beige mit breitem, dunklem Längsstreif

In England brütete 1960 das erste Schwarzkopf-Ruderentenpaar der aus Amerika stammenden Ente. Seither hat sich die Art über weite Teile Großbritanniens ausgebreitet. Die aggressive Ente brütet auch in Südspanien und verdrängt die dortige *Weißkopf-Ruderente*.

MERKMALE 31–36 cm. Langer Schwanz mit weißen Unterschwanzdecken. Bei Männchen im Prachtkleid Gesicht weiß, Oberkopf, Nacken und Hinterhals schwarz; im Schlichtkleid dem Weibchen sehr ähnlich, aber mit weißen Wangen. **VORKOMMEN** Brütet an offenen Gewässern mit dicht bewachsenen Ufern. In Europa vorwiegend im Nordwesten, erste Bruten in Mitteleuropa. **BEOBACHTUNGSTIPP** Bei der Balz trommelt das Männchen mit seinem Schnabel rhythmisch auf die geschwollene Brust und äußert ratternde Laute.

341

Mandarinente

Aix galericulata — Entenverwandte | ganzjährig

Weibchen
unscheinbar graubraun mit gefleckten Flanken

Junge Mandarinenten kommen meist in einer mit Dunen gepolsterten, bis zu 15 Meter hohen Baumhöhle zur Welt. Nach dem Schlüpfen müssen sie zu Boden springen, um von der Mutter ans Wasser geführt zu werden. Bei der Gemeinschaftsbalz, die an die der Gründelenten erinnert, stellen die Männchen ihr prächtiges Gefieder zur Schau.

MERKMALE 41–49 cm. Farbenprächtige Männchen mit dem orangefarbenen „Segel" unverkennbar. Weibchen unscheinbar graubraun mit gefleckten Flanken. Die nah verwandte *Brautente* aus Amerika, ebenfalls als Ziervogel gehalten, hat schon in Deutschland gebrütet. **VORKOMMEN** Ursprünglich an Flüssen und Bergbächen in unberührtem Waldland Ostasiens. In Europa beliebter Park- und Ziervogel, deren Nachkommen inzwischen Brutbestände vor allem in England, Holland und Deutschland gebildet haben.

Die Schwarzkopf-Ruderente ist an ihrem oft aufgestellten Schwanz erkennbar.

Die Mandarinente erkennt man von Weitem am großen Kopf und am langen Schwanz.

343

Schnatterente
Mareca strepera — Entenverwandte

ganzjährig

Weibchen
orangefarbener Schnabel,
weißer Spiegel

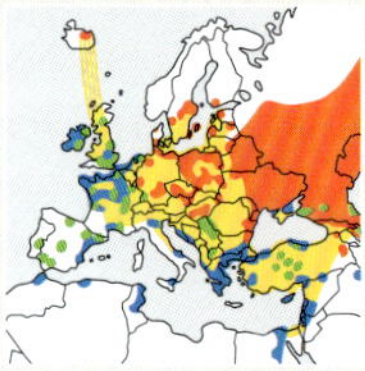

Erst seit Anfang 20. Jahrhundert hat die Schnatterente Mitteleuropa erobert und sich nach Westen ausgebreitet. Teilweise profitierte sie vom steigenden Nährstoffgehalt im Wasser, der üppiges Pflanzenwachstum unter Wasser fördert. Schnatterenten wählen als Brutnachbarn gerne die wachsamen Lachmöwen.

MERKMALE 46–56 cm. Etwas kleiner und zierlicher als Stockente. Männchen recht farblos, jedoch apart grau melierte Gefiederteile, kontrastieren stark mit dem schwarzen „Heck". Weißer Spiegel, der vor allem im Flug zu sehen ist. Weibchen sind grauer als Stockenten-Weibchen. Männchen recht schweigsam, rufen aber während der Balz tief „träb" oder „ärp", daneben hoch pfeifend „fiep".
VORKOMMEN An flachen Binnengewässern und schilfreichen Gebieten an der Küste, auch mit Brackwasser. Schnatterenten überwintern auch in Deutschland.

344

Pfeifente
Mareca penelope — Entenverwandte

Aug–April

Weibchen (links)
um das Auge dunkel
steile Stirn
kurzer Schnabel
rotbraune Flanken

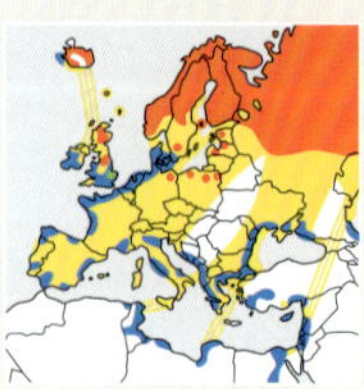

Außerhalb der Brutzeit sind Pfeifenten sehr gesellig. Sie erinnern stark an Gänse, wenn sie in oft dicht gedrängten Scharen in der Gezeitenzone auf Schlammflächen oder auf Grünland in Küstennähe weiden.

MERKMALE 42–50 cm. Männchen im Prachtkleid auffallend bunt, im Flug großes, weißes Feld auf dem Oberflügel und weißer Bauch. Ruft durchdringend pfeifend „wu-wiiu" oder „wiiu" (Männchen) oder laut knurrend „krrr-krrr-krrr" (Weibchen).
VORKOMMEN Brütet vorwiegend in der Taigazone, dort häufig an kleinen und mittelgroßen Waldseen. In Mitteleuropa sehr seltener Brutvogel im Küstenbereich, jedoch zahlreicher Wintergast und Durchzügler an der Küste.
SCHON GEWUSST? Wie bei vielen Enten üblich, halten die Paare nur für eine Saison zusammen.

Die Schnatterente erkennt man im Flug am weißen Spiegel und hellen Bauch.

Die Pfeifente wirkt gänseartig, da sie in oft großen Scharen an Land grast.

345

Stockente

Anas platyrhynchos — Entenverwandte | ganzjährig

Weibchen
Gefieder tarnfarben
Schnabelfirst dunkel

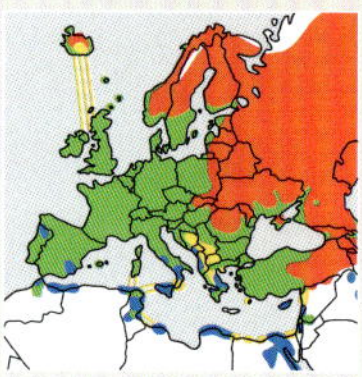

In der Wahl ihres Neststandortes ist die Stockente außerordentlich vielseitig. Das gut getarnte Nest wird meist im dicht bewachsenen Uferbereich angelegt, manchmal reicht auch ein Balkonkasten als Nistplatz.

MERKMALE 50–60 cm. Große, stämmige Ente. Männchen unverkennbar bunt, im Schlichtkleid weibchenähnlich, aber mit einheitlich grünlich gelbem Schnabel. Ruft weich gedämpft „räb" (Männchen) oder abfallend „wääk-wäk-wäk-wäk-wäk-wäk" (Weibchen).
VORKOMMEN Brütet an den unterschiedlichsten Gewässern – von deckungsreichen Fluss- und Seeufern einsamer Wälder über Sümpfe und geschützte Meeresbuchten bis zu kleinen Parkteichen mitten in der Großstadt.
SCHON GEWUSST? Die allbekannte und vielerorts sehr häufige Stockente ist die Stammform der Hausente.

346

Löffelente

Spatula clypeata — Entenverwandte | ganzjährig

Weibchen
riesiger Schnabel, leicht eingezogener Hals

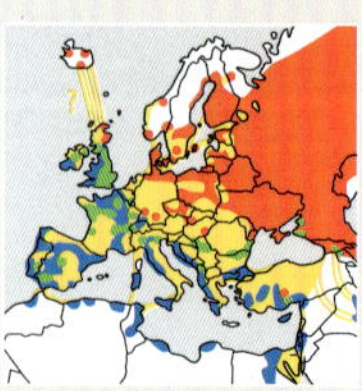

Die Löffelente tritt als Zugvogel regelmäßig in Trupps oder einzelnen Paaren auf. Als Folge milderer Witterung harren zunehmend Einzelvögel oder kleinere Gruppen im mitteleuropäischen Winter aus. Weitaus die meisten Löffelenten ziehen aber nach wie vor in den Mittelmeerraum, manche sogar bis ins tropische Afrika.

MERKMALE 44–52 cm. Im Flug dunkler Bauch und hellblaues Flügelfeld. Ruft merkwürdig heiser „tuk-tuk" (Männchen). Quakfolge aus fünf Silben (Weibchen).
VORKOMMEN Flache, nicht zu große Seen, an den Rändern möglichst mit Binsen, Seggen oder Schilf bewachsen. In Deutschland nicht häufig.
BEOBACHTUNGSTIPP Löffelenten haben wie keine andere Entenart einen auffallend langen und breiten Schnabel, so wirken sie schwimmend und fliegend etwas vorderlastig.

Die Stockente wirkt im Flug recht massig, oft hört man ein pfeifendes Schwingengeräusch.

Die Löffelente wirkt im Flug vorderlastig, der Bauch ist stets dunkel.

347

Knäkente

Spatula querquedula — Entenverwandte

März–Sept

Weibchen
Kopfzeichnung streifig, Schnabel recht lang, grau, heller Zügelfleck

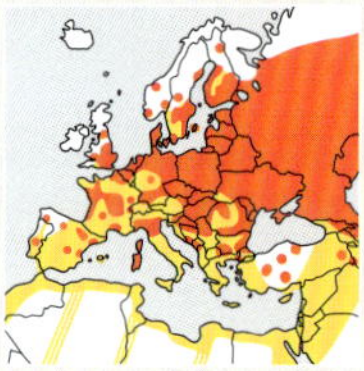

Im Vergleich zur Krickente gründeln Knäkenten seltener. Beim Durchseihen der Wasseroberfläche tauchen sie höchstens den Kopf ein. Sie sind die einzigen regelmäßigen Weitstreckenzieher unter den mitteleuropäischen Enten. Ihre Winterquartiere liegen in Afrika südlich der Sahara. Die Enten erscheinen bereits verpaart am Brutplatz.

MERKMALE 37–41 cm. Etwas größer als Krickente, wirkt durch längeren Schnabel und längeren Schwanz lang gestreckter, liegt beim Schwimmen vorne tiefer im Wasser. Männchen im Prachtkleid mit breitem, weißem Kopfseitenstreif. Männchen ruft etwas hölzern „knärrk".
VORKOMMEN Brütet an nahrungsreichen, nährstoffreichen Gewässern. Während der Zugzeiten regelmäßig auf flachen Seen, Überschwemmungswiesen und sogar auf kleinen Moorseen. Das Nest ist meist gut versteckt.

348

Krickente

Anas crecca — Entenverwandte

ganzjährig

Weibchen
metallisch grüner Flügelspiegel, Schnabelbasis gelborange

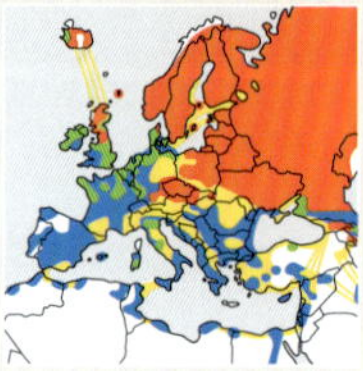

Eine flache Vertiefung, vom Krickenten-Weibchen meist im Schutz einer Grasbülte nah am Wasser angelegt, dient als Unterlage für das aus 8–11 Eiern bestehende Gelege. Beim Verlassen des Nestes deckt das Weibchen die Eier mit Dunen ab. Brütet in Deutschland vorwiegend im Norden.

MERKMALE 34–38 cm. Männchen farbenprächtig, aber erst aus der Nähe erkennbar; wirkt sonst bis auf das cremegelbe Heckabzeichen ziemlich grau. Ruft melodisch und hell, in langsamer Folge „krrick" oder „krrück" (Männchen); Weibchen quaken hoch und rau, im Flug rufen sie oft hart „kräkäkäkäk".
VORKOMMEN Brütet an flachen Gewässern mit Deckungsmöglichkeiten, wie See- und Flussufern, nicht selten auch an kleinen Waldseen, Moor- und Heidetümpeln. Im Winterhalbjahr oft truppweise an schlammigen Ufern, Überschwemmungswiesen und im Küstenbereich.

Die Knäkente ist ebenfalls klein, wirkt aber lang gestreckter als die Krickente.

Die Krickente fällt im Flug durch geringe Größe und rasante Flugweise auf.

349

Spießente
Anas acuta — Entenverwandte

Aug–Mai

Weibchen
spitzer Schwanz
einfarbiger Kopf
grauer Schnabel

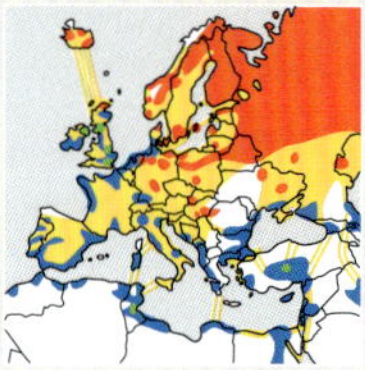

Das Verbreitungsgebiet der Spießente umfasst den Norden Eurasiens und Nordamerikas und liegt damit weiter nördlich als das anderer Gründelentenarten. Die Enten erwerben einen Großteil ihrer Nahrung gründelnd, häufig tun sie dies bei Nacht. Sie ernähren sich ähnlich Stockenten pflanzlich und tierisch, im Winter überwiegen Wasserpflanzen.

MERKMALE 51–62 cm (ohne Schwanzspieß). Deutlich schlanker und graziler als Stockente, besonders der Hals wirkt lang und dünn. Männchen mit Schwanzspieß aus verlängerten Steuerfedern. Männchen ruft während der Balz kurz und durchdringend „rük" oder „rük-rük".
VORKOMMEN Brütet gerne an großen, flachen und vegetationsreichen Seen oder in weiten, offenen Moorlandschaften. Zur Zugzeit an mitteleuropäischen Binnengewässern, in geringerer Zahl auch an der Küste.

350

Kolbenente
Netta rufina — Entenverwandte

ganzjährig

Weibchen
helle Kopfseiten
rosa Schnabelbinde

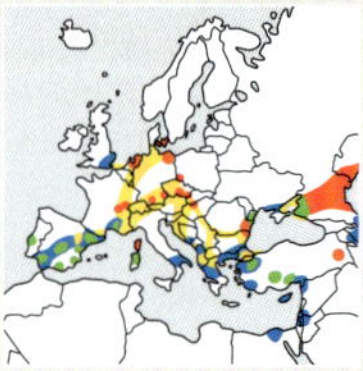

Früher überwinterten die mitteleuropäischen Kolbenenten fast ausschließlich im westlichen Mittelmeerraum, heute sieht man bei uns immer häufiger Einzelvögel sowie kleine und große Trupps auch in den Wintermonaten. Die Weibchen bauen ihre Nester gut versteckt im dichten Pflanzenwuchs nah am Wasser.

MERKMALE 53–57 cm. Stattliche Tauchente mit auffallend großem, rundlichem Kopf, vor allem bei den Männchen. Im Flug breiter und langer, weißer Flügelstreif. Männchen rufen während der Balz laut, kurz „bäht" sowie unterdrückt niesend „gicks", Weibchen rufen rau „ärr-ärr".
VORKOMMEN Brütet an recht großen Seen mit schilfigen Ufern und üppiger Vegetation.
BEOBACHTUNGSTIPP Der rote Schnabel des männlichen Prachtkleides bleibt im Schlichtkleid.

Die Spießente wirkt im Flug durch ihre langen schmalen Flügel schlank und elegant.

Die Kolbenente erkennt man an ihrem großen Kopf, im Flug am breiten Flügelstreif.

351

Tafelente
Aythya ferina — Entenverwandte

ganzjährig

Weibchen
im Winter helle
Schnabelbinde

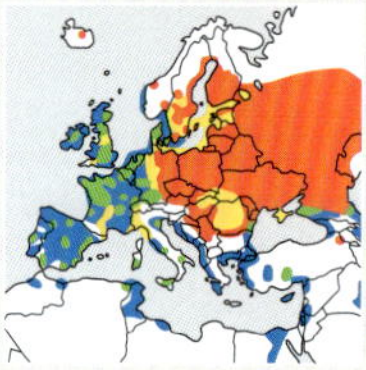

Tafelenten nisten in direkter Wassernähe, das Nest ist in dichtem Bewuchs platziert, nicht selten auch auf einer Seggenbülte oder einer kleinen Insel. Oft verlässt das Weibchen die Jungenschar, bevor diese flugfähig ist, um einen traditionellen Mauserplatz aufzusuchen.

MERKMALE 42–49 cm. Markantes Kopfprofil mit langem Schnabel und flach ansteigender Stirn. Männchen im Prachtkleid mit kastanienbraunem Kopf und überwiegend grauem Körper. Männchen rufen während der Balz wiehernd „pih-u", Weibchen vor allem im Flug schnarrend, etwas abfallend „karr karr…".
VORKOMMEN Brütet an nicht zu flachen, vegetationsreichen Seen und Teichen mit dichten Beständen von Schilf und Rohrkolben. Außerhalb der Brutzeit oft in großen Trupps auf Seen und Stauseen sowie großen Flüssen.

352

Moorente
Aythya nyroca — Entenverwandte

ganzjährig

Weibchen
braune Iris

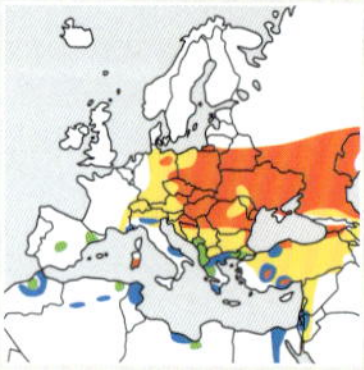

Die Moorente gehört zu den global bedrohten Vogelarten. Die Bestände sind in den letzten Jahrzehnten weltweit dramatisch zurückgegangen. Moorenten tauchen im Vergleich zu Tafelenten noch weniger und verzehren anteilmäßig noch mehr Pflanzen, im Winter auch kleine Wassertiere.

MERKMALE 38–42 cm. Im Vergleich zur Reiherente kleiner, ohne Schopf und mit anderer Kopfform sowie längerem Schnabel. Leuchtend weißer Unterschwanz. Im Flug breiter weißer Flügelstreif. Weibchen rufen im Flug trocken schnarrend „kerrr kerrr kerrr…".
VORKOMMEN Brütet an oft kleinen Gewässern wie flachen Seen, Fischteichen und Altwässern mit dichtem Bewuchs. In Deutschland ausgestorben.
BEOBACHTUNGSTIPP Die männlichen Moorenten sind im Prachtkleid kräftig mahagonibraun mit weißer Iris.

Die Tafelente erkennt man an ihrem markanten Kopfprofil mit flacher Stirn.

Die Moorente hat einen langen Schnabel und im Vergleich zur Tafelente eine steilere Stirn.

353

Reiherente

Aythya fuligula — Entenverwandte

ganzjährig

Weibchen einförmig dunkelbraun, hellere Flanken, kurzer Schopf

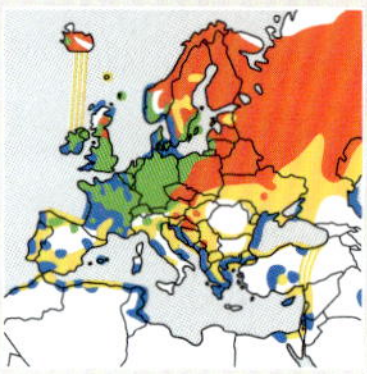

Im Vergleich zu Tafelenten tauchen Reiherenten tiefer und länger und können daher auch in tieferen Gewässern und an der Küste erfolgreich Nahrung suchen. Die geselligen Reiherenten nisten manchmal in lockeren Kolonien, gerne in Brutnachbarschaft mit Lachmöwen, von deren Wachsamkeit sie profitieren.

MERKMALE 40–47 cm. Klein, gedrungen und großköpfig. Schnabel hellblaugrau mit breiter, schwarzer Endbinde. Männchen im Prachtkleid mit lang herabhängendem Federschopf am Hinterkopf. Im Flug weißer Flügelstreif auffallend. Männchen rufen während der Balz vibrierend „bib-bipp-piuh". Weibchen rufen tief und rau „kärr kärr kärr", tiefer als die Tafelente.
VORKOMMEN Brütet an nicht zu flachen Seen und Stauseen und an geschützten Meeresbuchten. Außerhalb der Brutzeit auf Gewässern aller Art, oft auf Stauseen.

354

Bergente

Aythya marila — Entenverwandte

Sept–April

Weibchen Kopf rundlich, kein Schopf, Weiß am Schnabelgrund

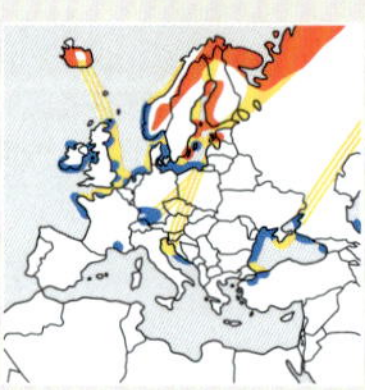

Im Vergleich zu anderen Tauchenten der Gattung ernähren sich Bergenten am ausgeprägtesten tierisch. Im Winter fressen sie vor allem Muscheln und Krebstiere. In Mitteleuropa ist die Bergente Wintergast und Durchzügler, vor allem an der Ostseeküste; deutlich seltener an den großen Binnenseen bis ins Alpenvorland.

MERKMALE 42–51 cm. Kopf größer und rundlicher als bei der Reiherente, ohne Schopf, Rücken meliert. Männchen im Prachtkleid schwarz-weiß mit silbergrauer Oberseite. Männchen balzen mit weich murmelnden und pfeifenden Lauten: „pi-uu", erinnert etwas die Eiderentenbalz. Weibchen rufen im Flug kratzig „karr karr karr".
VORKOMMEN Brütet in nordischem Bergland, in der Tundra und an Küsten; in Nordeuropa vorwiegend an klaren Bergseen in der Birken- und Weidenregion, in geringer Zahl auch an spärlich bewachsenen Küstenabschnitten.

Die Reiherente fällt im Flug durch ihren weißen Flügelstreif auf.

Bergenten-Männchen wirken im Prachtkleid von Weitem nur schwarz-weiß.

355

Eiderente

Somateria molissima — Entenverwandte | ganzjährig

Weibchen
Gefieder braun,
dicht dunkel gebändert,
Schnabelspitze hell

Das Männchen der Eiderente folgt dem Weibchen zu seinem Brutplatz, der oft weit entfernt ist von dem Gebiet, in dem das Männchen einst geschlüpft ist. Die Männchen rufen bei der Gruppenbalz im Frühjahr fast ständig, etwas uhuartig „ohuo" oder „hu-huo". Die Weibchen rufen tief und rau „gog-og-og-og" oder „korr".

MERKMALE 60–70 cm. Massiger Körperbau und dreieckiger Kopf, langer Schnabel bildet eine gerade Linie mit der Stirn. Männchen kontrastreich schwarz-weiß mit schwarzer Kappe und grünem Nackenfleck, im Schlichtkleid sehr dunkel. Junge Männchen wirken gescheckt.
VORKOMMEN An vielen europäischen Küsten die häufigste und bekannteste Entenart. Brütet gerne auf kleinen, der Küste vorgelagerten Inseln. Außerhalb der Brutzeit auf küstennahen Gewässern, aber auch im Binnenland, sogar in Trupps auf Seen des Alpenvorlands.

356

Prachteiderente

Somateria spectabilis — Entenverwandte | Okt–April

Weibchen (unten)
Schnabel eher kurz,
kaum dreieckig

Die Prachteiderente ersetzt die Eiderente im Norden. Bis auf einzelne Bruten an der norwegischen Küste ist die Art in Europa nur in Nordrussland Brutvogel. Die bedeutend kleinere *Scheckente (Polysticta stelleri)* ist ebenfalls eine arktische Brutvogelart. Sie ist das ganze Jahr über in dichten Trupps vor der Küste Nordnorwegens anzutreffen, mitunter auch viel weiter südlich.

MERKMALE 55–63 cm. Männchen im Prachtkleid mit kleinen „Segeln" auf den Schultern und orangefarbenem Schnabelhöcker. Im Schlichtkleid dunkel, Schnabelhöcker kleiner. Weibchen ähnlich Eiderenten-Weibchen, aber mit kürzerem, weniger dreieckigem Schnabel. Die Balzrufe der Männchen erinnern an Birkhähne.
VORKOMMEN Brütet in der arktischen Tundra. Im Winter auf dem offenen Meer, auch in den norwegischen Fjorden. Einzelvögel fliegen nicht selten in Eiderententrupps mit.

Die Eiderente ist groß und massig, ihr großer Kopf trägt einen langen Schnabel.

Das Prachteiderenten-Männchen im Prachtkleid ist sehr farbenfroh.

358

Trauerente
Melanitta nigra — Entenverwandte

ganzjährig

Weibchen überwiegend dunkel rußbraun, Hals- und Kopfseiten weißlich

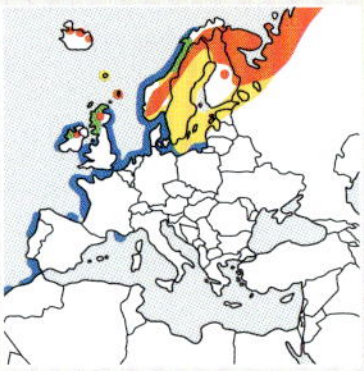

Trauerenten tauchen auf der Suche nach Muscheln meist in flachen Küstengewässern. Sie überwintern fast ausschließlich auf dem Meer, daher sind sie im Binnenland deutlich seltener als Samtenten anzutreffen.

MERKMALE 44–54 cm. Gedrungen und kurzhalsig, dunkle, einfarbige Flügel. Männchen einheitlich tiefschwarz, Schnabel mit schwarzem Höcker und gelbem First. Männchen rufen während der Balz und während des nächtlichen Zugs gedämpft und hoch pfeifend „pjü…pjü…pjü". Weibchen (kleines Foto und Zeichnung) rufen tief knarrend.
VORKOMMEN Brütet an Seen und Tümpel des Fjälls, oft in Brutnachbarschaft mit Eis- und Bergente, am nördlichen Rand der Taigazona auch an waldumsäumten Seen; in der nördlichen Taiga auch an Waldseen.
BEOBACHTUNGSTIPP Auf dem Zug fliegen Trauerenten niedrig und in langen, beweglichen Ketten, typischerweise mit einem dichten „Klumpen" an der Spitze.

359

Samtente
Melanitta fusca — Entenverwandte

Sept–Mai

Weibchen
Kopf mit zwei hellen Flecken

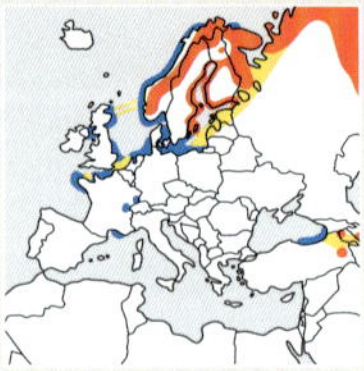

Samtenten tauchen mit halb geöffneten Flügeln ohne Tauchsprung. Im Frühjahr unternimmt das Paar morgens ausgedehnte Flüge über dem Revier, dabei ruft das Weibchen rau „kraa-ha". Das Nest liegt meist nah am Wasser und ist von dichter Vegetation geschützt.

MERKMALE 51–58 cm. Gefieder schwarz mit auffallend weißem Flügelfeld – beim Schwimmen nicht immer sichtbar, im Flug, beim Flügelschlagen und vor dem Abtauchen jedoch auffallend. Männchen mit kleinem weißem Fleck unter dem Auge und viel Gelb auf den Schnabelseiten, Weibchen und Jungvögel überwiegend dunkelbraun.
VORKOMMEN Brütet an klaren Seen des skandinavischen Fjälls, vor allem in der Birkenzone, daneben auch an der Ostseeküste. Außerhalb der Brutzeit auf der Nord- und Ostsee in Küstennähe; im Winter selten, aber regelmäßig auch auf Seen im mitteleuropäischen Binnenland.

Die Trauerente taucht mit angelegten Flügeln und einem kleinen Sprung.

Die Samtente zeigt vor dem Abtauchen stets ihr weißes Armflügelfeld.

360

Eisente

Clangula hyemalis — Entenverwandte

Okt–April

Weibchen
Prachtkleid
weiße Kopfseiten
dunkler Halsfleck
dunkler Oberkopf

Eisenten sind meist sehr gesellig, außerhalb der Brutzeit bilden die Vögel auf dem Meer oft riesige Scharen, die in dicht gedrängten Trupps schwimmen und oft auffliegen. Die Stimmen der balzenden Eiserpel sind melodisch und weit hörbar „aua-auli", sie verschmelzen zu einem melancholisch anmutenden Chor.

MERKMALE 39–47 cm. Die kleinste europäische Tauchente, je nach Geschlecht und Jahreszeit recht unterschiedlich gefärbt: Männchen stets mit auffällig langen Schwanzspießen. Im Prachtkleid (Winter) überwiegend hell; im Schlichtkleid (Sommer, Flugbild) viel dunkler, vor allem an Kopf und Rücken.
VORKOMMEN Brütet vorwiegend in der Tundra, in Skandinavien meist an kleinen Fjällseen. In Mitteleuropa häufiger Wintergast auf der Ostsee, viel seltener auf der Nordsee oder auf großen Seen im Binnenland.

361

Kragenente

Histrionicus histrionicus — Entenverwandte

ganzjährig

Weibchen
drei weiße Kopfabzeichen

Von balzenden Kragenenten-Männchen hört man dünne, nasale, etwas mäuseähnliche Pfeiflaute „wi-äh wi-äh". Weibchen rufen rau schnarrend „ek-ek-ek", im Flug ächzend „hä". Im Brutgebiet verzehren Kragenenten vorwiegend Wasserinsekten, wobei den Larven einer bestimmten Kriebelmücke besondere Bedeutung zukommt. Auf dem Meer tauchen die Enten nach Muscheln und Krebstieren.

MERKMALE 38–45 cm. Kleine, gedrungene Meeresente mit kleinem Schnabel, langem spitzem Schwanz und markantem weißem Kopfmuster. Männchen im Prachtkleid überaus farbenfroh, Weibchen schlicht dunkelbraun.
VORKOMMEN Nur auf Island und dem angrenzenden Meer, oft im Bereich der Brandung. Sonst in Europa nur entwichene Gefangenschaftsvögel. Sie sind selten in Gesellschaft anderer Enten anzutreffen.

Eisenten sind auf dem Wasser sehr lebhaft, fliegen häufig auf und jagen einander.

Kragenenten tauchen in reißenden Bächen, andere Enten meiden sie.

362

Schellente

Bucephala clangula — Entenverwandte

ganzjährig

Weibchen überwiegend grau mit braunem Kopf

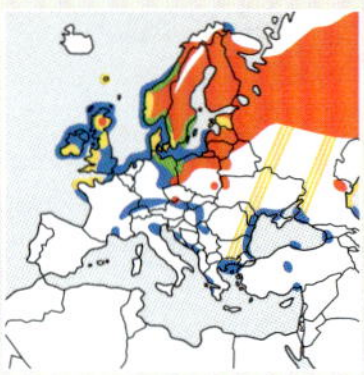

Schellenten sind Höhlenbrüter, meist benutzen die Weibchen für die Brut alte Spechthöhlen oder Nistkästen. Die frisch geschlüpften Jungen müssen aus der oft viele Meter hoch liegenden Bruthöhle springen, bevor sie vom Weibchen zu einem Gewässer geführt werden.

MERKMALE 40–48 cm. Gedrungene, kleine Ente mit dickem, dreieckigem Kopf, Altvögel mit gelber Iris. Männchen im Prachtkleid schwarz-weiß mit weißem Zügelfleck. Weibchen überwiegend grau mit braunem Kopf. Auffälliges pfeifendes Flügelgeräusch. Das Männchen der nur auf Island vorkommenden *Spatelente (Bucephala islandica)* hat einen weißen Halbmondfleck zwischen Schnabel und Auge.
VORKOMMEN Häufiger Brutvogel in der Taigazone an klaren Seen und langsam fließenden Flüssen. Brütet in Deutschland vor allem im Osten und Nordosten. Im Winterhalbjahr Trupps auf Seen und Flüssen Mitteleuropas.

364

Zwergsäger

Mergellus albellus — Entenverwandte

Nov–März

Weibchen kastanienbrauner Oberkopf, scharf abgesetzte weiße Wangen

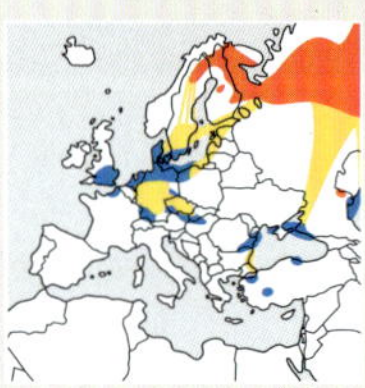

Oft sieht man die Wintergäste in kleinen Trupps dicht am Schilfgürtel nach Nahrung tauchen. Einzelne Zwergsäger schließen sich gerne Schellenten an. Ähnlich der Schellente brüten sie in Baumhöhlen, vor allem vom Schwarzspecht, und ebenfalls in Nistkästen.

MERKMALE 38–44 cm. Kleinster Säger, Weibchen nur krickentengroß; Schnabel kurz. Männchen im Prachtkleid leuchtend weiß mit aparter schwarzer Zeichnung. Männchen balzen mit klickendem „gig-gig-gigarar“. Weibchen rufen knurrend „krrr“.
VORKOMMEN Brütet im Norden des Taigagürtels an klaren Gewässern, gerne mit üppigem Uferbewuchs aus Weidengebüsch. Überwintert vor allem in der Ostsee und der südlichen Nordsee, in geringer Zahl bis ins mitteleuropäische Binnenland. Das Weibchen polstert die Nisthöhle wie die Schellente üppig mit Dunen aus.

Die Schellente erkennt man im Flug an ihrem pfeifenden Flügelgeräusch.

Der Zwergsäger ist klein, er fällt im Flug durch sein weißes Armflügelfeld auf.

365

Mittelsäger

Mergus serrator — Entenverwandte

ganzjährig

Weibchen
dünne Schnabelbasis
Hals ohne scharfe Farbgrenze

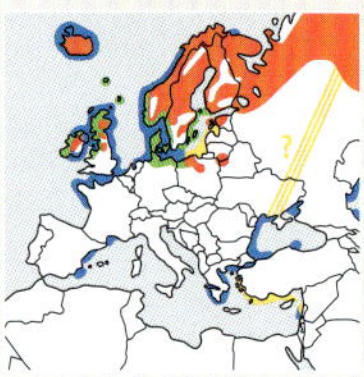

Das Mittelsäger-Weibchen baut im Gegensatz zu den beiden anderen europäischen Sägern, die meist Baumhöhlen brüten, sein Nest im dichten, niedrigen Bewuchs nah am Wasser und gut gegen Sicht nach oben geschützt. Pflanzenteile aus der Umgebung und Dunen vom Weibchen bilden die Unterlage für die 8–11 Eier des Vollgeleges.

MERKMALE 52–58 cm. Deutlich kleiner als Gänsesäger, schlankere Gestalt, Schopf erinnert eher an eine Bürste. Männchen im Prachtkleid mit brauner Brust und grauen Flanken. Männchen balzen gedämpft „girigi-ra". Weibchen rufen „prahprah…".
VORKOMMEN Brütet hauptsächlich in der Taiga, in der Tundra und im Bergland, dort meist an großen und tiefen Seen, aber auch an steinigen, flachen Küstenabschnitten; in Mitteleuropa vorwiegend an der Ostsee, deutlich seltener an der Nordsee. Sonst auf dem küstennahen Meer.

366

Gänsesäger

Mergus merganser — Entenverwandte

ganzjährig

Weibchen
Hals mit scharfer Farbgrenze
kontrastreich weiß abgesetztes Kehlfeld

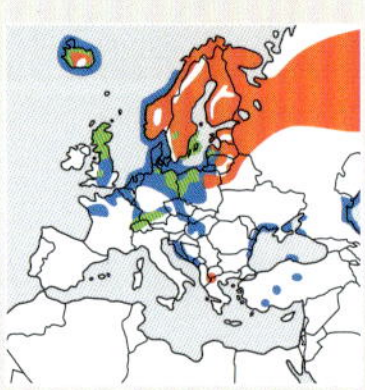

Gänsesäger erspähen ihre Fischbeute wie andere Säger oder Seetaucher häufig durch „Wasserlugen", das heißt, sie schwimmen mit eingetauchtem Kopf. Ursprüngliche Nistplätze sind Baumhöhlen und Felsnischen, viele Weibchen brüten heute in Nistkästen und Gebäudenischen, manchmal auch hoch in Kirchtürmen.

MERKMALE 58–68 cm. Männchen im Prachtkleid überwiegend weiß, Unterseite mit zartem, lachsrosa Anflug, Kopf schwarz, im Sonnenlicht grün glänzend.
VORKOMMEN Brütet an klaren, fischreichen Binnengewässern, im Alpenraum zunehmend an Parkgewässern. Im Winter auf Flüssen, Seen und auf dem Meer.
BEOBACHTUNGSTIPP Gänsesäger-Männchen balzen mit unterdrückten „dorr-dorr"-Lauten sowie gedämpftem „Drü-dro". Weibchen rufen hart, kratzig „krah-krah".

Der Mittelsäger wirkt schlank, besonders an Hals und Schnabelbasis.

Der Gänsesäger ist groß und lang gestreckt mit einem langen Hakenschnabel.

367 Eissturmvogel

Fulmarus glacialis — Sturmvögel

ganzjährig

Flügelspitzen hell

Erst im Alter von 6–10 Jahren brüten Eissturmvögel das erste Mal. Ihr einziges Ei platzieren die Weibchen meist auf einem unzugänglichen Felsband, gerne auf den höchsten Stockwerken. Ruft am Brutplatz heiser glucksend, schnarrend, quakernd und gackernd.

MERKMALE 43–52 cm. Erinnert an eine plumpe Möwe; Schnabel kurz und dick mit röhrenartigen Nasenöffnungen. Fliegt in lang anhaltendem „schwerelosem" Gleitflug auf steif gehaltenen Flügeln.
VORKOMMEN Brütet in Kolonien an Felsküsten und auf Inseln des Nordatlantik. Außerhalb der Brutzeit meist auf der Hochsee. Erscheint in geringer Zahl, aber regelmäßig, an der deutschen Nordseeküste.
BEOBACHTUNGSTIPP Eissturmvögel sind geschickte Gleitflieger, die häufig Schiffen folgen und sich dann gut beobachten lassen. An Land sind sie recht unbeholfen.

368 Atlantiksturmtaucher

Puffinus puffinus — Sturmvögel

April–Sept

Unterseite weiß, schwarz eingerahmt
Oberseite schwärzlich

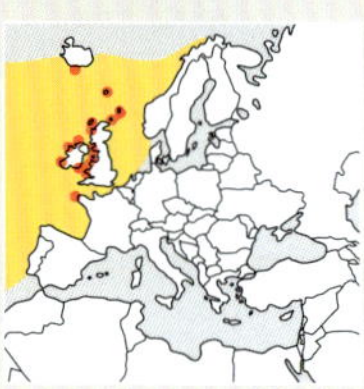

Für die Brut graben Männchen und Weibchen des Atlantiksturmtauchers eine 1–2 Meter lange Erdröhre. Die Nestkammer legen sie mit Pflanzenmaterial und Federn aus. Beide Partner bebrüten das einzige Ei rund sieben Wochen lang im Wechsel, wobei eine „Schicht" bis zu einer Woche dauern kann.

MERKMALE 30–35 cm. Häufigster Sturmtaucher im Nordseegebiet. Etwas kleiner als Lachmöwe, mit lang gestrecktem Körper und langen, spitzen Flügeln. Oberseite schwärzlich, dunkle Augenregion, kontrastreich abgesetzte weiße Unterseite. Am Brutplatz ausgesprochen lärmend, heiser gackernde und jaulende Laute, vor allem nachts.
VORKOMMEN Brütet auf Inseln und an mit Gras bewachsenen Steilhängen der Festlandsküste, vor allem im Bereich der Britischen Inseln. Erscheint außerhalb der Brutzeit vor allem nach Stürmen gelegentlich an der deutschen Nordsee.

Der Eissturmvogel brütet seit 1972 auf Helgoland.

Der Atlantiksturmtaucher zeigt im Flug abwechselnd die Ober- und die Unterseite.

369

Sturmwellenläufer

Hydrobates pelagicus — Wellenläufer

Okt–April

breites, weißes Unterflügelband

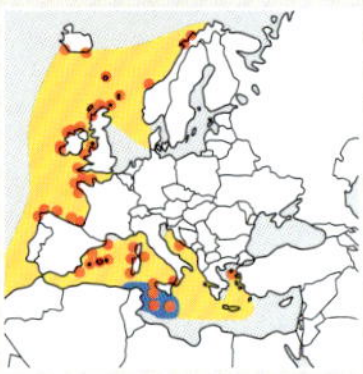

Die nahrungssuchende Sturmschwalbe flattert ähnlich einer Fledermaus knapp über der Meeresoberfläche. Dabei unterbricht sie den Flug immer wieder durch kurze Stopps und Rütteln, um ein kleines Meerestier von der Wasseroberfläche aufzupicken. Die Vögel brüten gesellig in Felsspalten auf entlegenen Inseln, oft auch in Höhlen von Sturmtauchern oder Kaninchen.

MERKMALE 15–16 cm. Kleinster europäischer Hochseevogel. Unterflügel mit breitem, weißem Band, ununterbrochenes, breites, weißes Oberschwanzfeld; erinnert in Größe und Oberseitenfärbung an Mehlschwalbe. Ruft am Brutplatz nachts merkwürdig surrend, daneben schluckaufähnliche und an Magenknurren erinnernde Laute.
VORKOMMEN Echter Hochseevogel, der nur selten an der Küste erscheint; nach kräftigen Herbststürmen mitunter in der südlichen Nordsee.

370

Wellenläufer

Oceanodroma leucorhoa — Wellenläufer

Okt–Nov

Schwanz deutlich gegabelt

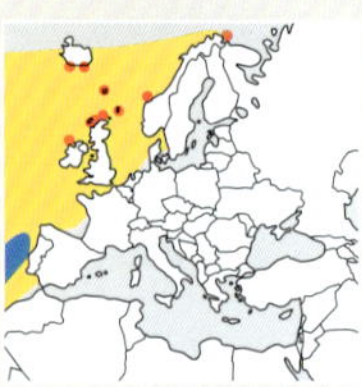

Die Flugweise des Wellenläufers erinnert etwas an Seeschwalben: Er fliegt mit elastischen Flügelschlägen und eingeschobenen Gleitstrecken. Häufig ändert er Richtung und Geschwindigkeit. Schiffen folgt er kaum. Die Brutplätze liegen auf kleineren Felsinseln, auf den Vogelbergen bezieht der Wellenläufer gerne die höheren Stockwerke, wo er nicht selten an die Röhre eines Papageitauchers seitlich „anbaut". Am Brutplatz wegen der ständigen Bedrohung durch Möwen und Raubmöwen strikt nachtaktiv.

MERKMALE Ähnlich Sturmschwalbe, aber größer und langflügeliger, gegabelter Schwanz, weißes Oberschwanzfeld schmaler und angedeutet längs geteilt; Flügel oberseits dunkelbraun mit hellgrauem Armflügelband.
VORKOMMEN Brütet an nordatlantischen Küsten, gelangt als seltener, aber regelmäßiger Gast nach Herbststürmen an die deutsche Nordseeküste.

Die Sturmschwalbe flattert ähnlich einer Schwalbe knapp über dem Wasser.

Der Wellenläufer hat lange, spitze Flügel und ein hellgraues Armflügelband.

371

Krähenscharbe
Phalacrocorax aristotelis — Scharben

ganzjährig

Jungvogel
Unterseite braun
Flügeldecken etwas heller,
Kehle hell

Krähenscharben tauchen im Vergleich zu Kormoranen mit ausgeprägterem Sprung unter. Auf den nordatlantischen Vogelfelsen beziehen sie meist die untersten Stockwerke, wo sie ihre Nester (vorwiegend aus Tang) zwischen Felsblöcken, in Spalten oder auf Felsbändern anlegen.

MERKMALE 68–78 cm. Kleiner als Kormoran, Kopf, Schnabel und Hals dünner, steilere Stirn. Gefieder einheitlich schwarz, schillert grün. Am Anfang der Brutzeit (bis etwa April) aufrichtbare Federtolle auf der Stirn.
VORKOMMEN Brütet in lockeren Kolonien an Steilküsten. Streift außerhalb der Brutzeit in Küstengewässern umher, selten in den Gewässern um Helgoland.
BEOBACHTUNGSTIPP Die Krähenscharbe fliegt oft niedrig über dem Meer, im Vergleich zum Kormoran mit schnelleren, geschmeidigeren Flügelschlägen, gleitet nicht.

372

Kormoran
Phalacrocorax carbo — Scharben

ganzjährig

Jungvogel
Oberseite mehr braun,
Bauch meist heller,
Kopf mit weniger Weiß

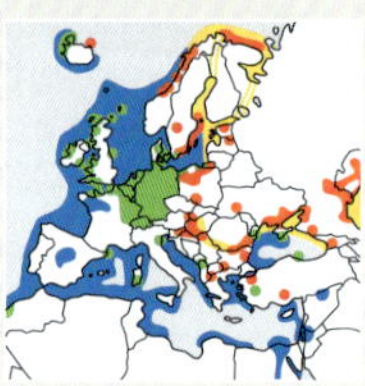

Zur Fischjagd tauchen Kormorane meist mit einem kleinen Sprung aus der normalen Schwimmhaltung weg. Unter Wasser bewegen sie sich mit kräftigen Ruderbewegungen der Füße vorwärts (Fußtaucher). Häufig sieht man sie in aufrechter Haltung mit ganz oder halb ausgebreiteten Flügeln auf Pfählen oder kleinen Inseln stehen.

MERKMALE 77–94 cm. Großer, schwarzer Wasservogel mit langem Hals. Im Prachtkleid weißer Schenkelfleck. Liegt beim Schwimmen tief im Wasser, Schnabel schräg aufwärtsgerichtet. Erinnert im Flug stark an Gänse, jedoch längerer Schwanz und häufig kurze Gleitphasen.
VORKOMMEN Brütet an der Felsküste (Unterart *carbo*) oder auf Bäumen und im Schilf im Binnenland (Unterart *sinensis*). Im Winterhalbjahr auf vielen Seen, aber auch Stauseen und größeren Flüssen Mitteleuropas zu beobachten.

Die Krähenscharbe erscheint so gut wie nie im Binnenland.

Der Kormoran ruht häufig in „Bundesadlerstellung“ mit ausgebreiteten Flügeln.

373

Zwergscharbe

Microcarbo pygmaeus — Scharben

ganzjährig

Jungvogel
Gefieder mattbraun
kleiner Kopf
kurzer Schnabel

Männchen und Weibchen bauen ein Nest aus Zweigen und kleinen Ästen in halbhohen Bäumen oder Büschen und brüten nicht selten in gemischten Kolonien zusammen mit Reihern, Löfflern oder Sichlern. Zwergscharben überwintern im weiteren Umkreis ihrer Brutgebiete oder ziehen im Herbst südwärts an die Adria oder in die Ägäis.

MERKMALE 45–55 cm. Kleiner als Kormoran mit kurzem Schnabel, aber langem Schwanz; wirkt nicht schlangenartig, eher „kindlich". Hals beim Schwimmen oft hochgereckt, erscheint dann sehr lang. Gefieder schwarz mit grünlichem und bräunlichem Glanz. Im Prachtkleid an Kopf und Unterseite feine, helle Strichel.
VORKOMMEN Brütet an Seen, Altwässern und langsam fließenden Flüssen mit üppigem Uferbewuchs, gerne in Auwäldern. In Mitteleuropa sehr selten, nur in Ungarn und der Slowakei sowie am Neusiedler See Brutvogel.

374

Basstölpel

Morus bassanus — Tölpel

ganzjährig

Jungvogel
Gefieder anfangs graubraun mit feiner Sprenkelung

Basstölpel jagen spektakulär: Sie stoßen aus bis zu 50 Metern Höhe mit abgewinkelten Flügeln wie Torpedos schräg ins Wasser; dabei können sie bis zu drei Meter tief tauchen. Basstölpel sind typische Brutvögel der Vogelberge; dort besetzen sie oft grasbewachsene Plateaus über den Klippen.

MERKMALE 85–97 cm. Sehr großer, überwiegend weißer Meeresvogel mit langen, schmalen, schwarzspitzigen Flügeln und zigarrenförmigem Körper. Weißanteil im Gefieder der Jungvögel wird in den folgenden vier Jahren immer größer, Alterskleid erst im fünften Jahr.
VORKOMMEN Brütet in oft riesigen Kolonien an Felsküsten und auf Inseln des Nordatlantik, vor allem im europäischen Teil. In Mitteleuropa nur auf Helgoland Brutvogel (seit 1991, 1300 Paare 2020). Im Bereich der Deutschen Bucht trifft man Basstölpel inzwischen ganzjährig an.

Die Zwergscharbe ist nur blässhuhngroß, im Flug fällt meist der lange Schwanz auf.

Basstölpel stoßen aus größerer Höhe wie Torpedos schräg ins Wasser.

Welches Ei ist das?

Teichrohr-
sänger
Sumpf-
rohrsänger
Mönchs-
grasmücke
Klapper-
grasmücke
Drossel-
rohrsänger
Nachtigall
Stein-
schmätzer
Rotkehlchen
Garten-
rotschwanz
Haus-
rotschwanz
Braun-
kehlchen
Mauersegler
Wasseramsel
Ziegenmelker
Rauchschwalbe
Mehlschwalbe
Hecken-
braunelle
Zaunkönig
Sing-
drossel
Amsel
Pirol
Eichelhäher
Elster
Dohle
Star

Welches Ei ist das?

Teichhuhn

Schwarzmilan

Rebhuhn

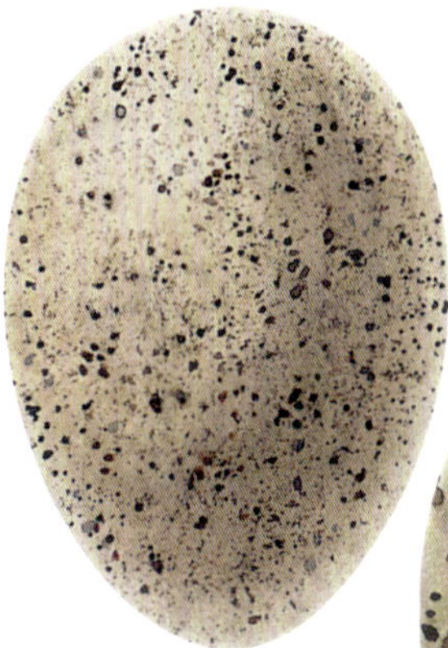
Blässhuhn

Jagdfasan

Silbermöwe

Austernfischer

Lachmöwe

NÜTZLICHE ADRESSEN

Naturschutzbund Deutschland
(NABU) e. V.
NABU-Bundesgeschäftsstelle
Charitéstraße 3, D-10117 Berlin
www.NABU.de

LBV – Landesbund für Vogelschutz in
Bayern e. V.
Eisvogelweg 1, D-91161 Hilpoltstein
www.lbv.de

BirdLife Österreich – Gesellschaft für
Vogelkunde
Museumsplatz 1/10/8, A-1070 Wien,
Österreich
www.birdlife.at

Schweizer Vogelschutz SVS/BirdLife
Schweiz
Wiedingstraße 78, CH-8036 Zürich
www.birdlife.ch

VIVARA Naturschutzprodukte
Postfach 2520,
D-41312 Nettetal-Kaldenkirchen
www.vivara.de

SCHWEGLER Vogel- und
Naturschutzprodukte GmbH
Heinkelstraße 35,
D-73614 Schorndorf
www.schwegler-natur.de

ZUM WEITERLESEN

- Barthel, P.H. & P. Dougalis: Was fliegt denn da? Das Original. Alle Vogelarten Europas. 200 Seiten. KOSMOS 2019
- Barthel, P.H. & T. Krüger: Liste der Vögel Deutschlands, Version 3.2. Deutsche Ornithologen-Gesellschaft. Radolfzell 2019
- Bergmann, H.-H. & W. Engländer: Die Kosmos-Vogelstimmen-Edition. 220 Vögel, Filme und Stimmen. DVD und Belgeitbuch. KOSMOS 2019
- Berthold, P. & G. Mohr: Vögel füttern, aber richtig. Das ganze Jahr füttern, schützen und sicher bestimmen. 176 Seiten. KOSMOS 2017
- Haag, H. & S. Walentowitz: Mein erstes Was fliegt denn da? Unsere 50 wichtigsten Vögel kennen lernen. 64 Seiten, ab 8 Jahren. KOSMOS 2017
- Jonsson, L.: Die Vögel Europas und des Mittelmeerraumes. 560 Seiten. KOSMOS 2010
- Richarz, K.: Ein Heim für Gartenvögel. Vögel beobachten, Nistkästen und Futterhäuser bauen. 80 Seiten. KOSMOS 2010
- Schmid, U.: Welcher Gartenvogel ist das? 100 Arten beobachten und erkennen. Mit Vogelstimmen auf KOSMOS-PLUS-App. 192 Seiten. Kosmos 2018
- Singer, D.: Welcher Vogel ist das? Alle Vögel Europas. 432 Seiten. KOSMOS 2017
- Singer, D.: Vögel rund ums Futterhaus. Beobachten, bestimmen und richtig füttern. 128 Seite. KOSMOS 2020
- Singer, D. & J.C. Roché: Alle Vögel sind schon da. Vogelbuch, Stimmen-CD, Leporello. KOSMOS 2018
- Svensson, L., Mullarney, K. & D. Zetterström: Der Kosmos-Vogelführer. Alle Arten Europas, Afrikas und Vorderasiens. 400 Seiten. KOSMOS 2018

ZUM DOWNLOAD

Unter www.kosmos.de/natur finden Sie eine Artenliste der Vögel Europas, die Sie sich kostenlos downloaden können. Sie bietet viele Möglichkeiten für persönliche Einträge der eigenen Beobachtungen.

REGISTER

BILDNACHWEIS

Adam 139/Ho, 151/Ho, 325/Hu, **Angermeyer** 85/Ho, 153/Hu, **Bernsmo** 111/Fo **Bethge** 169/Hu, **Danegger** 131/Hu, 195/Ho, 217/Hu, **Diedrich** 237/Ho, **Diemer** 239/Fu, **Estormiz/Wickimedia** 117/Fu, **Fichtler** 381/Fu, **Franzke** 355/Fo **Fürst** 113/Ho, **Grimm** 309/Fo, 369/Fo, **Groß** HK/S1/o, 49/Hu, **Grüner** VK/S1/2vo/u, S2/2vo, S3/2vo, S6/o, 12, 13/K, 14/K; 22, 24, 29/or, 41/Ho, 41/Hu, 47/Ho, 57/Ho, 63/Ho, 69/Hu, 71/Ho, 73/Ho, 77/Ho, 79/Ho, 91/Ho, 91/Hu, 95/Ho, 95/Hu, 101/Ho, 101/Hu, 111/Ho, 117/Hu, 121/Ho, 125/Hu, 125/Fu, 137/Ho, 141/Ho, 143/Ho, 145/Ho, 171/Fo, 187/Hu, 189/Ho, 189/Hu, 191/Ho, 197/Hu, 197/Fu, 199/Fo, 201/Ho, 201/Hu, 209/Ho, 211/Ho, 211/Hu, 213/Ho, 213/Fo, 219/Fo, 225/Ho, 225/Hu, 231/Hu, 233/Fu, 241/Fu, 245/Fu, 247/Fo, 249/Fo, 267/Fo, 271/Fo, 281/Ho, 281/Hu, 287/Hu, 291/Hu, 297/Ho, 297/Hu, 297/Fu, 301/Ho, 315/Fu, 323/Hu, 335/Hu, 337/Ho, 339/Ho, 349/Ho, 353/Hu, 355/Ho, 355/Hu, 357/Hu, 361/Hu, 365/Ho, 371/Ho, 371/Hu, 375/Fo, 381/Hu, HK, **Haag** 11, **Halberg** 63/Fu, **Halley** 51/Ho, 279/Hu, 309/Ho, HK/S2/o, **Hecker** VK/S4/2vo, 16, 17/or, 17/K, 21/ol, 28, 34/o, 34/K, 35/u, 36, 45/Hu, 51/Hu, 65/Ho, 69/Ho, 71/Hu, 77/Fo, 81/Hu, 89/Hu, 107/Fu, 115/Ho, 117/Ho, 129/Ho, 131/Ho, 135/Hu, 141/Hu, 149/Hu, 173/Ho, 205/Ho, 217/Ho 221/Hu, 231/Fu, 233/Hu, 235/Hu, 253/Hu, 271/Fu, 275/Hu, 279/Ho, 305/Ho, 307/Hu, 309/Fu, 311/Hu, 313/Hu, 315/Hu, 319/Fu, 321/Hu, 323/Ho, 329/Ho, 331/Hu, 337/Hu, 359/Ho, 369/Ho, 383/Fu (3), HK/S3/u, **Hecker/blickwinkel/Carrasco** HK/S2/2vu, **Heintzenberg** 217/Fo, **Heiß** 379/Fu,**Hinze/Nill** 18/o, 21/or, 38/39, 113/Fo, Höfer VK/S2/2vu, S3/u, S4/2vu, S5/2vo/2vu, S6/2vo/2vu, 17ol, 27/or, 37/or, 29/K, 31/u, 36/o, 45/Ho, 49/Ho, 53/Hu, 57/Hu, 67/Hu, 99/Ho, 105/Hu, 107/Hu, 109/Ho, 111/Hu, 113/Hu, 115/Hu, 119/Hu, 121/Hu, 123/Hu, 125/Ho, 125/Fo, 150/Fu, 153/Ho, 155/Ho, 155/Hu, 157/Ho, 159/Ho, 159/Hu, 163/Ho, 163/Hu, 183/Ho, 187/Fo, 193/Ho, 221/Ho, 221/Fo, 227/Fu, 229/Fu,

Hauptbild = H, Flugbild/ Einklinker = F, oben = o, unten = u, (3) = 3 Bilder in einer Sequenz, Tippkasten = K, Vorderklappe = VK, Hinterklappe = HK, Spalte = S, 2. Bild von oben = 2vo, 2. Bild von unten = 2vu

Akteure, Dank, Impressum

DER AUTOR DIESES BUCHES

Im Alter von 12 Jahren bekam **Detlef Singer** einen Wellensittich, der schon bald die Stimmen der Gartenvögel imitierte. Er weckte so Singers Interesse an unseren heimischen Vögeln. Detlef Singer studierte in München Biologie und untersuchte in seiner Diplomarbeit bei Prof. Jürgen Nicolai den Gesang der Heidelerche. Während des Studiums arbeitete er als Mitarbeiter von Tierfilmer Heinz Sielmann. Später produzierte er im Team kurze Tierfilme für die ZDF Kinderserie „Pusteblume" und „Löwenzahn". Mehrere Studienreisen sowie Foto- und Filmarbeiten führten ihn nach Skandinavien, Kanada, Polen, Russland und in die Türkei. Detlef Singer lebt als Fachautor und Übersetzer von Vogel- und Naturbüchern seit einigen Jahren mit seiner Familie in Südschweden.

DANK

Für vielfältige Unterstützung und engagierte Mitarbeit möchte ich meiner Frau Ingrid von Brandt herzlich danken.

Detlef Singer

IMPRESSUM

Umschlaggestaltung von Claudia Adam, Bad Kreuznach, nach dem Gestaltungskonzept der Peter Schmidt Group GmbH, Hamburg, unter Verwendung zweier Aufnahmen von Daniele Occhiato (Hausrotschwänze) sowie zweier Zeichnungen von Paschalis Dougalis/Kosmos (Vorderseite: Hausrotschwanz im Flug, Rückseite: Nonnengans im Flug). Alle Ilustrationen auf den Außenklappen von Paschalis Dougalis/Kosmos, alle Illustrationen und Symbole auf den Innenklappen von Wolfgang Lang.

Mit 769 Farbfotos (siehe Bildnachweis auf Seite 396 ff.), 397 Farbillustrationen von Paschalis Dougalis/Kosmos sowie 346 Verbreitungskarten und 29 farbigen Symbolen von Wolfgang Lang.

Mit ca. 140 Vogelstimmen auf der KOSMOS-PLUS-App von Jean C. Roché.
Mit über 200 Filmen auf der KOSMOS-PLUS-App von H.-H. Bergmann
und Wiltraud Engländer

Unser gesamtes Programm finden Sie unter **kosmos.de**.
Über Neuigkeiten informieren Sie regelmäßig unsere
Newsletter, einfach anmelden unter **kosmos.de/newsletter**.

FSC® MIX
Papier aus verantwortungsvollen Quellen
FSC® C015829
www.fsc.org

ISBN: 978-3-440-17328-2
Projektleitung: Stefanie Tommes
Lektorat: Barbara Kiesewetter, München
Produktion: Markus Schärtlein
Gestaltungskonzept: Peter Schmidt Group GmbH, Hamburg
Satz: typopoint GbR, Petra Pfisterer, Ostfildern
Satzkorrekturen: Barbara Kiesewetter, München
Druck und Bindung: Printer, Trento
Printed in Italy / Imprimé en Italie

DIE FILMEMACHER

Prof. Dr. Hans-Heiner Bergmann, Jahrgang 1939, war als Zoologe und Ornithologe Hochschullehrer an den Universitäten Marburg/L. und Osnabrück tätig.
Er hat sich schon seit seiner Jugend mit Vogelstimmen beschäftigt und dazu viele Publikationen vorgelegt.
Seit zwei Jahrzehnten bemüht er sich, das akustische Verhalten der Vögel filmisch zu dokumentieren.

Dr. Wiltraud Engländer, Jahrgang 1961, hat bei Konrad Lorenz Vogel Ethologie gelernt und bei ihm ihre Dissertation begonnen. Sie hat zeitweise in internationalen Filmprojekten mitgearbeitet und ist in gemeinsamen Projekten mit H.-H. Bergmann für die Filmaufnahmen und ihre Bearbeitung zuständig.

DIE FILME

Filmaufnahmen ohne Autoren-Nennung im Begleittext stammen von Hans-Heiner Bergmann und Wiltraud Engländer.
Kamera: Hans-Heiner Bergmann und Wiltraud Engländer
Schnitt: Wiltraud Engländer

Die Aufnahmen stammen fast ausnahmslos von ungestörten Vögeln aus dem Freiland. In wenigen Fällen wurden eigene oder fremde Aufnahmen aus dem Gehege verwendet. Gesänge und Rufe sind schnabelsynchron wiedergegeben, das heißt mit synchron aufgenommener Originalstimme. Nur in wenigen Fällen wurde einem Videobild eine passende Stimmenaufnahme anderer Herkunft unterlegt (Abkürzung „off").

DANK

Wir bedanken uns für die Überlassung wertvoller Filmaufnahmen bei V. Breit, M. Koch, Dr. S. Klaus, M. Meyer, A. Winkler, für Tonaufnahmen bei Dr. W. Krey (†) und Dr. M. Schubert.

Die Filmautoren sind den folgenden Institutionen und ihren Mitarbeitern für ermöglichte Filmarbeiten dankbar:

Allwetterzoo Münster, Alpenzoo Innsbruck, Bayerwaldtierpark Lohberg, Biologische Station Illmitz im Nationalpark Neusiedler See/Fertö, Greifenwarte Hemfurth, Edersee, NABU-Station Wallnau, Fehmarn, Nationalpark Bayerischer Wald, Schutzgebiet Isola del Cono, Isonzodelta, Vogelpark Fagagna, Friaul, Weltvogelpark Walsrode, Zoo Rheine, Zoo Salzburg, Wildtierstation Hamra (S. Klaus)

Wiltraud Engländer und
Hans-Heiner Bergmann

Typische Flugweisen

Singflug des **Baumpiepers** > S. 48

Waldschnepfe > S. 286
oder **Blauracke** > S. 178

Keilformation der **Weißwangengans** > S. 348

auch **Kraniche** > S. 258
und andere **Gänse** > S. 342

Schwarmwolke des **Stars** > S. 138

auch **Goldregenpfeifer** > S. 272
Strandläufer > ab S. 298

Wellenförmige Flugbahn vom
Blutspecht > S. 190

auch **Steinkauz** > S. 204,
Finken > S. 142
Raubwürger > S. 126